무너지지 않고 부서지지 않는

태양광발전 설비의 구조물과 기초

오쿠지 마코토, 이이지마 토시히코, 타무라 료스케, 타카모리 코지, 와타나베 켄지 지음

이석제 감역 / 김선숙 옮김

BM (주)도서출판 **성안당**

日本 옴사 · 성안당 공동 출간

무너지지 않고 부서지지 않는
태양광발전 설비의 구조물과 기초

Original Japanese Language edition
KUZURENAI TSUBURENAI TAIYOKO HATSUDEN SETSUBI NO KADAI TO KISO
by Makoto Okuji, Toshihiko Iijima, Ryousuke Tamura, Koji Takamori, Kenji Watanabe
Copyright © Makoto Okuji, Toshihiko Iijima, Ryousuke Tamura, Koji Takamori,
Kenji Watanabe 2021
Published by Ohmsha, Ltd.
Korean translation rights by arrangement with Ohmsha, Ltd.
through Japan UNI Agency, Inc., Tokyo

들어가는 글

태양광발전은 지구 온난화를 방지할 수 있는 청정에너지로 주목받고 있다. 일본에서는 동일본대지진을 계기로 태양광발전을 중요한 에너지 정책으로 추진하면서 2012년에 신재생에너지의 고정가격 매입제도(FIT 제도：신재생에너지 전력을 국가가 정한 가격으로 일정 기간 전력회사에서 매입하도록 의무화한 제도)를 도입했다.

이 제도를 추진한 후 몇 년 사이에 태양광발전 설비(PV)가 폭발적으로 늘어났다. 2019년 말에는 50GW에 달해 전 발전량의 7.4%(인정 NPO 법인 환경에너지정책연구소가 발표한 '2019년 자연에너지 전력 비율')를 태양광발전이 차지했다. 수력발전에 비견할 정도로 태양광발전이 성장한 것이다.

하지만 태양광발전 설비는 각지에서 중대한 사고로 이어져 인근 주민과 갈등을 빚고 있다. 사고의 대부분은 설계 기준보다 약한 풍하중, 적설하중, 강수량 등에 의해서 발생하고 있다. 파손된 태양광발전 설비가 민가와 주차장으로 날아가 충돌하여 제3자 피해를 발생시키기도 하고, 토사가 붕괴되어 공공 인프라(도로 등)가 파괴되고 토사 유출로 논밭이 매몰되는가 하면 흙탕물로 인해 물을 오염시키기도 한다. 또한 물 위에 설치한 태양광발전 설비가 바람에 의해 파손되어 화재를 일으키는 등 그 피해는 일일이 셀 수 없을 정도로 많다.

이런 이유에서 태양광발전 설비는 대표적인 NIMBY(님비, Not In My Back Yard：공공을 위해 필요한 사업이라는 것은 이해하지만 자신들이 살고 있는 지역에 들어서는 것을 강력하게 반대하는 시민들의 행동) 시설로 여겨지고 있다. 이에 도입을 촉진하던 정부와 행정 당국이 태양광발전에 대한 규제를 강화하고 있으며 100개가 넘는 지방자치단체에서 태양광발전 설비 규제 조례를 만들어 시행 중이다.

이산화탄소가 주요 원인인 지구 온난화가 인간의 안전한 생존에 심각한 영향을 주고 있다. 일본 기상청 기상연구소에 따르면 2018년의 폭염은 지구 온난화 현상 때문이며, 세계의 기온 상승이 2℃로 억제되어도 일본의 폭염 발생 횟수는 현재의 1.8배가 될 것이라고 한다. 또한 2018년 발생한 서일본 호우도 온난화 때문에 강수량이 6~7% 증가했을 가능성이 있는 것으로 분석되고 있는 등 기상 변동이 사회에 심각한 문제가 되고 있다.

일본에서는 2018년에 제5차 에너지 기본계획을 수립함으로써 재생에너지가 주력 전원으로 자리 잡았다. 또한 2020년에는 에너지 계획이 재검토되는 가운데 '신재생에너지의 적극적인 도입과 국민 부담의 억제'가 과제로 거론되어 안정적이고 저렴한 신재생에너지 도입에 박차를 가하고 있다.

이러한 상황에서 사고를 방지하는 동시에 땅에 떨어진 신용을 회복하고 장기적으로 안정되고 안전·안심할 수 있는 태양광발전 설비를 어떻게 재구축할 것인지가 긴급 과제가 되고 있다.

사고와 문제점을 분석해 보면 그 원인의 대부분이 토목과 구조물·기초 설계·시공 문제이다. 2019년 국립연구개발법인 신에너지·산업기술종합개발기구(NEDO)의 조사에 따르면 소규모 태양광발전 설비에는 설계 도서(설계도와 구조계산서)나 시공 기록 등이 거의 존재하지 않는다. 보통은 무설계, 무관리로 태양광발전 설비를 건설하고 있는 셈이다.

유감스럽게 태양광발전 구조물의 경우에는 건축기준 관련법령에서 요구하는 설계에 필요한 자격인 '건축사'가 존재하지 않는다. 건축기준 관련법령에 따라 당연히 거쳐야 할 행정이나 제3자에 의한 '건축 확인'도 일부 초대형 태양광발전 설비 시설(특별고압) '공사계획 신고서'를 제외하고는 거의 없을 뿐 아니라 설계 도서와 시공 기록이 없는 경우도 많다. 초대형 태양광발전 설비 시설 또한 집중되는 고정가격 매입제도 신청에 의해 심사 능력이 포화·부족했던 시기가 존재하므로 모두가 적정하다고는 말하기 어렵다.

고정가격 매입제도가 도입되어 태양광발전 설비가 확대일로에 있던 2012년경에는 태양광발전 설비의 지반이나 구조에 관한 전문서가 없다 보니 건축이나 토목, 기계에 대한 지식을 응용하였다.

2017년이 되어서야 신에너지·산업기술종합개발기구(NEDO)에서 '지상설치형 태양광발전 시스템의 설계 가이드라인' 형태로 태양광발전 설비 구조 전문서가 나왔고, 2019년에는 실험 결과를 토대로 개정판이 나왔다. 구조 전문서가 나온 후 구조에 관한 지식은 크게 전진했다. 하지만 일반적으로 널리 이해할 수 있는 내용이 아니라 지나치게 전문적이어서 가이드라인의 저자 중 한 사람으로서 반성하고 있다.

이 책은 이런 상황을 반영해 집필하였으며, 태양광발전 설비에 종사하는 분들의 구조 설계에 관한 이해를 돕는 동시에, 태양광발전 설비의 구조 설계에 도전하는 분들의 입문서로 그리고 태양광발전 설비에 관한 융자나 세컨더리 마켓(2차 시장)의 가치 평가 입문서로 도움이 되었으면 하는 바람이다.

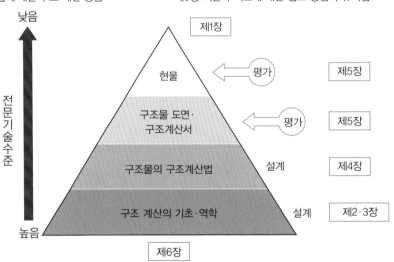

차례

[집필자]

제1장

오쿠지 마코토(奥地 誠) (일반사단법인)구조내력평가기구, 오쿠지건산㈜

오사카에서 태어나 1977년 오쿠지건산에 입사했고, 2000년 동사 대표이사로 취임했다. 오쿠지건산에서는 2001년 주택용(가정용) 태양광발전 구조물를 제조하기 시작했고, 2011년부터는 산업용 태양광발전 구조물도 제조, 판매하고 있다. 2015년 태양광발전협회(JPEA)에서 발간한 도서 「10kW 이상 일반용 전기공작물 태양광발전 시스템의 기초·구조물 설계·시공의 체크 리스트와 유의점」의 필자로 참여했다. 2017·2019년에는 「지상설치형 태양광발전 시스템 설계 가이드라인」 발간에 관여했다. 2018년 오쿠지건산 이사회 회장에, 2019년 구조내력평가기구를 설립하고, 대표이사로 취임했다.

제2장

이지마 도시히코(飯嶋 俊比古) ㈜이지마건축사무소

가나가와현에서 태어났고 1975년 이지마건축사무소를 설립했다. 1978년 나고야대학 공학박사. 1981년 이지마건축사무소를 주식회사로 조직 변경, 대표이사 역임. 베터 리빙 강구조평정위원, 알루미늄 건축구조협의회 기술위원회 위원, 일본 구조가 클럽 사무국. 알루미늄 건축 구조의 보급·발전에 기여한 공로로 2010년 제5회 일본 구조 디자인상인 마쓰이 겐고 특별상을 수상했다.

제3·4장

다무라 료스케(田村 良介) ㈜NTT 퍼실리티즈

카나가와현에서 태어났고 1996년 NTT 퍼실리티즈에 입사했다. 20년 가까이 건물 및 철탑의 구조 설계 업무를 담당한 후, FIT 제도 초기부터 태양광발전소 구조물과 기초의 구조 설계를 해왔다. 구조 안전과 관련된 경제산업성과 신에너지·산업기술종합개발기구 관련 프로젝트 전문가 위원을 맡아 신 JIS C 8955와 전기해석 제46조 개정에 참여했고, 구조물 설계 가이드라인 등의 작성을 담당했다. PMP, 구조설계 1급 건축사.

제5장

다카모리 고지(高森 浩治) (일반사단법인)구조내력평가기구

오사카에서 태어났고 1986년 일본건축종합시험소에 입소했다. 20년 이상에 걸쳐서 건축물의 풍하중·내풍 성능에 관한 연구에 종사했으며, 2015년 박사 학위를 취득했다. 2016년부터 오쿠지건산에서 태양광발전 구조물 개발을 담당해오다 2019년 구조내력평가기구 이사로 취임했다. 신에너지·산업기술종합개발기구 프로젝트의 태양광발전 관련 연구를 지속적으로 실시함과 동시에 태양광발전 및 건축 관련 각종 위원회·연구회에 참여했다.

제6장

와타나베 겐지(渡辺 健二) 야치요엔지니어링㈜

에히메현에서 태어났고 1996년 야치요엔지니어링에 입사했다. 일관되게 항만시설 등의 조사·계획, 설계 등에 종사했다. 전문은 마리나와 컨테이너 터미널. 현재 전문 지식과 기술을 살려 신재생 에너지(태양광발전, 해상풍력발전) 관련 분야에도 종사하며 기술사(건설 부문 : 항만 및 공항), 해양·항만 구조물 설계사로 활동하고 있다.

제1장

태양광발전 설비의
구조물 변화와 사고 사례

이 장에서는 태양광발전 설비가 시작된 시기부터 고정가격 매입제도 보급 경위를 '구조'라는 관점을 더해 살펴보고, 사회 문제가 된 기초와 구조의 사고 발생 사례도 소개한다.

또한 관련 법규에 관해서는 주로 기초·구조에 관한 법령과 향후 법규제 방향성을 예측하고 제시한다. 끝으로 태양광발전 설비의 지지 부재의 명칭이 표준화되어 있지 않은 점을 고려하여 향후 표준화에 도움이 되도록 부재 명칭에 대해서도 제안한다.

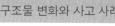

1 태양광발전 설비의 역사

일본의 태양광발전 설비는 미국 벨연구소가 pn 접합형 실리콘 태양전지를 개발한 다음해인 1955년, 일본전기(NEC)가 태양광발전 설비를 제작한 것으로 시작됐다. 이후 샤프가 무선중계소와 등대의 전원을 연구 개발하기 위해 1966년 당시 세계 최대급 225W 모듈을 나가사키현(長崎県)에 있는 등대에 설치했다.

1973년 10월 제4차 중동전쟁 발발로 시작된 제1차 오일쇼크의 영향으로 탈석유 에너지를 지향한 선샤인 계획(새로운 에너지원 개발을 목표로 한 일본 통상산업성 공업기술원의 대규모 프로젝트. 태양에너지, 지열에너지, 합성천연가스, 수소에너지가 주축을 이룬다)을 효시로 하는 신재생에너지 개발 계획이 에너지와 환경의 발본적인 혁신을 목표로 착수됐다.

이 연구 성과 중 하나가 신에너지·산업기술종합개발기구(NEDO)의 사업이다. 1986년 일본 최초의 대규모 태양광발전소(**그림 1**)가 아이치현(愛知県) 사이조시(西条市)에 설치되었다. 이 태양광발전 설비는 1996년 시코쿠전력(주) 마쓰야마 태양광발전소(마쓰야마시)에 300kW분이 이설되어 현재도 가동 중에 있으며, 30년 이상의 수명을 자랑하고 있다.[1]

구조물 구조는 두툼한 각파이프를 주요 부재로 사용하고, 금속이 녹스는 것을 방지하기 위해 용융 아연 도금을 했을 뿐 아니라 철근 콘크리트 독립기초로 건축기준법상의 규정을 충족하도록 설계·시공된 것으로 추정된다(**그림 2**).

앞에서 말한 선샤인 계획에서는 당시 1W당 2만 엔이던 태양전지를 2000년까지 1/100 정도로 낮출 것을 목표로 추진했다. 구조물 구조는 1985년경부터 비용 절감을 목표로 건축자재 일체형 어레이를 개발하기 시작했다. 구조물에 관해서는 철골과 철근 콘크리트를 중심으로 한 구조(**그림 3**)라고 기록되어 있다. 설계 도서는 명확하지 않지만 사진과 그림으로 볼 때 건축기준법 규정을 충족하게끔 설계되었을 것으로 추정된다.

그림 1. 신에너지·산업기술종합개발기구 집중배치형 태양광발전 시스템 실증 설비
출처 : NEDO NEWS, 9·10월호, p.5, 1986

그림 2. 시코쿠전력(주) 마쓰야마 태양광발전소의 강철구조물(2011년 촬영)

1986년에는 주택용 태양광발전 설비에 대한 대규모 실험을 롯코 아일랜드에서 진행했는데, 대략 주택 100동분, 1호당 2kW 용량으로 실제 부하(냉장고 등)를 설치해 계통 연계를 모의한 시스템이었다. 구조는 사진으로밖에 추정할 수 없지만 여기서도 중량감이 있는 철골과 콘크리트 직접기초를 채용한 것으로 보인다(**그림 4**).

1987년에는 태양광발전을 보급하기 위해서 '태양광발전협회'를 설립하고, 호주에서 제1회 세계 솔라카 레이스를 개최했다. 1위를 차지한 미국 제너럴모터스와 휴즈 에어크래프트사의 공동 프로젝트는 총길이 3,005km를 평균 속도 66.9km/h로 주행하는 기록을 세워 일약 세계의 주목을 끌었다.

1990년부터 4년간 앞서 말한 롯코 아일랜드에서 주택 지붕에 저비용으로 설치하는 선진적인 연구가 진행되었다. 1992년에는 전력회사의 자주적인 대응으로서 잉여 전력의 매입이 시작됐으며,

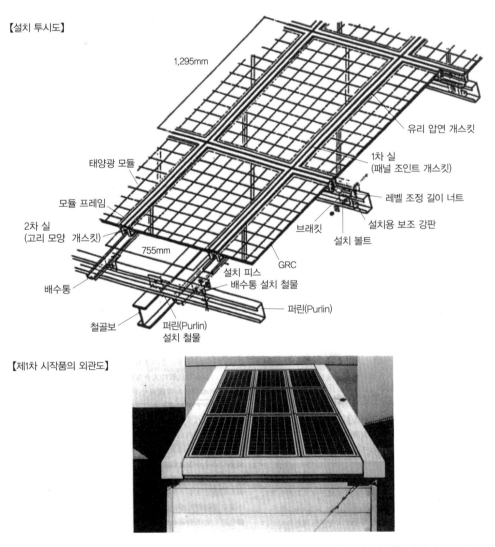

그림 3. 신에너지·산업기술종합개발기구 업무용 건물 건축마감 일체형 태양전지 모듈
출처 : NEDO NEWS, 1월호, p.5-6, 1988

그림 4. 관서전력(주) 롯코 아일랜드 실험장
출처 : NEDO NEWS, 6월호, p.19, 1988

1993년에는 경제산업성 자원에너지청이 '계통 연계 가이드라인 저압 배선(역조류 있음)'을 발표하고 1994년에는 '주택용 태양광발전 시스템 설치 보조금 제도'가 개시되어 태양광발전 설비 보급에 큰 원동력이 되었다.

당시의 주택용 태양광발전 설비는 샤프, 쿄세라, 산요전기(파나소닉), 미쓰비시전기, 쇼와셸석유(현 솔라프런티어) 등이 태양광발전 보급확대센터(J-PEC)의 주택용 태양광발전 도입지원 대책비 보조금의 교부인정제도 등에 의해 시스템 인증을 취득하여 판매했다. 이 제도와 일본 태양전지 제조사가 공사업체 교육에 힘을 쏟았고, 교육을 받은 업체에 ID를 발행해 주었다.

이러한 품질 보증 체제를 구축함으로써 초기에는 누수 등이 발생하기도 했지만 주택용 태양광발전 설비의 일정 품질이 확보되었다.

순조롭게 확대되어 가던 주택용 태양광발전 설비는 2005년에 보조금 제도가 폐지되자 일시적으로 시장이 축소되었다. 이 제도는 2008년에 부활하여 고정가격 매입제도가 본격적으로 시작할 때까지 존속했다.

2006년부터 2010년까지는 신에너지·산업기술종합개발기구 '대규모 전력 공급용 태양광발전 계통 안정화 등 실증 연구'가 진행되어 홋카이도 왓카나이시와 야마나시현 호쿠토시 2곳에 대규모 태양광발전소가 건설되었다.

이 성과는 대규모 태양광발전 시스템 도입 가이드북 및 구조물 설계지원 계산 툴로 결실을 맺어 당시 대규모 태양광발전 설비 도입 가이드라인이 되었다.

2011년 도호쿠 지방 태평양 해역 지진과 그 쓰나미에 의해서 일어난 도쿄전력(주)의 후쿠시마 제1원자력발전소 사고는 노심 용융(멜트다운)을 일으킨 심각한 사고로, 국제 원자력 사고 등급(INES)에서 최악의 레벨 7로 분류되었다.

이 일련의 재해로 인해 일본의 전력 정책은 원자력발전을 전면적으로 정지하게 되면서 당시 정권은 신재생에너지를 본격적으로 도입하는 분위가 형성되었다.

■ **고정가격 매입제도(FIT 제도) 초기**

관련 법, 규격이 정비되고 마침내 2012년 7월에는 신재생에너지의 고정가격 매입제도 '전력사업자에 의한 신재생에너지 전기 조달에 관한 특별조치법'(FIT법)이 시작되었다.

이 제도는 전기사업자가 매입한 전력의 차액을 국민이 부담하는 구조이다. 초기 산업용 가격은 kWh당 40엔으로 비싼 편이었다. 매년 가격이 내려가기는 했지만 일본의 신재생에너지, 특히 태양광발전량은 비약적인 확대되었다.

2 주력 전원화를 위해

고정가격 매입제도(FIT)로 태양광발전 시장이 급격히 확대되면서 참여가 용이해지자 많은 기업과 조직, 해외 업체가 신규 참여하여 여러 종류의 다양한 모듈과 PCS, 구조물, 말뚝 등이 상품화되었다.

고정가격 매입제도 이후의 다양한 구조물 구조 사례를 소개하자면 지붕형 태양광발전 설비의 고정에 자석이나 접착제를 사용한 것, 구조용 재료로 건축기준법 등에서는 인정하지 않는 재료를 사용한 것, 육지형 태양광발전 설비에서 앵커볼트 고정하지 않은 것, 무설계로 인해 불안정한 구조로 되어 있는 지상설치형 태양광발전 설비, 강관을 사용해서 조립하듯이 만든 것 등 일일이 셀 수 없을 정도로 많다. 사고 사례는 다음에 소개한다.

구조물의 재료도 강철, 알루미늄, 나무, FRP(섬유강화 플라스틱), 프리캐스트 콘크리트(PC), 스테인리스, 범용 플라스틱(PE, PP) 등 다양해졌으며 재료 자체와 표면처리 사양이 장기 옥외 사용에 견디지 못하는 것, 화재 시에 위험성이 있는 것까지 있었다.

구조 설계 분야에는 자격 제도가 없는 것을 역이용해 일부에서는 하루아침에 구조 설계자가 된 사람이 나타나 구조 해석과 계산 소프트웨어 결과만을 제시하며 마치 적정한 것처럼 구조계산서를 작성하는 사람도 있었다. 하지만 잘 보면 도면과 구조 모델의 형태가 다른 것도 있고, 의도적으로 위조한 것, 모양은 동일하지만 지지와 접합의 경계 조건이 실제와는 다른 것, 외력(풍하중, 적설하중)을 잘못 산정한 것, 각종 설계 규정에서 가장 규정이 느슨한 비안전측의 값을 모은 것도 있었다. 이른바 제2의 '구조 위장 사건' 같은 양상을 보였다. 이런 탓에 사업주와 EPC 측에서는 적정하게 설계된 구조인지 아닌지 확인하기가 어려웠다.

나는 태양광발전 설비 구조의 확인 검사와 간이 진단을 수없이 해왔다. 그런데 구조 계산서 이전의 설계 도서가 전혀 없는 경우나 구조 설계 도서가 있어도 앞에서 말한 중대한 하자가 있는 경우가 대부분이었다.

조성 계획과 시공 또한 배수 계획과 경사지 대책을 세우지 않고 시공하여 토사가 섞인 흙탕물이 대량 유출되고 토사 붕괴로 인해서 인근 주민의 생활 안전을 위협할 뿐 아니라 심각한 환경 파

괴를 일으켰다.

태양광발전 본래의 목적인 이산화탄소 삭감으로 환경에 공헌한다는 취지와 모순된 현상이 벌어진 것이다. 게다가 일부 사업자와 조지에서는 법규제 등을 무시하고 공사를 진행하는 경우도 있었다. 자연재해가 발생할 때마다 주민의 안전을 위협할 뿐 아니라 지역의 자연을 파괴하는 사고가 잇따라 발생하여 2014년경부터 각지의 자치단체에서 태양광발전 설비를 규제하는 조례가 검토되었다. 2014년 1월 오이타현 유후시에서 제정된 것을 시작으로 전국 100곳 이상의 자치단체에서 규정을 만들었다.

2.1 재생에너지 주력 전원화 시대

이러한 문제와 과제에도 불구하고 태양광발전 자체는 순조롭게 증가했다. 2019년에는 약 50~60GW의 도입량을 보여 전체 신재생에너지에서 차지하는 비율이 발전 규모별로는 수력발전과 어깨를 견주게 되었다(**그림 5, 6**).

2.2 주력 전원화로 가는 길

순조롭게 증가한 태양광발전이기는 하지만 고정가격 매입제도(FIT) 기간 만료인 2030년대에는 극단적으로 저하할 것으로 예측하는 사람도 있다. 이렇게 되면 이미 도입한 설비를 에너지 인프라로 유지해 가야 하는 과제가 남는다.

주력 전원화를 위해서는 '장기 안정화 전원'으로서 지역과 환경의 조화는 말할 것도 없고 안전하고 안심할 수 있는 설비가 되도록 대규모 보수와 유지관리, 적절한 폐기와 재구축이 필요하다. 또한 안전·안심과는 상반되는 것 같지만, 발전 비용을 더 낮추고 비화석 가치나 축전지에 의한 편

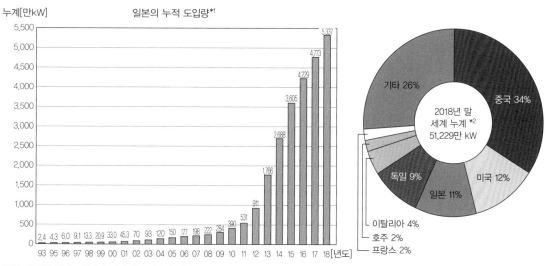

(주) 반올림한 관계로 합계가 맞지 않는 경우가 있다
*1 자원 에너지청 '에너지 백서 2020'   *2 IEA 'TRENDS 2019 IN PHOTOVOLTAIC APPLICATIONS'를 참고로 작성

그림 5. 태양광발전 도입량의 추이
출처: '원자력·에너지' 도면집, 일본원자력문화재단

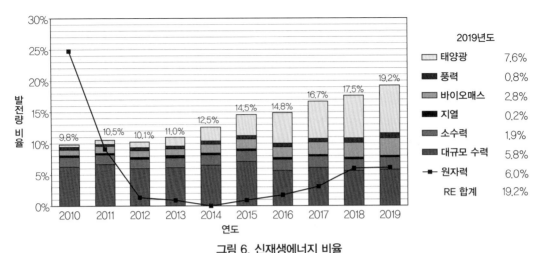

그림 6. 신재생에너지 비율

출처: 인정 NPO 법인 환경에너지정책연구소 홈페이지, 라이브러리 2020/7/20 보고서

리성 향상, 지속적인 도입 확대를 위한 새로운 비즈니스 모델 구축 등 과제가 산적해 있다.

3 사고 사례

태풍이나 호우가 지나간 후 태양광발전 설비가 비산하고 토사가 붕괴되어 흙탕물이 유출되는 사고 소식을 뉴스나 SNS를 통해 자주 접할 수 있다. 법이나 자치단체가 규제를 강화하고 있기는 하지만 유사한 사고가 두 번 다시 일어나지 않도록 하기 위해서는 사태를 상세하게 관찰해 원인을 추정하고 문제점과 과제를 찾아내 대책을 강구해야 한다. 이를 위해 그 사례를 소개한다. 이 책에서는 전기적 사고에 대한 설명은 생략하기로 한다.

3.1 통계적 사고 정보

전기사업자(합계 200만kW 이상의 발전사업자)와 자가용 전기공작물 사고 사례는 행정 통계 정보 '전기보안통계' 2018년도판(경제산업성 상무정보정책국 산업보안 그룹 전력안전과)을 참고하고, 주택용 태양광발전 설비 사고 사례는 '사고정보'(제품평가기술기반기구 제품안전센터)를 참고로 해서 그 통계를 표 1에 제시했다.

주택용 10kW 미만의 사고 건수는 최근에 큰 변화가 없다. 원인별로는 전기 사고로 인한 화재가 높은 비율을 차지하고 있다.

표 1. 태양광발전 설비의 사고 건수 추이

사고 건수 (전기보안 통계)

	2009	2010	2011	2012	2013	2014	2015	2016	2017	2018	총계
전기사업용				8	2	3	1	5	6	3	28
자가용				0	2	8	13	56	104	150	333

전기사업용은 '전기사업법 제 38 조 제 4 항 각호에 게재하는 사업을 영위하는 자'가 제출한 전기보안 연보
자가용은 '자가용 전기공작물을 설치하는 자'가 산업보안 감독부장에게 제출한 전기 사고 보고서

사고 건수 (제품 사고 정보)

	2009	2010	2011	2012	2013	2014	2015	2016	2017	2018	총계
화재	5		8	6	7	6	14	13	15	17	91
확대 피해		1			1	1	2				5
제품 파손	3		1		3	4	3	6	8	1	29
총계	8	1	9	6	11	11	19	19	23	18	125

화재 : 태양전지 모듈·파워 컨디셔너·케이블 등의 화재
확대 피해 : 원인이 되는 기기에서 발생한 화재나 파손이 타 기기에 미친 피해
제품 파손 : 파워 컨디셔너·접속 유닛 등의 파손(금이 가거나 깨짐, 발연 등)
출처 : 경제산업성, 전기보안통계(2018년판), 제품평가기술기반기구, 사고 정보를 참고해서 작성

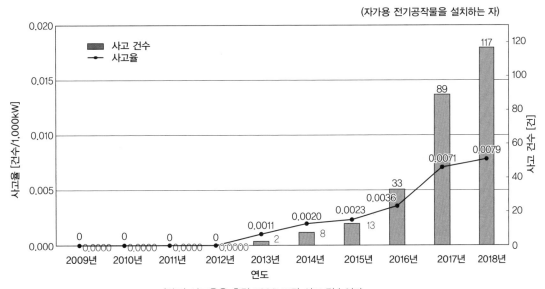

(비고) 사고율은 출력 1,000kW당 사고 건수이다
그림 7. 자가용 전기공작물의 사고 피해 건수 출처 : 경제산업성, 전기보안통계(2018년판)

　자가 발전시설물의 사고가 최근 급증(**그림 7**)하고 있다. 2017년에는 태풍이나 지진 등 자연재해가 심하지 않았지만 건수는 급증하였다. 서일본 호우가 발생한 2018년에는 이전의 바람에 의한 피해와는 달리 지반의 붕괴와 산사태 피해가 심각해 주목을 끌었다. 이 해의 태양광발전 설비의 자가용 전기공작물 사고 원인의 대다수는 자연재해로, 바람, 비, 눈, 지진과 이에 따른 토사 붕괴, 눈사태, 수해이다. 전체 사고 건수 150건 중 95건으로 자연재해로 인한 사고가 60%를 넘었다(**표 2**). 또한 복수의 사고 요인이 있으므로 사고 건수와는 일치하지 않는다.

표 2. 태양전지 발전소 사고 요인 건수 (자가용 전기공작물)

피해 부위	원인		설비 미비		보수 미비	자연재해						고의·과실		기타	불명	합계
			제작불량	시공불량	보수불량	비바람	빙설	천둥	지진	수해	산사태·눈사태	작업자의 과실	화재			
태양전지 (50kW 이상인 것)	태양전기 모듈		1			24	1	1	1	2	7	1	1			39
	지지물	구조물				16			2	2	7					27
		기초							2		5					7
	커넥터 , 케이블					1							1			2
	소계		1			41	1	1	5	4	19	1	2			75
주요 변압기									1							1
개폐기						1										1
역변환장치 또는 인버터			14	4	1	9		6	1	9	2			2	23	71
집전함									1							1
접속함						1										1
합계			14	5	1	52	1	7	8	13	21	1	2	2	23	150

출처 : 경제산업성, 전기보안 통계 (2018년판)

3.2 사고 사례

구조물의 파손 사고는 제품과 시스템의 신뢰를 떨어뜨려 중대한 경제적 손실을 초래할 뿐 아니라 인명 피해로 이어지면서 커다란 사회 문제가 되기도 한다. 구조학은 수많은 실패를 거듭한 끝에 성립되는 분야이다. 실패로부터 배워야 재발을 방지할 수 있으며, 보다 스마트하고 경제적인 시스템의 구성이 가능하다.

'실패에서 배운다'는 관점에서 자연재해인 바람, 눈, 지진, 수해, 토사 붕괴 등으로 분류해 사고 사례를 소개한다.

(1) 바람에 의한 사고 사례

풍하중에 의한 사고 사례에서는 태양광발전 설비의 손괴가 발생했을 경우 눈이나 지진과 같이 시설 내만 파손되는 것이 아니라 시설 외에 모듈이나 어레이가 비산하는 경우가 있어 제3자의 피해가 발생할 가능성이 높은 것이 특징이다.

그림 8은 고정가격 매입제도(FIT) 시행 직후 일어난 사고로 2012년 9월 29일 오키나와현을 덮친 태풍 17호에 의해 오키나와시의 한 아파트 옥상에서 주차장으로 떨어진 평지붕 설치형 태양광발전 설비이다. 최근의 기상 데이터는 나하시에서 관측되었는데 최대 순간 풍속 61.2m/s, 최대 풍속 40.4m/s로 맹렬했지만, 오키나와현의 설계 기준 풍속 46m/s에는 도달하지 않아 사고 원인은 건축물에 고정하는 앵커 등의 강도 부족으로 추정된다.[3]

그림 8. 2012년 태풍 17호에 의한 피해 (오키나와현 오키나와시) 아파트 옥상에서 떨어진 태양광발전 설비 구조물
출처 : 구조내력평가기구 사고 조사 자료

풍속에 대해서는 **제3장**에서 자세하게 설명하겠지만 설계 기준 풍속은 10분간 평균 풍속을 나타내며 마찬가지로 최대 풍속도 10분간 평균 풍속이다. 최대 순간 풍속은 0.25초 간격으로 측정한 3초간의 평균 풍속이며, 10분간 평균 풍속과 비교한 경우 1.5~2배 정도 큰 값을 보인다.

그림 9는 2015년 8월에 발생한 태풍 15호(후쿠오카현 야나가와시)의 피해 상황이다. 공장 옥상에 설치된 50kW의 태양광발전 설비 구조물이 날아가 민가에 피해를 주었다. 인근 기상 관측 데이터는 오무타(大牟田)에서 최대 순간 풍속 26.9m/s, 최대 풍속 14.5m/s이고 설계 기준 풍속은 34m/s였다. 구조물이 통째로 날아간 것으로 보아 건물에 고정시키는 방법에 문제가 있었을 것으로 생각된다.

그림 10은 2017년 4월 19일에 후쿠시마현 이와키시 고나하마항에서 발생한 최대 순간 풍속 32.8m/s, 최대 풍속 16.5m/s의 돌풍으로 인한 것으로, 평지붕에 설치한 태양광발전 설비가 길이 21m, 폭 3m의 금속 구조물 통째로 밑으로 떨어졌다. 설계 기준 풍속은 30m/s였다. 이로 인해 주차장에 세워져 있던 자동차 5대가 파손됐다. 원인은 풍하중을 과소하게 평가해서 구조물을 건축물과 단단하게 고정하지 않은 데 따른 것으로 추정된다.

2015년 6월 15일, 군마현 마에바시시~이세자키시에서 돌풍이 발생했다. 기상청은 다운버스트가 발생했다고 발표했다. 바람의 세기는 후지타 스케일(후지타 등급)에서 최대로 F1(33~49m/s, 10초 평균)이었다. 이로 인해 모듈 약 600장이 비산하여 태양광발전 설비 규모 240kW 중 153kW가 피해를 입었다. 구조물은 10단 세로 배치이고, 주요 구조재는 강관(가설용 쇠파이프) ϕ48.6mm, 강관의 접합부는 강관 클램프, 말뚝도 강관을 사용하고, 접합 부재의 모듈 고정쇠는 걸이식이었다.

그림 9. 2015년의 태풍 15호에 의한 피해 (후쿠오카현 야나가와시) 공장의 지붕에 설치된 태양광발전 설비 구조물이 비산하여 민가를 덮쳤다

그림 10. 2017년 돌풍에 의한 피해 (후쿠오카현 이와키시) 이와키시 지진 재해 복구 주택의 지붕에서 태양광발전 설비가 떨어졌다
출처 : 허베이신보 ON LINE NEWS

(a) 붕괴한 이세자키시의 강관 태양광발전 설비 구조물

(b) 태양광발전 설비 구조물은 붕괴했지만, 오른쪽 뒤의 비닐하우스는 피해를 면했다

그림 11. 2015년 발생한 돌풍에 의한 피해 (군마현 마에바시시에서 발생한 다운버스트)

붕괴의 원인은 말뚝기초에 사용된 강관의 개수가 적고 타설 깊이가 얕으며, 지반이 성토로 연약해 말뚝기초 부분에서 바람에 의한 인발하중에 저항하지 못해 붕괴가 시작된 것으로 추정된다.

또한 모듈 고정쇠가 걸이식이기 때문에 강관의 보(beam)가 회전하거나 휘었을 때 모듈이 탈락되어 피해를 키운 것으로 보인다. 한편 해당 피해 태양광발전 설비 가까이에 있던 비닐하우스는 피해가 없었다(그림 11).

2016년 9월 20일 가고시마현을 강타한 태풍 16호에 의해 가고시마현 미나미사쓰마시의 알루미늄재 태양광발전 설비가 피해를 입었다. 최대 순간 풍속은 43.7m/s, 최대 풍속은 30.3m/s. 이곳의 설계 기준 풍속은 40m/s였다(그림 12).

설계 기준 풍속 이하로 파괴되었음은 말할 것도 없고, 금속 구조재는 일반적으로는 연성 파괴가 특징이나 모든 부위가 취성적 파괴였다.

(a) 보의 취성적 파괴

(b) 기둥의 취성적 파괴

(c) 접합부의 펀칭 파괴

그림 12. 2016년 태풍 16호에 의한 피해 (가고시마현 미나미사쓰마시)

그림 13. 2017년 태풍 21호에 의한 피해 (효고현 히메지시)

그림 14. 2018년 태풍 12호에 의한 피해
(시즈오카현 고사이시)

(a) 전경
이토시 시의회 의원 다쿠보 마키 씨가 제공

(b) 형강 말뚝의 인발 피해

그림 15. 2019년 태풍 19호에 의한 피해 (시즈오카현 이토시)

그 원인으로는 알루미늄 시효 열처리에 의해 강도나 경도가 증대했지만, 신장이나 충격값이 저하된 점, 또한 강도가 증대했다는 점을 과신하여 알루미늄 형재의 판두께를 극단적으로 얇게 했기 때문인 것으로 추정된다. 또한 접합부에 파괴가 집중되어 있는 것으로 보아 구조가 불안정 구조였을 것으로 보인다.

접합부뿐 아니라 풍하중에 의해서 가장 하중이 집중하는 기초, 특히 말뚝기초의 사고 사례가 많으므로 아래에 정리하여 보고한다.

2017년 10월 태풍 21호는 관동 지방에 상륙하여 큰 피해를 초래했다. 관서에도 호우와 강풍 피해가 있었다.

효고현 히메지시에서는 최대 순간 풍속 33.7m/s, 최대 풍속 14.0m/s이었고, 설계 기준 풍속은 32m/s이었다. 지상 설치형 구조물에서 스파이럴 말뚝기초가 뽑히는 피해가 발생했다(**그림 13**).

2018년 7월에 발생한 태풍 12호 때는 시즈오카현 고사이시의 최대 순간 풍속이 30.1m/s, 최대 풍속이 16.9m/s, 설계 기준 풍속이 32m/s였는데, 마찬가지로 스파이럴 말뚝기초가 뽑히는 피해가 발생했다(**그림 14**).

(2) 경사지에 설치된 지상설치형 태양광발전 설비

2019년 10월에 발생한 태풍 19호에 의해 시즈오카현 이토시에서는 최대 순간 풍속 25.8m/s, 최대 풍속 14.1m/s, 설계 기준 풍속 36m/s로 경사지에 설치된 지상설치형 구조물에서 형강 말뚝이 뽑히는 피해가 발생했다. 이 사례에서는 각주와 말뚝부 플랜지의 접합 혹은 보 재료와 모듈의 접합부가 파손되어 모듈이 비산한 것으로 보인다(**그림 15**).

일반적으로 경사지에서는 풍속이 증가하는 것으로 알려져 있는데, 예를 들어 30%만 풍속이 증가해도 풍하중은 약 1.7배 정도가 되므로 설계할 때 주의가 필요하다.

(3) 특수한 설치 형태 : 수상설치형의 바람 피해

2019년 9월 태풍 15호는 매우 강한 세력을 유지하며 관동 지방에 접근하여 상륙했다. 치바현에서는 골프 연습장의 철탑이 쓰러지고 많은 전신주가 쓰러져 장시간 정전 등 막대한 피해가 발생했다. 치바특별지역 기상관측소 데이터에서는 최대 순간 풍속 57.5m/s, 최대 풍속 35.1m/s, 설계 기준 풍속 36m/s로 설계 기준 풍속에 가까운 큰 값을 보였으나, 해당 풍속계는 지상 47.9m 높이에 설치되어 있어 설계 기준 풍속의 기준 높이가 되는 지상 10m로 환산했을 경우, 최대 풍속은 약 33m/s로 설계 기준 풍속 이하였다.[4]

피해를 입은 야마쿠라댐 수상 메가 솔라는 발전소 설치 면적 약 18만m², 발전소 용량 13.7MW로 일본에서 수상설치형 중 최대급이며, 치바시보다 내륙에 위치하는 이치하라시에 설치되어 있다. 이치하라시의 설계 기준 풍속은 38m/s이고, 바로 가까이에 있는 기상관측소인 우시쿠의 최대 순간 풍속은 33.9m/s, 최대 풍속은 16m/s였다. 지면 조도나 관측 높이를 수정했을 경우 우시쿠의 최대 풍속은 20.3m/s로 추정되며, 설계 기준 풍속 이하에서 피해가 발생한 것으로 추정된다(**그림 16**).

피해를 입은 원인은 내측에서 플로트를 고정하는 앵커 시공이 동서 방향과 남북 방향이 겹치므로 한쪽(동서)밖에 시공할 수 없어 남북 방향 앵커가 수십 m 설치되어 있지 않았기 때문에 앵커 또는 앵커와 플로트의 접합부에 응력이 집중되어 파괴되었을 것으로 보이며, 남북으로 길게 플로트를 설치했기 때문에 플로트 간의 접합부에서 파괴되었을 것으로 보인다. 어쨌든 설계 기준 풍속

(a) 전경 (교세라 TCL 솔라 합동회사에서 제공)

(b) 화재부 해안에서 본 모습 (소화 후)

(c) 감겨 올라간 플로트

(d) 접합부의 파괴

그림 16. 2019년 태풍 15호에 의한 야마쿠라 댐 일본 최대급의 수상형 태양광발전 설비의 피해

에 이르지 않은 것으로 추정되는 상황에서 해 뜰 무렵에 파괴되고, 다음날 정오경에 파괴된 모듈 또는 배선 등이 기점이 되어 화재가 발생했다. 그 후 복구 계획에서는 ①아일랜드를 직사각형으로 하여 내측 모서리 부분을 설계하지 않고, ②아일랜드 규모를 축소하되, ③앵커, 계류소를 2배로 늘리는 등 안전성을 높였다.

(4) 영농형 바람 피해

이 태풍으로 치바현 요쓰카이도시의 영농형 태양광발전 설비가 피해를 입었다(**그림 17**).

발전소 용량은 1.4MW이고 구조물은 알루미늄재, 설계 기준 풍속은 36m/s, 해당 지역의 최대 풍속은 설계 기준 풍속에 달하지 않았던 것으로 추정된다. 피해의 특징은 접합부의 파손이 눈에 띄며, 보를 지탱하는 고정쇠의 파손, 탈락이나 T형 슬롯의 부품 파손, 탈락이 눈에 띈다. 일부 부재(기둥)에서는 취성적인 절손도 보였다.

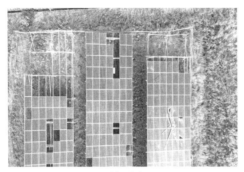

(a) 전경

(b) 접합부 파단

(c) 접합부의 탈락

(d) 접합 볼트가 기둥을 파괴

그림 17. 영농형 태양광발전 설비의 피해 (2019년 : 치바현 요쓰카이도시)

그림 18. 영농형 태양광발전 설비의 피해 (2018년 : 가나가와현 오다와라시)
강관 파이프가 무너짐 (오다와라 가나고테 농장에서 제공)

그림 18은 2018년 9월 추수 직전의 논으로 쓰러진 오다와라 가나고테 농장의 강관 파이프로 만들어진 영농형 태양광발전 설비이다.

오다와라 기상관측소의 데이터로는 최대 순간 풍속 29.3m/s, 최대 풍속 14.7m/s, 설계 기준 풍속 34m/s였다. 설계 기준 풍속의 1/3 정도, 풍하중 환산으로는 1/9 정도에 무너졌다. 그 후, 원인을 밝혀 재발 방지를 하고 강화책을 강구했다고 한다.

(5) 추적형 사고 사례 (제어 불능 사례)

그림 19는 치바현 가시와시에 있는 1기당 31kW, 6기의 저압 설비로, 그중 1~2기가 제어 불능 상태가 되어 장기간 방치되었다. 강풍이 붙면 어레이면을 수평으로 해서 풍하중을 줄이는 구조이지만 제어가 불가능하기 때문에 큰 풍하중을 받기 쉽다고 생각되며 민가가 바로 옆에 있어 제3자에게 피해를 입히는 사고로 이어질 가능성이 높은 것으로 추정된다. 또한 고치현에서는 이 업체의 태양광발전 설비가 풍하중에 의해 손상되어 비산 사고를 일으켰다.

(6) 눈 피해

하중에 의한 피해는 태양광발전 시설의 일부에 그치는데 반해 눈의 경우에는 시설 전체에 균등하게 하중이 걸리기 때문에 파괴적 피해가 대규모로 발생하는 것으로 알려져 있다.

2014년 2월 7~9일에 걸쳐 관동, 고신에츠 지역에 기록적인 적설량을 기록했다. 그 후 단속적으로 2월 16일까지 서일본에서 도호쿠에 이르는 광범위한 지역에서 기록적인 폭설이 내렸다. 거기다 폭설 후에 비가 내려 지금까지 없던 밀도의 눈이 관측되어 적설 하중에 관한 건축기준법 관련 법령이 개정되는 계기도 되었다.

그림 20은 후쿠시마현 후쿠시마시의 지상설치형 구조물(공사 중) 1.9MW의 피해 사례이다. 2014년 2월 14일~15일 이틀간 눈이 내려 최대 적설량 54cm를 기록했다.

해당 지역의 수직 적설량은 100cm이고, $30N/m^2 \cdot cm$으로 대략 1/2 이하의 하중으로 사고가 발생했다.

부재는 강철재로 남북 방향의 버팀대가 1개(하나의 다리)이고, 파괴는 보를 지탱하는 접합부가 취약하여 설하중에 의해 회전하면서 구조의 균형이 깨진 것으로 추정된다. 하지만 보 재료 자체가 취약하거나 남북 방향 구조의 균형이 깨진 것이 아닌가 싶다. 필자가 조사한 같은 해 3월 초순에는 모든 모듈이 구조물에서 분리되어 있었다.

그림 19. 제어가 불가능한 추적형 태양광발전 설비
(발생 연월일 불명 (조사는 2019년) : 치바현 가시와시)

그림 20. 2014년의 적설 피해
(후쿠시마현 후쿠시마시)

사가현 다카시마시에서 2017년 말~18년 2월에 걸쳐 내린 폭설로 파손된 지상설치형 구조물(**그림 21**)는 어느 것이나 발전 규모는 50kW 미만으로 추정된다.

기상청이 조사한 이마즈의 적설 기록은 1월 28일 48cm였다. 하지만 해당 지역의 사가현 건축기준법 시행 세칙에 따른 수직 적설량은 150~200cm 정도이므로 상당한 강도 부족이 의심된다(그림 21 (a)). 인근 지역에도 같은 피해를 입은 태양광발전 설비가 있었으며(그림 21 (b)), 같은 해 7월경까지 그대로 방치되어 있어 태풍 시즌에 2차 피해를 일으킬 우려가 있었다. 그 후 이들 시설은 철거, 보수된 것으로 확인되었다.

2017년 2월 돗토리현 돗토리시의 피해 사례(**그림 22**)에서는 218kW, 알루미늄재 구조물, 강철재 말뚝기초, 기상청 기록으로는 최고 적설량이 91cm로, 해당 시설의 수직 적설량은 시조례에 의해 100cm로 정해져 있었다. 불안정 구조에 기인하는 부재의 파손, 말뚝기초의 침하 등이 보였다. 다행히 이 발전소는 당초의 2배 정도의 구조 강도로 재건되었다.

이 외에도 호쿠리쿠 지방에서 대규모 태양광발전 설비 공사 중에 적설로 수십 MW의 프레임리스 모듈이 파손되고, 주고쿠 지방에서도 대규모 태양광발전 설비에서 같은 피해을 입은 사례가 있었다.

(a) 말뚝의 침하　　　　　　　　　(b) 보의 파손과 허리 기둥의 손상 (사진 뒤쪽은 JR 고사이선)

그림 21. 2017~18년의 눈 피해 (시가현 다카시마시)

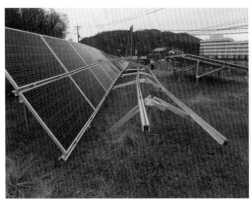

그림 22. 눈에 의한 피해 (돗토리현 돗토리시) 구조물은 알루미늄재 (시민에너지돗토리에서 제공)

(7) 지진 피해

2013년 4월 효고현 아와지시마 부근을 진원으로 하는 매그니튜드(M) 6.3의 지진이 발생했다. 이 지진으로 효고현에서 최대 진도 6약이 관측됐다. 아와지시마에서는 일부에 액상화가 보인 지역에서 발전 규모 2MW 이하의 지상설치형 태양광발전 설비가 피해를 입었다. 기초는 콘크리트(RC) 직접기초, 구조물는 알루미늄재이다(**그림 23**).

해당 지역은 매립지여서 액상화 현상이 발생했으나 태양광발전 설비에는 큰 피해 없이 직접 기초의 위치가 약간 어긋나는 정도에 그쳤다.

2016년 4월의 구마모토 지진 때는 진도 7이 2차례, 6강이 2차례, 6약이 3차례 발생하여 많은 사상자를 냈고, 주택 등과 함께 공공건축물이나 역사적인 건축물이 피해를 입었다. 필자는 구마모토현을 중심으로 태양광발전 설비 피해 조사를 했는데, 땅이 갈라진 곳에서도 태양광발전 설비에는 구조적 피해가 보이지 않았다(**그림 24**).

2018년 9월 홋카이도 이부리 동부에서 일어난 지진은 진도 7을 기록, 지진에 의한 산사태 등으로 많은 사람이 목숨을 잃었다. 주택 등도 산사태로 무너지고 최대 규모의 도마히가시 아쓰마 화

그림 23. 2013년 M6.3 지진 피해 (효고현 아와지시마) 사진 왼쪽의 검은 흙은 액상화에 의한 것

그림 24. 2016년 구마모토 지진 피해 (구마모토현 구마모토시)
태양광발전 설비에 피해는 없었으나, 땅이 갈라지고 지반 붕괴가 바로 옆에서 발생

력발전소가 피해를 입게 되면서 홋카이도 전역에서 장기간 정전(블랙아웃)이 발생했다.

진앙(진원의 바로 윗 지점)에 해당하는 아쓰마초 가누마를 중심으로 조사한 결과, 지진의 흔들림에 의한 건축물 등의 피해는 경미했으며, 진앙에서도 블록벽의 붕괴 등은 보이지 않고 주로 지반의 붕괴, 산사태 등의 피해가 눈에 띄었다. 태양광발전 설비에는 도마히가시의 50MW 발전소에서 구조물이 기울어지는 피해가 있었다(**그림 25** (a)). 마찬가지로 기구가 기울어지는 피해는 근접지의 1MW급에서도 볼 수 있었다(그림 25 (b)).

남북 방향으로 기둥이 1개인 구조물에서는 경사가 보였지만, 기둥이 2개 이상인 구조에서는 피해가 확인되지 않았다.

(8) 호우, 수해, 토사 붕괴 등

주로 많은 양의 강우로 인해서 일어나는 수해나 산사태 등의 피해 사례를 소개한다.

(a) 50MW급 태양광발전 설비 : 말뚝기초가 기울어진 것으로 생각된다

(b) 1MW급 발전소 : 말뚝기초가 기울어져 생긴 물결. 외다리 구조물 형식에 지진의 영향이 있었다

그림 25. 2018년 홋카이도 이부리 동부 지진에 의한 피해

그림 26. 2014년 강 범람으로 인한 피해 (미야자키현 고유군 가와미나미)
떠내려가는 나무가 태양광발전 설비를 파괴하고 있다

① 호우로 인한 수해

구조물과 기초 피해는 침수 시의 유속에 비례하는 것으로 생각되며, 유속이 빨랐을 것으로 추정되는 피해에서는 구조물의 기초 피해도 비례해서 크다. 어쨌든 물에 잠겼을 경우, 전기 설비가 완전히 손상될 가능성이 높다.

2014년 6월 미야자키현 고유군 가와미나미에서 헤다강이 범람해 인근에 입지해 있는 2곳의 태양광발전 설비가 피해를 입었다(**그림 26**). 기상 상황은 파도가 높았으며, 강수량은 1시간 49mm, 1일 213mm였다. 그 후 이들 시설은 증축, 재건되었다.

2015년 9월 태풍 17, 18호의 영향으로 도치기현의 기누강 유역에서는 장시간에 걸쳐 강한 비가 내려 관측 기록을 웃도는 강우량을 기록하며 사상자가 발생하고 주택 12,000동이 피해를 입었다. 자연제방을 굴착한 1.8MW의 알루미늄재 강관 말뚝 사양과 저압 50kW가 3건, 강판재 콘크리트 직접기초의 태양광발전 설비가 피해를 입었다(**그림 27**).

(a) 본류에 가까운 소규모 태양광발전 설비   (b) 본류에서 떨어진 대규모 태양광발전 설비

그림 27. 2015년 강 범람으로 인한 피해 (도치기현 닛코시)

그림 28. 2017년 강 범람으로 인한 피해 (규슈)

자연제방의 물이 범람할 때 유속이 빨라 지반면이나 패널, 구조물 기초가 유출되었다. 사고 후 물에 잠긴 태양광발전 설비를 보도 관련자가 맨손으로 만지다 감전되기도 했다. 당시는 그 만큼 감전 위험에 관한 정보가 부족했다.

2017년 7월 5~6일에 걸쳐서 규슈 북부에서 발생한 집중호우로 인해 후쿠오카현, 오이타현에서 많은 사람이 목숨을 잃었다. 치쿠고강의 지류, 아카타니강이 범람해 강변에 있던 태양광발전 설비가 재해를 입었다. 조사 당시에는 물에 잠겨 있었기 때문에 자세한 피해 상황은 확인하기 어렵지만, 이 부근에서 다수의 태양광발전 설비가 피해를 입었다(**그림 28**).

2020년 7월 규슈를 중심으로 기록적인 폭우가 쏟아졌다. 3일에 내리기 시작한 비가 10일까지 쏟아지면서 강우량이 1,000mm를 넘는 곳이 8곳이나 되었다. 구마가와강 본류와 지류의 작은 강이 합류하는 지점에서 범람해 구마모토현 구마군 구마무라의 저압 알루미늄 구조물과 직접기초 태양광발전 설비는 추정 침수 깊이 500cm 이상이었음에도 불구하고 구조적인 파손은 거의 없었고 펜스가 쓰러져 있는 정도였다. 주위의 건물도 흐르는 물에 떠내려가거나 한 흔적이 없어 비교적 유속이 느린 상태에서 침수된 것으로 보인다(**그림 29**).

구마모토현 구마군 니시키마치의 제방에서 넘친 물로 피해를 입은 분양형 저압 태양광발전 설비는 펜스가 쓰러지고 일부 흐르는 물 등에 의한 태양광발전 설비 모듈의 파손을 확인할 수 있었지만 큰 구조상의 손상이 없는 것으로 보아 비교적 유속이 느렸을 것으로 추정된다(**그림 30**).

② 토사 붕괴

태양광발전 설비와 관련해서 인근 주민과 분쟁이 일어나는 요인으로는 토사 유출이나 흙탕물 배수, 지반의 붕괴와 조성, 토목 문제 등이 있다.

2017년 7월 규슈 북부 호우 때 후쿠오카현 아사쿠라시 주변의 태양광발전 설비가 피해를 입었다. 규모는 1MW 정도로 추정되며, 구조물은 강철재이고 기초는 강관 말뚝 사양이었다. 지반이 붕괴한 원인은 경사면 상하 방향의 배수로는 정비되어 있었으나, 좌우 방향의 배수로가 정비되지 않

그림 29. 2020년 호우 피해 (구마모토현 구마군 구마무라)

추정 침수 깊이 500cm 이상이었으나, 물리적 손상은 적었다

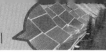

(a) 제방에 근접해 설치되어 있었다

(b) 떠내려 온 나무에 의한 피해는 있었으나
흐르는 물에 의한 물리적 피해는 경미

그림 30. 강 범람으로 인한 피해 (구마모토현 구마군 니시키마치)

아 호우가 집중되면서 지반이 붕괴된 것으로 추정된다(**그림 31**).

　2017년 태풍 21호에 의한 폭우의 영향으로 보이는 효고현 미나미아와지시의 태양광발전 설비 (고압) 토사 붕괴 피해는 **그림 32**와 같다. 콘크리트 블록으로 옹벽을 구축했지만 구조 문제(억지 공)와 배수 미비(억제공)로 붕괴되고 말았다. 다행히 인명 피해는 없었다.

　2018년 6월 28일부터 7월 8일까지 서일본을 중심으로 전국적으로 넓은 범위에 걸쳐 호우가 발생했다. 태풍 7호, 장마전선 등의 영향으로 집중호우가 내렸고 이에 의해 태양광발전 설비 사고도 일어났다. 효고현 고베시 스마구의 JR 서일본·산요 신칸센 선로 옆의 저압 태양광발전 설비가 7월 6일 해 뜰 무렵에 토사 붕괴를 발생시켜 신칸센 선로를 덮쳤다. 이로 인해 신칸센 운행이 중단됐고, 이후에도 8일까지 서행 운전이 이어졌다.

　구조물은 강관 구조물로 6에서 10단 정도의 가로 배치였고, 모듈은 누름쇠로 고정되어 있었다. 지표면은 3~5cm 정도의 모르타르로 피복되어 있었다(**그림 33**).

　태양광발전 설비는 저압이고, 이 경사면은 연못을 매립해 조성한 곳으로 사고 전부터도 토사 붕괴가 발생하여 콘크리트로 표면을 감쌌으나 균열이 생겼다. 이 사실은 인근 주민을 인터뷰하는 과정에서 드러났다. 허술하게 조성한 데다 배수 공사를 하지 않은 것이 사고의 원인으로 추정된다. 그 후 태양광발전 설비는 철거되었다.

　효고현 히메지시에서도 호우로 인해서 피해가 발생했다. 이 경우는 고압(750kW)의 경사면 설치 태양광발전 설비의 토사 붕괴를 발생시킨 옹벽의 구조 계획에 문제가 있었을 것으로 추정된다. 다

그림 31. 2017년 규슈 북부 호우 피해 (후쿠오카현 아사쿠라시)

그림 32. 2017년 태풍 21호로 인한 폭우 피해 (효고현 미나미아와지시)

(a) 신칸센 차 안에서 본 모습

(b) 주택지 근방에서 본 모습

그림 33. 2018년의 호우로 인한 산요 신칸센 주변의 피해 (효고현 고베시)

행히 도로와 인근에 토사가 유출되지는 않았다(**그림 34**).

다음은 2020년 7월에 발생한 호우로 인한 토사 재해 사례다. 쿠마모토현 아시키타마치 타가와 지구에서는 토사 재해로 인해 태양광발전 설비를 설치한 민가가 피해를 입어 사람이 목숨을 잃었다. 지붕에 탑재했던 것으로 추정되는 태양광발전 설비 모듈 일부가 흩어지고 배선도 절단된 것으로 추정되며, 화재 위험이 있었다(**그림 35**). 업계 단체에 통보해 신속하게 대처하도록 요청했지만 이후의 조치에 대해서는 알 수 없다.

구마모토현 다마나군에 있는 1.8MW 태양광발전 설비에서는 진흙물 및 토사가 유출되어 구마모토현 도로 16호선을 토석이 덮었으며, 점포 현관 앞까지 도달했다(**그림 36**). 발전소와는 관계없는 인근 주민이 응급 복구를 해서 도로는 통행이 재개되었다.

이러한 토석 유출과 토사 피해는 사람 눈에 띄지 않는 대규모 발전소에서 발생한 것으로 추정되지만, 이 조사에서는 발견할 수 없었다.

그림 34. 2018년 호우로 인한 피해 (효고현 히메지시)

그림 35. 2020년 호우로 인한 피해 (구마모토현 아시키타 마치) 산사태로 인해 주택용 태양광발전 설비가 붕괴

그림 36. 2020년 호우로 인한 태양광발전 설비 토사 유출 피해 (구마모토현 다마나군)

4 구조 관련 법규제

태양광발전 설비 시스템 구조에 관한 주요 법령은 '전기사업법' 및 관련 규정이다. 또한 신재생에너지의 고정가격 매입제도인 '전기사업자에 의한 신재생에너지 전기 조달에 관한 특별조치법'에도 일부 규정이 있다.

이외에 중요한 법령 관련 규정은 건축기준법, 도시계획법, 사방3법(산사태 방지법 등), 택지조성 등 규제법, 산림법, 농지법, 환경영향평가법 및 도도부현시정촌의 조례 규제가 있다. 여기서는 그중에서 구조와 관련이 있는 법령을 소개한다.

구조 관련 법규는 2011년경까지는 대체로 건축기준법 관련 규정에 의해 규제되었다.

4.1 건축기준법 관련 규정

고정가격 매입제도 이전의 태양광발전 설비 시스템의 구조에 관한 법령은 '건축기준법', '건축기준법 시행령'으로 규정되어 있었다. 건축물이란 기준법 제2조의 "토지에 정착하는 공작물 중 지붕 및 기둥 또는 벽을 가진 것…(중략)…이에 부속하는 문 또는 담, 관람을 위한 공작물 또는 지하 또는 고가(高架)의 공작물 내에 설치하는 사무실, 점포, 흥행장, 창고 기타 이와 유사한 시설…(중략)…을 말하며, 건축설비를 포함하는 것으로 한다"는 내용으로 건물과 공작물을 합한 것을 대상으로 한다. 당시 건축기준법의 적용을 받는 크기의 태양광발전 시스템은 '건축 확인 신청'을 해서 확인신청과 확인필증을 취득하여야 하며, 확인신청서(설계도서)의 작성에는 자격이 필요했다.

4.2 건축기준법의 적용 제외

2010년 6월에 시행된 건축 확인 절차 등의 운용 개선(제1탄)에 의해 확인 심사가 신속하게 진행되었다. 나아가 '신성장 전략 실현을 위한 3단계 경제 대책'(같은 해 9월 각의 결정)에서 '가능한 한 조기에 조치를 강구'하는 것으로 정하여 건축 확인·심사 절차 등이 한층 합리화되었다. 그 결과 건축 확인 절차 등의 운용 개선(제2탄)이 2011년 3월 25일에 공표되었다.

이 개정은 2011년 3월 30일의 정령 제46호에 의해 건축기준법 시행령의 제138조가 개정되었다. 공작물의 지정에 대해 '다른 법령의 규정에 따라 법 및 이에 기초한 명령의 규정에 의한 규제와 동등한 규제를 받는 것으로서 국토교통대신이 지정하는 것을 제외'하게 되었다. 같은 해 3월 25일의 '태양광발전 설비 등에 관한 건축기준법의 취급에 대해'(국토교통성 주택국 건축지도과장 통지(국주지) 제4936호) 및 같은 해 9월 30일의 '건축기준법 및 이에 기초한 명령 규정에 의한 규제와 동등한 규제를 받는 것으로서 국토교통 대신이 지정하는 공작물을 정하는 건' 고시 제1002호의 일련의 조치에 따라 다음과 같이 정해졌다.

1) 전기사업법에 의해 충분한 안전성이 확보되는 태양광발전 설비 등 다른 법령의 규정에 의해 건축기준법의 규제와 동등한 규제를 받는 것으로서 국토교통대신이 지정하는 것에 대해서 동 법이 적용되는 공작물에서 제외(전기사업법 제2조 제1항 제18호에 규정하는 전기공작물)

2) 토지에 자립하여 설치하는 태양광발전 설비 중 유지보수 시 이외에는 사람이 구조물 아래에 들어가지 않고 구조물 아래의 공간을 물품 보관 등의 옥내적 용도로 제공하지 않는 것은 건축물에 해당하지 않는다

3) 옥상에 설치하는 태양광발전 설비 등의 건축 설비 중 해당 설비를 건축물의 높이에 산입해도 해당 건축물이 건축 기준 관련 규정에 적합한 것은 건축기준법 시행령에 규정하는 '건축물의 옥상 부분'으로 취급하지 않는 것을 명확화

같은 해 9월 30일자 '건축기준법 및 이에 기초한 명령 규정에 의한 규제와 동등한 규제를 받는 것으로서 국토교통대신이 지정하는 공작물을 정하는 건의 시행'에 대해(국주지 제1949호)에 따라 태양광발전 설비 시스템을 제외한다는 내용이 같은 해 10월 1일부터 시행되었다.

2012년 7월 4일에 '기존 건축물의 옥상에 태양전지 발전 설비를 설치할 때의 건축기준법 취급에 대해'(국주지 제1152호)에서는 다음과 같이 정해 건축기준법상의 규제를 완화했다.

1) 건축물 위에 설치하는 태양광발전 설비 시스템은 건축기준법에 적합할 필요가 있다.

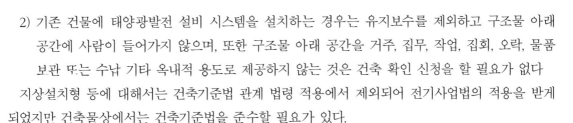

2) 기존 건물에 태양광발전 설비 시스템을 설치하는 경우는 유지보수를 제외하고 구조물 아래 공간에 사람이 들어가지 않으며, 또한 구조물 아래 공간을 거주, 집무, 작업, 집회, 오락, 물품 보관 또는 수납 기타 옥내적 용도로 제공하지 않는 것은 건축 확인 신청을 할 필요가 없다

지상설치형 등에 대해서는 건축기준법 관계 법령 적용에서 제외되어 전기사업법의 적용을 받게 되었지만 건축물상에서는 건축기준법을 준수할 필요가 있다.

2014년 1월 28일자 '농지에 버팀대를 세워 설치하는 태양광발전 설비의 건축기준법상 취급'에 대해(국주지 제3762호)에서는 농지에 버팀대를 세워 설치하는 태양광발전 설비, 해당 버팀대에 대해 농지법의 허가를 받은 것 중 다음에 해당하는 것은 건축물에 해당하지 않는다. 영농형 태양광발전 설비 시스템도 건축기준법에서 제외되었다.

1) 특정인이 사용하는 영농을 계속하는 농지에 설치하는 것
2) 버팀대 및 태양광발전 설비로 이루어진 공간에는 벽을 설치하지 않고, 또한 태양광발전 설비의 패널 각도, 간격 등으로 봐서 농작물의 생육에 적합한 일조량을 유지하게끔 설계되어 있는 것

4.3 전기사업법 관련 규정

⑴ 전기사업법상 태양광발전 설비 시스템의 위치

전기사업법 관련 법 체계는 **그림 37**과 같다.

[전기사업법 및 관련 규정 및 JIS C 8955]

태양광발전 설비 시스템은 전기사업법 제2조 1항 18호에서 규정되는 '전기공작물'에 해당하며, 동 법 제38조에서 '일반 전기공작물'과 '사업용 전기공작물'로 구분되어 있다. 전기사업법 시행 규칙 제48조의 2항에서는 600V 이하의 전압을, 또한 4항에서는 태양광발전의 경우 50kW 미만을 일반 공작물로 취급하고 있다. 사업용 전기공작물에 대해서는 전기사업법 제38조 3항에 일반용 전기공작물 이외의 전기공작물이라고 정의되어 있다.

사업용 전기공작물은 전기사업법 제39조 1항에서 "주무부령(主務省令)으로 정한 기술 기준에 적합하도록 유지해야 한다"고 되어 있고, 위반할 경우 동 법 제40조에 일시 정지나 사용 제한을 한다고 제시되어 있다. 일반용 전기공작물도 전기사업법 제56조 1항에서 기술 기준에 적합하지 않은 경우에는 사용을 일시 정지하거나 사용 제한을 한다고 정해놓았다.

⑵ 전기 설비에 관한 기술 기준을 정하는 부령 및 관련 규정

'전기 설비에 관한 기술 기준을 정하는 부령'은 일반적으로 전기(電技)라고 줄여서 부른다. 제1장 제3절 보안 원칙에는 제1관 감전, 화재 방지, 제2관 이상 예방 및 보호 대책, 제3관 전기적, 자기적 장애 방지, 제4관 공급 지장의 방지, 제4절 공해 등의 방지가 정해져 있으며, 전기 설비 일반적 기술적 요건을 규정한 것이다. 특히 제1관 제4조에서는 '전기 설비는 감전, 화재, 기타 인체에 위해를 미치거나 물건에 손상을 줄 우려가 없도록 시설해야 한다'라고 제3자에 대한 가해 방지에

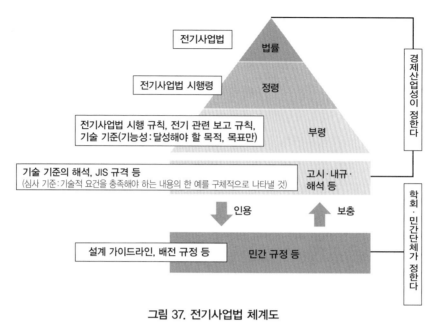

그림 37. 전기사업법 체계도

출처 : 경제산업성 전력안전소위원회 전기보안제도 워킹그룹(제2회) 자료에서 발췌

관해 규정하고 있다.

전기(電技)에 정해진 기술적 요건을 충족한다고 인정되는 기술적 내용을 가능한 한 구체적으로 제시한 '전기 설비의 기술 기준 해석'은 일반적으로 '전기 해석'이라고 줄여서 부른다. 이 규정은 서두에 '기술적 내용을 가능한 한 구체적으로 나타낸 것이다. 또한 부령에 정하는 기술적 요건을 충족하는 것으로 인정되는 기술적 내용은 이 해석에 한정되는 것이 아니라, 부령에 비추어 충분한 보안 수준을 확보할 수 있는 기술적 근거가 있으면 부령에 적합한 것으로 판단하는 것이다' 또한 '성능을 규정하는 것과 규격을 규정하는 것을 병기해서 기재한 것은 어느 한 요건을 충족하면 부령을 만족하는 것을 나타낸다'고 되어 있다.

'전기 해석'을 요약하면 다음과 같다.

① 전기에 적합한지 가능한 한 구체적으로 나타내고 있다.
② 해석에 한정하지 않고 전기에서 정하는 기술적 요건을 충족하면 적합하다고 인정하는 경우가 있다.
③ 성능 규정과 사양 규정이 있는 경우는 어느 하나를 만족해야 한다.

태양광발전 설비 시스템의 구조에 관한 전기 해석의 규정을 역사적으로 보면 2006년에 처음으로 구조에 관한 규정이 등장했다. 제46조의 2항이 추가되어 JIS C 8955 '2004'를 구조 강도의 기준으로 하고, 또한 건축기준법의 공작물 규정을 동시에 충족하는 것으로 했다.

2011년에 전기 해석의 해설이 개정되어 "건축기준법 시행령이 개정됨에 따라 건축기준법상 공작

물로서 규정이 적용되지 않게 되었기 때문에 전기 해석에서 건축기준법을 인용하여 그 강도를 규정하기로 했다. 구체적으로는 건축기준법 시행령 제3장 구조 강도 중 제38조(기초), 제65조(유효 세장비), 제66조(기둥의 다리 부분), 제68주(고강도 볼트 등) 및 제69조(경사재 등의 배치)의 규정에 따라 시설해야 한다"고 되어 있다.

반복하지만 건축기준법 관련 규정이 대폭 완화되는 2011년 10월 이후 태양광발전 설비는 일정 조건에 의해 건축기준법의 공작물에서 제외되면서 전기사업법상의 전기공작물이 되었다. 또한 2012년 7월에 기존 건축물상에 설치하는 태양광발전 설비는 건축기준법에는 적합해야 하지만, 건축 확인 신청은 할 필요가 없게 되었다.

(3) JIS C 8955의 변천

전기 해석에서 인용한 JIS C 8955 '태양전지 어레이용 지지물 설계 표준'은 신에너지·산업기술종합개발기구의 각 연구에서 얻은 풍동 실험 데이터 등을 참고로 도입하였다. 그 제1단계로 1997년 1월에 TR(표준 정보)를 정하고, 그 후 이 표준 정보가 지지물의 설계 표준으로 자리 잡아 왔다는 점을 고려하여 다시 정식으로 JIS로 제정했다.

JIS 해설을 제정하면서 논의할 때는 신건기령 제82조 5 '지붕재 등의 구조 계산'이 적절하지 않을까 하는 의견도 나왔지만, 모듈 지지물의 기능을 고려했을 경우 지붕재가 아닌 구조재에 가깝다는 점에서 신건기령 제87조에 준하는 것으로 정했다.

JIS는 2004년판에서 2011년판으로 개정되었으나, 풍하중에 관해서는 개정되지 않고 구조재의 평균 풍력계수 그대로 두었다. 이것은 태양광발전 설비 시스템의 안전성에 큰 영향을 미치므로 주제에서 벗어나지만 설명한다.

건축 관련 풍공학에 관한 연구로는 1993년 일본건축학회의 '건축물 하중 지침'에서 외장재의 태풍 피해 사례를 풍동실험 등으로 검증하고, '평균 풍력계수'보다 적정한 기준인 '피크 풍력계수'를 채택했다. 2000년 건설성 고시 1458호 '판지붕 판자재 및 옥외에 면하는 장벽의 풍압에 대한 구조 내력상의 안전성을 확인하기 위한 구조 계산의 기준을 정하는 건'에서는 피크 풍력계수가 채택되었다.

태양광발전 설비 시스템에 대한 연구로는 2008년부터 국토교통성의 '건축 기준 정비 촉진 보조금 사업'에 의해서 풍력계수를 개선하는 연구가 3년간 이어졌고, 태양광발전 설비 시스템에 관한 피크 풍력계수가 일본건축학회와 일본풍공학회 등에서 차례로 공개되었다.

그후 JIS C 8955는 건설성 고시보다 17년 늦은 2017년 3월에 풍하중이 적정화되어 피크 풍력계수와 등가인 '등가 풍력계수'로 변경되었다. 설계를 포함한 규격이었지만 명칭도 '태양전지 어레이 지지물 설계 표준'에서 '태양전지 어레이 지지물의 설계용 하중 산출 방식'으로 바뀌어 바람과 지진, 눈 등의 하중 산출 방법의 표준이 되었다. 풍하중은 결과적으로 설계용 풍하중의 크기가 1.5배에서 2배 이상 커졌다.

(4) 전기 해석의 변천

2017년 8월 개정된 전기 해석에는 46조 3항이 추가되었다. 강도 계산을 하지 않는 등 규정을 충족하지 않는 설계와 시공 등으로 인해 공중안전에 영향을 미치는 중대한 파손 피해가 발생한 것에 기인하여 설계 기준 풍속과 강설량 등 제 조건을 충족하는 경우는 강도 계산을 하지 않아도 필요한 강도 등을 확보할 수 있도록 지상설치형 설비에 적용할 수 있는 표준 사양이 규정되었다.

2018년 10월 개정된 전기 해석에는 제46조 2항이 크게 개정되어 7개의 호가 추가되었다. 이 개정에서는 적정화된 JIS C 8955(2017)를 채택했다. JIS는 앞서 말한 '설계 표준'에서 '설계하중 산출 방법'이 되었기 때문에 설계에 관한 기본을 나타낸 각 호가 추가되었다.

각 호는 다음과 같다.

1 지지물은 자중, 지진하중, 풍압하중, 적설하중에 대해 안정적일 것.

2 일본공업규격 JIS C 8955(2017) '태양전지 어레이용 지지물의 설계용 하중 산출 방법'에 의해서 산출되는 설계하중을 받았을 때 생기는 각 부재의 응력도가 그 부재의 허용 응력도 이하가 될 것.

3 지지물을 구성하는 각 부재에는 앞 호에 규정하는 허용 응력도를 충족하는 설계에 견딜 수 있는 안정된 품질의 재료를 이용할 것.

4 태양전지 모듈과 지지물의 접합부, 지지물의 부재 간 및 지지물의 골조 부분과 기초 부분 접합부의 존재 응력을 확실하게 전달하는 구조로 할 것.

5 토지에 자립해서 설치하는 지지물의 기초 부분은 다음 각 호에 적합한 것일 것.

   ㄱ 말뚝기초나 철근 콘크리트조의 직접기초 또는 이와 동등 이상의 지지력을 가진 것일 것.

   ㄴ 상부 구조로부터 전해지는 하중에 대해 상부 구조에 지장을 초래하는 침하, 부상 및 수평 방향으로 이동이 발생하지 않는 것일 것.

6 지지물에 사용하는 부재는 부식 및 노후되지 않는 재료 또는 방식을 위한 적절한 조치 재료를 사용할 것.

7 토지에 자립하여 설치하는 태양전지 발전 설비 중 설치면에서 태양전지 어레이의 최고 높이가 9m를 넘는 경우에는 건축기준법의 공작물에 근거한 구조 강도 등에 관련된 각 규정에 적합한 것일 것.

2020년 2월 25일의 개정

토사 유출과 토사 붕괴 등의 사고가 다발하여 2020년 2월의 개정에서 제46조 4항 '태양전지 모듈의 지지물을 토지에 자립하여 설치하는 경우에는 시설에 의한 토사 유출 또는 붕괴를 방지하는 조치를 강구할 것'이 추가되었다. 또한 제46조 3항 '알루미늄 구조물의 지상설치형 설비에 적용할 수 있는 표준 사양'도 추가되었다.

2020년 6월 1일 개정

태양광발전 설비 시스템의 수상 설치 등 설치 형태의 다양화에 대응하기 위해 제46조 제2항의 1, 2, 4, 5, 6호가 지상 설치를 의식한 것에서 설치 형태의 다양화에 맞춰 문구가 수정되었다.

1 지지물은 일본산업규격 JIS C 8955(2017) '태양전지 어레이용 지지물의 설계용 하중 산출 방법'에 의해 산출되는 자중, 지진하중, 풍압하중과 적설하중 및 기타 해당 지지물의 설치 환경에서 예상되는 하중에 대해 안정적일 것.

2 설계는 전 호에 규정하는 하중을 받았을 때 생기는 각 부재의 응력도는 그 부재의 허용 응력도 이하로 설계할 것.

4 태양전지 모듈과 지지물의 접합부, 지지물의 부재 간 및 지지물의 골조 부분과 기초 또는 앵커 부분 접합부의 존재 응력을 확실히 전달하는 구조로 할 것.

5 토지 또는 수면에 설치하는 지지물의 기초 또는 앵커 부분은 다음의 각 호에 적합한 것일 것.
ㄱ 지지물의 기초 또는 앵커 부분은 상부 구조에서 전달되는 하중에 대해 상부 구조에 지장을 초래하는 침하, 부상 및 수평 방향으로 이동을 발생시키지 않는 것일 것.
ㄴ 토지에 자립해서 시설하는 지지물의 기초 부분은 말뚝기초나 철근 콘크리트조의 직접기초 또는 이와 동등 이상의 지지력을 가진 것일 것.

6 지지물에 사용하는 부재에는 부식, 노후, 기타 열화되지 않는 재료 또는 방식 등 열화 방지를 위한 조치를 강구한 재료를 사용할 것.

이와 같이 변경되었다.

(5) 전기사업법 관련의 향후 전망

제5차 에너지 기본계획에는 "신재생에너지의 확실한 주력 전원화 포석을 위한 대응을 조기에 추진한다"고 되어 있다. 이 기본적 계획을 토대로 전기사업법의 개정은 2020년 9월 25일에 다음과 같이 각의 결정되었다.

① 보고 청취가 '소출력 발전 설비' 50kW 이하, 주택용에도 미친다.

② 입회 검사도 마찬가지로 '소출력 발전 설비' 50kW 이하, 주택용에도 미친다.

③ 50kW 이하의 태양광발전 설비에 독립행정법인 제품평가기술기반기구에 입회 검사 권한을 부여하게 되었다.

또한 보고 청취, 사고 보고와 관련해서 '전기 관련 보고 규칙'도 개정될 것으로 보인다.

전기, 전기 해석의 개정 전망은 전기사업법의 개정에 맞춰서 심의되고 있다. '제21회 신에너지 발전 설비 사고 대응·구조 강도 워킹그룹'의 자료에 따르면 각의 결정과 마찬가지로 소규모 발전 설비에 대한 보고 청취, 사고 보고와 사고 정보 수집과 분석을 업계 단체와 추진할 것, 또한 '태양전지 발전 설비의 기술 기준'을 신설할 것 등을 검토하고 있다. 기술 기준 등과 민간의 가이드라인·체크리스트와의 연계를 계속적으로 도모하기 위해 민간의 규격이나 인증제도와 유연하고 신속하게 연계를 추진하는 등의 방향성이 제시되었다.

4.4 최신 방향성

2020년 10월 경제산업성 전력안전소위원회 전기보안제도 워킹그룹(제2회)이 향후의 방향성을 명확히 제시했다(**그림 38**).

이로써 수력, 화력, 원자력, 풍력의 각 기술 기준에 이어서 '태양전지 발전에 관한 기술 기준'이 제정될 예정이다. 현행 전기설비에 관한 기술 기준(부령)과 동 해석에서 관련된 부령과 충족해야 할 기술적 요건이 태양전지 설비에 관한 기술 기준(부령)으로 승격되어 법령으로서 안전 기준이 정해질 전망이다.

JIS 규격과 신에너지·산업기술종합개발기구가 책정한 설계 가이드라인 등 기술적 요건을 구체적으로 제시한 규격 등이 태양전지 발전 설비에 관한 기술 기준의 해석과 해설에 인용되어 수상 설치형, 영농설치형, 경사지설치형에 대해서도 장래적으로 민간 규격을 전기 해석과 해설에 대응해 가는 방향성도 제시되었다.

민간의 자주성을 중요시하는 경제산업성에서 이러한 규제를 진행하는 것은 민간의 자주적인 움

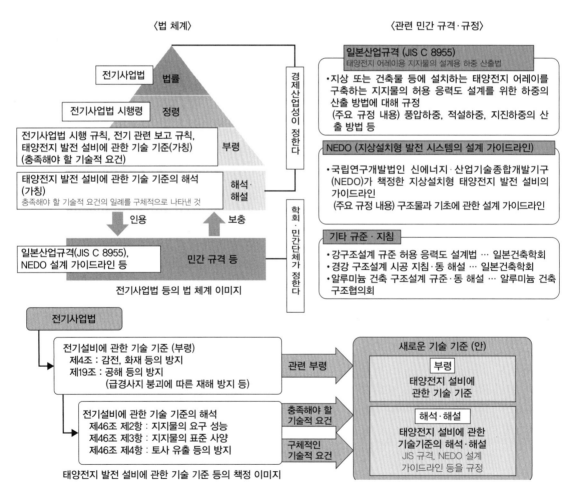

그림 38. 태양전지 설비에 관한 기술 기준 체계도

출처: 경제산업성 전력안전소위원회 전기보안제도 워킹그룹(제2회) 자료에서 발췌

직임이나 민간단체의 자주적 규제가 없는 상태인지, 안전과 관련된 활동 그 자체를 하고 있지 않는 것인지 의문이 남는다.

4.5 지방지자체의 움직임

지방자치연구기구의 조사에 따르면 태양광발전 설비의 규제에 관한 지방지자체의 조례는 2014년 오이타현 유후시를 시작으로 오카야마현 마니와시, 군마현 다카사키시로 이어져 현재는 100개 이상의 지자체가 제정했다고 한다. 조례의 유형은 대체로 지역을 지정해 억제, 금지하거나, 억제지역 외에는 신고를 의무화하거나 지역의 동의를 의무화한 것이 많다. 벌칙에 관해서는 조직명을 공표하는 정도이고 벌금, 과태료를 정한 곳은 드물다. 대부분은 입회 검사 권한을 가지고 있지 않으므로 신고의 유무나 시설 외부의 검측에 의한 규제에 그치고 있다.

5 태양광발전의 설치 형태와 구조

태양광발전 설비 시스템은 설치 형태가 해마다 다양해지고 있다. 기존의 설치 형태는 건축물 위나 지상 설치가 주류였으나 최근에는 농업과의 공존을 지향하는 영농형, 경사면에 설치하는 경사지형과 저수지, 댐 등에 설치하는 수상형 등이 증가하고 가동식의 추적형 등도 증가하는 추세다.

건축물 위에 설치하는 형식은 처음에는 배낭식으로 지붕이나 벽, 회랑 등에 설치됐지만, 최근에는 건축마감 일체형(BIPV)이 개발되어 지붕이나 벽, 창문 유리 등의 건축재로서 사용되는 형태가 증가하고 있다.

설치 공법에 따른 분류는 **그림 39**에 정리했다. 이것은 하나의 예에 지나지 않으며, 이 외에 해마다 개발이 이루어져 종류와 개념이 다른 태양광발전 설비가 증가하고 있다는 점에 유의하기 바란다.

【설치 형태에 따른 분류표】

설치 장소	설치 공법		지붕·벽 등의 사양·공법
지상	지상설치형	직접기초형	독립기초, 연속기초(줄기초), 매트기초, 보강기초 공법 등
		말뚝기초형	강관말뚝, 스파이럴 공법 등
		추적형	1축 추적식, 2축 추적식
수상	플로트형·말뚝기초		개별 플로트, 집합 플로트, 말뚝기초
건축물 위	지붕설치형	평지붕형	아스팔트 방수, 시트 방수, 도막 방수 *옥상 구조물형
		경사지붕형	기와, 착색 슬레이트, 금속지붕(기와봉, 가로지붕, 입평지붕) 등
		절판지붕형	겹침, 목납, 감합식 절판 *바로 놓기, 경사구조물 공법
	지붕일체형		평판기와, 금속지붕(가로지붕, 평활지붕)
	벽설치형		RC, ALC판, 강판
	벽일체형		ALC판, 강판, 커튼월
	창일체형		라이트스루, 시스루, 톱라이트형도 포함
	차양형		태양전지 모듈 자체가 차양 기능을 가진 설치 공법
	루버형		태양전지 모듈 자체가 루버 기능을 가진 설치 공법

출처 : '태양광발전 시스템 내풍 설계 매뉴얼' 표 3.1 을 가필 수정

〈직접기초형〉

출처 : '태양광발전 시스템 내풍 설계 매뉴얼' 그림 3.1, 그림 3.2

　고정가격 매입제도(FIT)가 도입된 초기의 대표적인 지상설치형의 예인 직접기초형 사례. 직접기초에는 이 사례의 독립(푸팅) 기초, 줄기초(연속기초), 매트기초 등이 있다.

〈말뚝기초형〉

출처 : '태양광발전 시스템 내풍 설계 매뉴얼' 그림 3.3 그림 3.4

　지상설치형의 말뚝기초형은 스파이럴 말뚝이 도입되고 시공이 공수와 설비면에서 용이해져 50kW 미만의 태양광발전 설비에 급속히 보급되었다. 건축물에서 말뚝기초는 직접기초로 지지하기가 곤란한 지반에 적용되지만 태양광발전 설비의 경우는 지반에 의하지 않고 비용을 우선해서 진행되는 경향이 있다. 또한 말뚝에 가설용 강관(ϕ48.6mm)을 사용하는 사례도 있다.

〈추적형〉

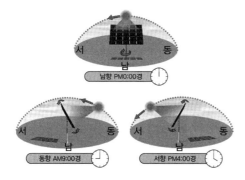 

출처 : 후지프리판매(주) 홈페이지의 그림을 바탕으로 작성

　추적형은 태양 위치(방위각과 고도)를 추적하는 2축형 추적 장치와 방위각을 추적하는 1축형이 있다. 그림 예시는 2축형의 움직임이다.

〈플로트형〉

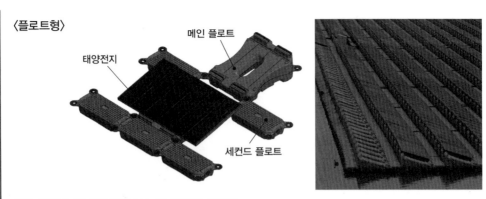

출처 : 자연에너지 활용 레포트 No.20, 자연에너지재단

위의 형태는 하나의 플로트에 하나의 모듈을 두는 형식이 주류이지만, 큰 플로트에 복수의 모듈을 탑재하는 설비도 있다.

〈평지붕형〉

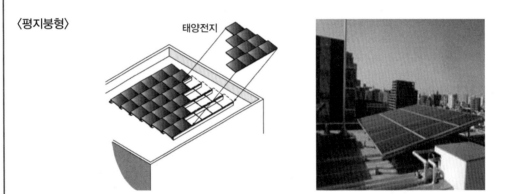

출처 : '태양광발전 시스템 내풍 설계 매뉴얼' 그림 3.5, 그림 3.6

평지붕 위에 지상 설치와 같은 구배를 갖게 하여 설치하는 방법. 방수층에 손상을 주지 않도록 구조재와 결착시킬 필요가 있다.

〈경사지붕형〉

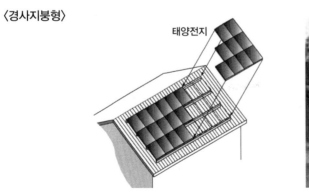
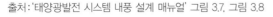

출처 : '태양광발전 시스템 내풍 설계 매뉴얼' 그림 3.7, 그림 3.8

기존·신축의 경사지붕에 설치하는 방법. 지붕재가 다종다양하므로 설치 철물 등에 주의가 필요하다. 주요 구조부와 묶는 것이 과제이다.

〈절판지붕형〉

출처: '태양광발전 시스템 내풍 설계 매뉴얼' 그림 3.9, 그림 3.10

절판지붕에 설치하는 방법. 경사지붕과 마찬가지로 구조부와 결착시켜야 하는 과제가 있다.

〈지붕일체형〉

출처: '태양광발전 시스템 내풍 설계 매뉴얼' 그림 3.14, 그림 3.15

경사지붕의 기와 모양 모듈로, 건축마감 일체형(BIPV). 지붕재의 종류는 한정된다.

〈벽설치형〉

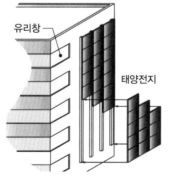 

출처: '태양광발전 시스템 내풍 설계 매뉴얼' 그림 3.18, 그림 3.19

일반적인 모듈을 벽면에 설치하는 방법.

〈벽일체형〉

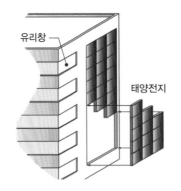

유리창

태양전지

출처 : '태양광발전 시스템 내풍 설계 매뉴얼' 그림 3.20, 그림 3.21

건축마감 일체형(BIPV) 모듈을 벽면에 설치하는 방법.

그림 39. 설치 공법의 분류

6 지상설치형 구조물의 부재 명칭에 관한 시안

신재생에너지 주력 전원화가 제창된 지 오래지만 지상설치형 태양광발전 설비의 기초, 구조물 설계 부재 등의 명칭이 통일되어 있지 않아 회사마다 부르는 명칭이 다르다. 향후의 표준화를 염두에 둔 시안으로서, 또 표준화를 위한 논의의 이정표로서 제안하는 바이다.

이 책은 여러 명의 저자가 원고를 썼기 때문에 표기가 다른 부분이 있다. 이 점에 대해서는 독자 여러분에게 미리 양해를 구한다.

각 부재의 정의에 관해서 학술적으로 정의되어 있는 건축물의 명칭을 태양광발전 설비 기초·구조물에 적용하려고 했다(**그림 40**).「건축학 용어사전」제2판(일본건축학회편)의 용어(표제어), 외국어, 해설을 토대로 인용했다. 그 외의 필자가 독자적으로 정의한 것은 ※로 표기했다.

기존에는 경사가 있는 남쪽을 수하 측, 북쪽을 수상 측으로 했으나 동서 방향으로 경사가 있는 구조물나 경사가 있는 지반에 설치한 경우, 방위와 수상 수하가 일치하지 않을 수 있기 때문에 직사각형 평면의 긴 쪽을 도리 길이, 짧은 쪽을 보 길이라고 부르는 건축 용어에 따랐다.

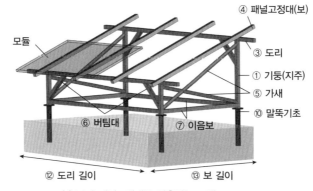

(a) 보가 패널고정대를 겸용하는 모델

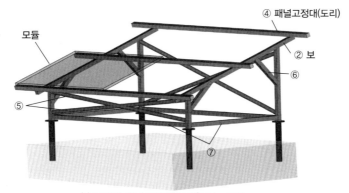

(b) 도리가 패널고정대를 겸용하는 모델

(c) 트러스 구조를 가진 모델

(d) 말뚝기둥 겸용 부재를 가진 모델

[명칭의 정의]

① 기둥 column; post; pillar

　지붕, 바닥, 보 등의 하중을 지탱하여 하부의 구조에 전해지는 수직 부재. → 필러. [구·각]

　동의어 ①' 지주 support

　하중을 지탱하는 기둥. 형틀용, 발판용, 땜질용 등 가설 기둥을 가리키는 경우가 많다. [재·구·계]

② 보 beam; girder; joist

　두 개 이상의 지점 위에 걸쳐 놓은 구조 부재 또는 한쪽 끝이 고정된 외팔 보 형식의 수

평 구조 부재. [각·구]

※태양광발전 설비에서는 ⑩ 보 길이 방향으로 놓이는 수평 또는 경사가 있는 가로 지
　지재를 말한다.

③ 도리 girder; cross beam

*축조에서 측주의 상단을 연결하여 *서까래를 받는 수평재. → 보, → 거더. [재·구]

※태양광발전 설비에서는 ⑨ 도리 길이 방향으로 놓이는 수평, 혹은 경사가 있는 가로
　지지재를 말한다.

④ ※패널고정대 panel receiving member

태양전지 모듈을 고정하는 가로 지지재. 보 길이 방향은 ④ 패널고정대(보), 도리 길이
방향은 ④ 패널고정대(도리)로 나타낸다. 트러스 구조인 경우에는 패널고정대(상현재)라
고 나타낸다. 구조재와 패널(모듈)을 지지하는 기능이 일체가 된 부재.

⑤ 가새 bracing; brace

기둥이나 보 등으로 만든 4변형의 홈면에 들어가는 *경사재. 구면의 변형을 방지하고
강성을 높이는 동시에 지진력과 풍압력에 저항한다. (=브레이스) [구·각·계]

가새의 방향성을 구별해서 표기하는 경우는 다음과 같이 표기한다(다음과 같은 것은
외국어 번역이 없다).

  •⑤ 보 길이 가새

　　일반적으로 보의 가로 방향(*보 길이 방향)으로 넣은 *가새.

  •⑤ 지붕 가새

　　*지붕 골조가 넘어지는 것을 방지하기 위해 *지붕 보와 직교하는 방향으로 넣은
　　*가새. 도리 길이 가새라고도 한다.

⑥ 버팀대 knee[angle, batter, dlAgonal] brace

[1] 기둥과 *가로 지지재의 교점 모서리 부분에서 부재의 중간에서부터 다른 부재의 중
간을 비스듬히 묶어 구석을 받히는 짧은 부재(그림). [2]*지붕 안의 짧은 경사 부재. 경
사 지주라고도 한다. [구·각]

⑦ 기초보 footing beam

구조물을 강고하게 하기 위한 보. 최하층 기둥의 다리부를 연결하여 주각의 이동, 침
하, 회전을 구속한다. 목조 건축에서도 철근콘크리트조의 기초보를 마련하는 경우가 많
다.(이음보)[구·각]

※건축물의 경우는 주로 땅속에 배치하는 부재이나, 태양광발전 설비의 경우는 말뚝기
　초 플랜지가 G, L보다 위에 노출되어 있으며 말뚝기초 플랜지나 주각부를 연결하는
　부재를 말한다. ⑦ 일반적으로 '이음보'라고 부른다.

⑧ 기초 footing; foundation

구조물의 하중을 지반에 전달시키는 부분으로, *기초 슬라브와 *말뚝을 통틀어 이르는

말이다. [구·각·계]

⑨ 직접기초 spread foundation

*기초 슬라브의 하중을 직접 지반에 전달하는 형식의 기초를 말한다. *푸팅기초와 *매트기초로 나뉜다. [재·구]

⑩ 말뚝기초 pile founfation

구조물을 직접 지지하기 어려운 지반 등에서 *직접기초를 대신하여 말뚝을 이용하여 지지하는 형식의 기초. [구]

⑪ ※말뚝기둥 겸용 부재

말뚝을 기둥으로 이용한 부재로, 말뚝과 기둥을 분리하지 않고 하나의 부재로 구성한 것이 특징이다. 용어는 사전에는 기재되어 있지 않다. 쿠마가이구미가 '말뚝을 기둥으로 이용한 건축 구조물' 특허 제3098719호를 소유하고 있으며, '다이렉트 칼럼 구조법'을 제창하고 있다. 유효기간은 2016년까지이다.

⑫ 도리 길이 [1] longitudinal direction; ridge direction

지붕보에 직각인 방향. 직사각형 평면 건물의 길이 방향을 말하기도 한다. (=도리 길이 방향) [2] 도리를 지탱하는 양단 기둥의 심 치수. ⇔ 보 길이. [구·각·력]

※태양광발전 설비에서는 직사각형 평면 구조물의 긴 길이 방향을 나타낸다.

⑬ 보 길이 [1] span direction *지붕보에 평행인 방향. 직사각형 평면 건물의 짧은 쪽 방향을 말하기도 한다. (=보 길이 방향) [2] span 지붕보를 지탱하는 양단 기둥의 심 치수. ⇔ 도리 길이. [구·각·력]

※태양광발전 설비에서는 직사각형 평면 구조물의 짧은 길이 방향을 나타낸다.

⑭ 트러스 truss

부재를 삼각 모양으로 *핀 접합한 단위를 조합하여 얻을 수 있는 구조체 골조(그림). (=트러스트 구조) → 라멘. [구·각·력]

⑮ 상현재 top chord; upper chord

*트러스의 상현에 배치된 부재. ⇔ 하현재. [구]

※패널고정대를 겸용하는 경우는 보, 도리와 마찬가지로 ⑮ 패널고정대(상현재)로 쓴다.

⑯ 하현재 lower chord; bottom chord

*트러스를 구성하는 부재 중 아래쪽에 배치된 *현재. ⇔상현재. [구]

⑰ 경사재 dlAgonal member

골조 구조에서 기울기를 가진 부재. 특히 트러스 구조의 상현과 하현 사이를 비스듬하게 연결하는 부재를 가리킨다. [구]

그림 40. 기초, 구조물 설계 시 지지 부재의 명칭

[참고문헌]

(1) 시코쿠전력(주) '마쓰야마 태양광발전소의 개요' 팸플릿

(2) 환경에너지정책연구소, 일본의 2018년도 자연에너지 비율과 고정가격 매입제도(FIT)의 현황(속보), 2019년 8월 6일

(3) Season's strongest typhoon bashes Okinawa, October 5th, 2012

(4) 국립연구개발법인 건축연구소, 2019년 태풍 15호에 의한 건축물 등 피해현지조사 보고(속보)

(5) 실무자를 위한 건축물 외장재 내풍 설계 매뉴얼, 일본건축학회

(6) 태양광발전 시스템 내풍 설계 매뉴얼, 일본풍공학회

제2장

구조 설계의
개념과 이해

이 장에서는 구조 설계 그 자체를 설명하는 것이 아니라 구조 설계를 이해하는 데 필요한 기초적 사항과 개념을 설명한다. 또한 구조 계산이란 무엇이며, 어떤 역할을 하고, 구조 설계자는 어떤 점을 고민하는지도 살펴보겠다. 태양광발전 구조물의 구조 계산에 대해서는 제4장에서 설명한다.

이 장에서는 구조 설계에 관한 지식이 없는 사람이 구조 계산에 대한 설명을 이해하기 위한 준비 단계로 허용 응력도 설계 및 그 주변 지식을 알아본다.

구조역학 논리는 전제 조건과 적용 범위를 엄밀하게 정해야 비로소 성립된다. 하지만 엄밀하고 바르게 설명하려고 하면 복잡해져 이해하기 어려울 수 있다. 그러므로 여기서는 학문으로서의 엄밀성을 추구하지 않고 알기 쉬운 수준으로 설명하겠다. 어느 정도 지식이 쌓이면 자신의 노력으로 능력을 높일 수 있다. 여기서는 이해하기 쉬운 것을 우선으로 하므로 엄밀성이 결여되더라도 양해해주기를 바란다.

◆ 소방 분야

강좌명	수강료	학습일	강사
[쌍기사 평생연장반] 소방설비기사 전기 x 기계 동시 대비	549,000원	합격할때까지	공하성
[쌍기사 프리패스] 소방설비기사 전기 x 기계 동시 대비	499,000원	365일	공하성
소방설비기사 필기+실기+기출문제풀이	370,000원	170일	공하성
소방설비기사 필기	180,000원	100일	공하성
소방설비기사 실기 이론+기출문제풀이	280,000원	180일	공하성
소방설비산업기사 필기+실기	280,000원	130일	공하성
소방설비산업기사 필기	130,000원	100일	공하성
소방설비산업기사 실기	200,000원	100일	공하성
화재감식평가기사·산업기사	192,000원	120일	김인범

◆ 위험물·화학 분야

강좌명	수강료	학습일	강사
위험물기능장 필기+실기	280,000원	180일	현성호,박병호
위험물산업기사 필기+실기	245,000원	150일	박수경
위험물산업기사 필기+실기[대학생 패스]	270,000원	최대4년	현성호
위험물산업기사 필기+실기+과년도	350,000원	180일	현성호
위험물기능사 필기+실기[프리패스]	270,000원	365일	현성호
화학분석기사 실기(필답형+작업형)	150,000원	60일	박수경
화학분석기능사 실기(필답형+작업형)	80,000원	60일	박수경

구조 설계의 개념

1 구조 설계의 개념

구조 설계는 구조 도면과 구조계산서로 이루어진다. 구조 도면은 구조 계산의 결과를 도시한 것이고, 구조계산서는 도면에 표시된 구조물의 안정성을 검토한 것이다. 구조 도면과 구조계산서는 일체이므로 일치하지 않는 내용이 있어서는 안 된다.

구조물의 제작이나 공사는 구조 도면을 보고 하는 것이라서 구조 도면에 오류가 있으면 구조계산서로 안전을 검증받은 구조물과는 다른 구조물이 완성된다. 이렇게 되면 결과적으로 안전이 검증되지 않은 구조물을 만들 수 있으므로 유의할 필요가 있다.

구조 설계자가 제대로 된 구조계산서를 작성하기 위해서는 구조물의 기능성이나 안정성을 잘 계산해야 할 뿐 아니라 그 외의 요건도 충족해야 한다. 구조 설계자가 독선적으로 옳다고 믿는 구조계산서로는 제3자에게 옳다고 인정받을 수 없다. 인정받기 위해서는 **그림** 1과 같이 3가지 요건을 충족해야 한다. 우선 구조역학적으로 올바르다는 것이 대전제가 되어야 한다. 그런 다음 법령과 설계 규준 등의 룰에 따라야 하고, 업계의 상식과 관습도 따라야 한다.

구조물은 공식화된 설계 규준에 따라 구조 계산을 한다. 공식화된 설계 규준이란 일본건축학회에서 출판하고 있는 각종 설계 규준과 업계단체에서 제시하고 있는 설계 규준 등을 말한다. 이들 설계 규준은 공식적으로 인정을 받았기 때문에 이에 따라 작성한 구조계산서는 제대로 되었다는

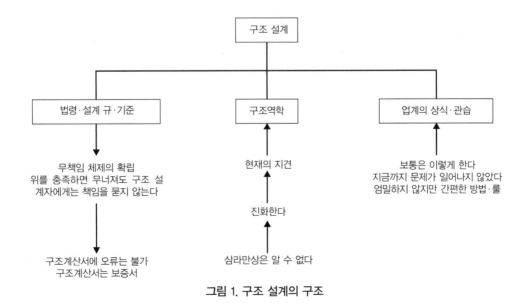

그림 1. 구조 설계의 구조

평가를 받는다.

한편 이들 공식화된 설계 규준에 따르지 않고 독자적으로 작성한 설계 규준에 따라서 구조 계산을 하는 경우도 원리적으로는 있을 수 있다. 이 경우에는 구조계산서의 내용이 옳은지 여부를 판단하기 전에 해당 설계 규준이 타당한지를 판단해야 한다. 해당 설계 규준이 제대로 된 것이라면 거기에 따른 구조 계산도 제대로 되었다고 판단할 수 있다. 하지만 그렇지 않으면 해당 계산서에도 의문점이 생길 수 있다.

설계 규준 작성은 시간과 노력이 필요한 일인데, 그 설계 규준이 올바른지를 공적기관으로부터 인증받는 작업도 필요하다. 따라서 독자적으로 설계 규준을 작성하는 것은 현실적이지 않다. 이 때문에 구조계산서는 기존의 각종 설계 규준에 따라서 작성하는 것이 보통이다.

기존의 설계 규준에 준거해서 구조 계산을 하는 경우에도 각 설계 규준에는 적용 범위가 정해져 있다. 당연한 일이지만, 설계 규준의 타당성은 적용 범위 내로 한정된다. 그러므로 설계 규준의 적용 범위에서 사용해야 하는 점에 유의한다. 다만 특별한 검토를 했을 경우는 해당 규준에서 벗어나도 좋다는 취지의 기술이 있는 경우가 있다. 이 경우 특별한 검토가 명시되어 있으면 그것에 따르면 되지만, 명시되어 있지 않은 경우에는 무엇을 어떻게 검토하면 특별한 검토를 한 것이 되는지 문제가 된다. 건축의 경우라면 구조 설계자가 한 검토가 특별한 검토에 해당하는지에 대해 제3자 기관에 평가받는 것이 통례이다.

법령과 설계 규준 등의 룰에 따라 구조역학을 이용해서 구조 계산을 한다. 구조 설계가 구조역학적으로 올바르게 되어 있어야 하는 것은 당연하지만 여기서 말하는 올바르다는 것에는 2가지 시점이 있다. 하나는 구조 계산은 해당 구조물이 설계하중에 대해 안전한지를 증명하는 것이 목적인데, 그 증명에는 폭이 있다는 점이다. 다시 말해 구조물 그대로 구조 계산하는 것은 불가능하므로 구조물을 구조 계산할 수 있게 모델링해야 한다. 이 모델링에 레벨의 차이가 있어 그것이 증명의 폭이 되어 나타난다.

일반론으로 말하자면 구조물에 충실하게 모델링을 하면 작업은 번거롭긴 하지만 실제에 가까운 변형과 응력을 구할 수 있다. 반면 모델을 단순화하면 작업은 경감되지만, 구하는 변형과 응력의 정밀도가 떨어지게 된다.

모델을 단순화하는 경우에는 구조물에 충실하게 모델링했을 경우에 얻을 수 있는 변형과 응력보다도 큰 수치를 얻을 수 있도록 모델링할 필요가 있다.

그렇다면 안전성의 검토를 실제보다 큰 수치로 하게 되므로 올바르게 안전을 검토하게 된다. 큰 수치로 하는 이런 방식은 여유가 있는 검토라고 할 수 있지만 경제 설계와는 거리가 멀다.

두 번째 시점은 구조계산서가 현재의 지견으로 봤을 때는 올바르지만 영구적으로 바른지는 알 수 없다는 점이다. 현행 설계 규준으로 설계된 구조물이 바람이나 눈 등으로 피해를 입을 수 있다. 이때 구조 계산은 잘못되지 않았는데 파손되었다면 설계 규준에 미흡한 점이 있었을 가능성이 있다. 또한 지금까지와는 다르게 파손되었다면 설계 규준이 예상하지 못한 사태가 일어난 것이므로 어쨌든 설계 규준을 재검토해야 한다.

대규모 지진이 올 때마다 건축 구조에 새로운 피해가 발생해 건축기준법과 관련 법령이 재검토되어 설계 규준도 재검토되고 있다. 이와는 별도로 설계 개념 자체가 바뀌는 경우도 있으므로 구조 설계에 관한 척신 정보에 주의를 기울여야 한다.

2 태양광발전 구조물의 법적 자리매김

태양광발전 설비에는 **그림 2**와 같이 3가지 유형이 있다. 땅에 자립하여 설치하는 태양광발전 설비(이하, 자립형 구조물), 건축물의 옥상에 설치하는 태양광발전 설비(이하, 옥상형 구조물) 및 농지에 지주를 세워서 설치하는 태양광발전 설비(이하, 영농형 구조물)가 있다. 이러한 구조물은 간판이나 철탑 등과 같이 공작물로 정의되기 때문에 건축기준법에 따라 설치해야 한다.

하지만 자립형 구조물의 경우, 2011년에 건축기준법 시행령 일부가 개정되어 구조물 아래 공간에 유지보수 목적 외에 사람이 들어가지 않고, 건축적 용도로 사용하지 않는 등의 일정 조건을 만족시키는 구조물은 공작물에서 제외했다.[1] 옥상형 구조물의 경우는 해당 구조물을 건물 높이에 산입해도 해당 건물이 건축 기준 관련 규정에 적합하면 건축기준법 적용을 받지 않는다.

영농형 구조물의 경우는 다음과 같은 조건이 있다는 것에 주의해야 한다. '지주를 세워서 영농을 계속하는 태양광발전 설비에 대한 농지 전용 허가제도상 취급에 대하여'(이하, 영농형 통달)[2]를 정한 농림수산성의 통지를 바탕으로, 영농을 지속하는 농지에 설치하는 것이거나 태양광발전 설비에 벽을 두지 않거나, 농작물의 생육에 필요한 일조량이 확보되어 있으면 건축기준법이 정한 건축물에 해당하지 않는다는 것을 2014년에 국토교통성에서 정했다.[3] 다만 영농형 통달에서는 농지의 지주에 대해 '간이 구조로 용이하게 철거할 수 있는 것에 한한다'라고 조건이 명기되어 있는 점에 주의해야 한다.

이상과 같이 태양광발전 구조물은 건축기준법에 따를 필요가 없다. 하지만 경제산업성은 태양광발전 구조물에 관한 기술기준에서 일본공업규격(JIS C 8955)에 규정된 강도를 확보할 것을 요

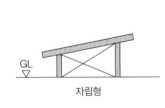
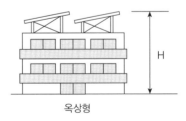

자립형	영농형	옥상형
건축기준법의 적용을 받지 않는 요건 ① 사람이 들어가지 않는다 ② 건축적 용도로 사용하지 않는다	① 영농을 지속 ② 지주는 쉽게 철거할 수 있는 것	① 사람이 들어가지 않는다 ② 건축적 용도로 사용하지 않는다 ③ 건축 높이를 H로 해서 건축기준법 관련 규정을 충족할 것

그림 2. 태양광발전 구조물의 3가지 유형

구하고 있다. 그러므로 이 규정에 따라 구조 설계를 해야 한다. 하지만 이 규정은 태양광발전 구조물에 작용하는 하중을 정했을 뿐, 어떻게 구조 설계를 해야 하는지 설명되어 있지 않다. 서문에 '건축기준법을 확인하기 바란다'고 기재되어 있다. 또한 '태양전지 발전 설비에 관한 전기설비의 기술기준 해석 개정에 대해'(2018년 3월 12일, 경제산업성 산업보안그룹 전력안전과)에 인용 지침으로 다음과 같이 제시되어 있다.

(1) 강구조 설계 규준-허용 응력도 설계법-, 일본건축학회, 2005

(2) 경강 구조 설계 시공 지침·동 해설, 일본건축학회, 2002

(3) 알루미늄 건축 구조 설계 규준·동 해설, 알루미늄건축구조협의회, 2016

또한 구조 계산에 대해서는 기술 기준에 예시되는 설계 예를 참고한다.

3 설계 규준

건축기준법을 따르는 구조물이라면 건축기준법 외에 해당 구조에 상당하는 설계 규준을 따르게 된다. 예를 들어 강구조라면 일본건축학회의 경강 구조 설계 시공 지침, 강구조 설계 규준, 일본철강연맹의 박판 경량형 강조 건축물 설계 안내서가 있고, 알루미늄 구조라면 알루미늄 건축 구조 설계 규준이 있다. 설계 규준에는 사용하는 재료가 규정되어 있고, 이들의 기계적 성질이 제시되어 있다. 인장이나 압축 등 각종 허용 응력도, 판의 국부 좌굴에 대한 개념, 접합부의 설계 방법 등도 기재되어 있다.

각종 설계 규준은 사용하는 재료를 한정하여 구조 형식을 상정해야 성립된다. 또한 설계 규준을 성립시키기 위한 사양 규정도 정해져 있다. 따라서 설계 규준에는 적용 범위가 있고 상정된 조건으로 설계 규준이 성립된다. 그 때문에 설계하려고 하는 구조물이 설계 규준의 적용 범위 내가 아니면 그 설계 규준을 사용할 수 없다(**그림 3**).

상정되는 구조 형식이란 경강 구조 설계 시공 지침, 강구조 설계 규준이라면 기둥이나 보 등 선재로 구성되는 구조물을 말하는 것으로, 라멘 구조와 트러스 구조, 브레이스 구조가 상정된다. 박판 경량형 강조 건축물 설계라면 패널 구조이다. 알루미늄 구조도 마찬가지이지만 패널 구조의 경우는 구조실험에 의해 구조 성능을 확인하게 돼 있다.

4 하중과 허용 응력도

보통 하중과 허용 응력도는 세트로 정해진다. 외관상 안전율을 하중으로 취하면 하중은 커지고, 허용 응력도로 취하면 허용 응력도는 작아진다. 하지만 하중과 허용 응력도가 세트라면 안전율을 하중으로 봐도 허용 응력도로 봐도 안전성의 검증 결과는 같다.

따라서 하중과 허용 응력도를 별도의 설계 규준에서 가져올 경우, 안전율이 양쪽에 들어있으면 과대 설계가 되고 양쪽에 들어있지 않으면 과소 설계가 된다. 이러한 일을 피하기 위해서는 각 설

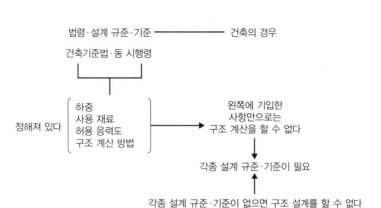

그림 3. 건축에서 구조 계산 법령과 규준의 관계

계 규준에서 하중 및 허용 응력도를 어떻게 평가했는지 확인하고 이용할 필요가 있다.

태양광발전 구조물에 작용하는 하중은 JSI C 8955에 정해져 있는데, 이 하중은 건축기준법으로 정해진 하중과 같다. 그렇기 때문에 이 하중에 대응하는 허용 응력도는 건축기준법으로 정해진 허용 응력을 사용하는 것이 타당하다고 볼 수 있다.

태양광발전 구조물은 바람을 받는 면적이 큰 데 비해 자기 중량이 작기 때문에 지배적인 하중은 지진하중이 아니라 풍하중이다. 다설지역(건축기준법상의 용어로 적설 1.0m를 넘는 지역)이라면 풍하중보다 적설하중이 커지는 경우도 있다.

풍하중이든 적설하중이든 이들 하중이 작용했을 때 부재 및 접합부에 발생하는 응력도가 허용 응력도를 넘으면 피해가 생긴다.

따라서 태양광발전 구조물의 구조 설계는 허용 응력도 설계가 기본이 된다. 또한 지진하중이 지배적인 하중이 되는 경우에도 마찬가지로 허용 응력도 설계를 한다. 건축에서는 드물게 일어나는 지진(작은 지진)에는 허용 응력도 설계를, 극히 드물게 일어나는 지진(큰 지진)에는 소성 설계를 한다.

5 재료의 규격값과 실태값

건축기준법에 따른 구조물이라면 구조재로서 사용할 수 있는 재료가 정해져 있다. 그런데 태양광발전 구조물는 건축기준법에 따를 필요가 없기 때문에 원리적으로는 어떤 재료나 사용 가능하다. 하지만 설계 규준에는 사용 가능한 재료가 기재되어 있기 때문에 그것에 벗어나는 재료를 사용한 구조물은 해당 설계 규준의 적용 범위 밖이 된다.

설계 규준에서는 허용 응력도를 구하기 위해 기준 강도 F를 정하고 있다. 이것은 항복응력도와 인장강도로 정한 수치이다. 강재의 경우는 JIS에 정해진 인장강도의 0.7배의 수치와 항복응력도를 비교하여 작은 쪽 수치를 F값으로 한다. 알루미늄의 경우도 방식은 같으나 인장강도의 0.8배와 내력을 비교하여 작은 쪽 수치로 한다.

JIS에 정해진 인장강도 및 항복응력도(알루미늄의 경우는 내력)는 하한치이기 때문에 실태값은 그보다 크다. 때문에 설계 규준에서 정해진 F값을 이용해서 구조 설계를 하면 해당 구조물의 내력은 설계하중을 웃돈다. 즉 안전하다는 얘기이다.

건축기준법에 따른 구조물이라면 재료별로 F값이 건축기준법으로 정해져 있기 때문에 이 F값을 실태에 맞춘 수치로 하고 이를 이용하면 법령 위반이 된다. 하지만 태양광발전 구조물의 경우는 건축기준법에 정하는 공작물은 아니기 때문에 해당되지 않는다. 그러므로 실태로부터 얻을 수 있는 F값을 이용해서 설계하는 것도 생각할 수 있다.

이 경우는 JIS에서 정해진 하한값을 높이는 것이 되므로 JIS의 재료가 아닌 새로운 재료가 된다. 이 재료는 건축의 경우라면 건축기준법에서 구조 재료로 사용이 허용되는 지정 건축 재료가 아니기 때문에 이대로는 사용할 수 없다. **그림 4**와 같이 건축기준법 제37조에 기초해 국토교통성 대신으로부터 건축 재료로 인정받아 F값을 정할 필요가 있다.

따라서 이 개념이 성립하기 위해서는, 태양광발전 구조물의 경우는 건축기준법과 같은 룰이 존재하지 않지만 이 규격이 구조 설계자에 의한 편의주의적이고 자의적인 것이 아니라 제3자 또는 공적 기관에서 인증을 받는 것이어야 하고, 또한 관련 기관의 승인을 받아야 한다.

또한 알루미늄의 JIS H 4100은 같은 합금이라도 판두께에 따라 내력이나 인장강도가 다른 경우가 있다. 판두께가 얇은 것은 강도가 높은 경향이 있다. 하지만 알루미늄 건축 구조 설계 규준에서는 판두께와는 무관하게 작은 쪽의 내력과 인장강도를 이용해서 F값이 정해진다. 태양광발전 구조물에 이용되는 알루미늄 형재의 판두께는 1~2mm 정도로 얇기 때문에 JIS의 해당 판두께에 따른 F값으로 하는 것도 생각된다.

이 경우는 공적 규격 JIS에 따르고 알루미늄 건축 구조 설계 규준의 개념에 의해 F값을 정했기 때문에 합리성이 있다고 생각할 수 있다. 따라서 관련 기관의 양해를 얻을 수 있다면 이런 개념으

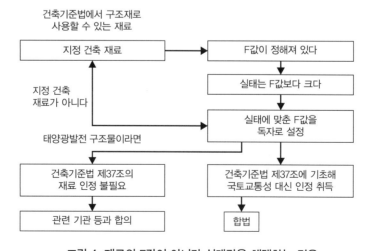

그림 4. 재료의 F값이 아니라 실태값을 채택하는 경우

로 구조 설계를 해도 된다.

6 구조실험에 의한 검증

구조실험을 하는 경우에는 그 목적을 명확히 하는 것이 중요하다. 실험의 주된 목적(**그림 5**)은 다음과 같은 3가지다.

① 구조 계산으로는 평가할 수 없는 접합부 등의 부분에 대해 정보를 얻는다.
② 해당 부분의 설계법이 올바른지 확인한다.
③ 구조물의 부분 혹은 전체가 설계하중을 만족하는지 확인한다.

실험을 통해 얻을 수 있는 것은 망가진 부분이 어떻게 해서 파손되었는지와 최대 내력이다. 그 이외의 부분은 그 하중으로는 망가지지 않는다는 것을 알 수 있을 뿐이다. 따라서 하나의 구조실험에 여러 목적을 갖게 할 것이 아니라 목적을 하나로 하는 것이 바람직하다.

실험에서는 가장 약한 곳이 부서지기 때문에 실험의 목적이 해당 부분의 구조 성능을 아는 것이라면 그 부위가 가장 약해지도록 실험체를 설계해야 한다. 그렇지 않으면 예정한 부위가 아닌 다른 곳이 부서져버리기 때문에 실험의 목적을 달성할 수 없다.

보통은 부분을 추출한 요소 실험이기 때문에 시험체에 가해지는 하중에 대해 주의가 필요하다. 실제 구조물과 마찬가지로 하중을 작용시킬 수 있으면 좋으나, 그렇지 않은 경우에는 부서지게 하려는 부분에 등가의 응력이 발생하도록 하중을 가할 필요가 있다. 예를 들어 분포하중인 풍하중을 집중하중으로 바꾸어 작용시키는 경우에는 재하점에 설계에서는 예상하지 못한 큰 하중이 작용하므로 그 부분이 부서지지 않도록 보강하는 등의 배려가 필요하다.

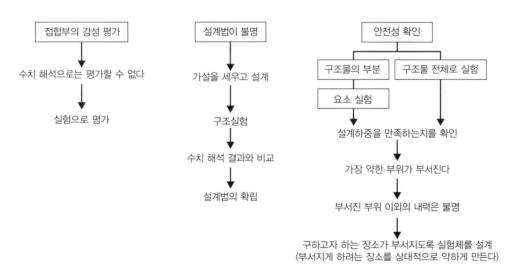

그림 5. 구조실험의 목적

재하는 단조 재하가 기본이지만 접합부 등 반복하중에 의해 열화를 평가하는 경우에는 반복 재하가 필요하다. 반복 재하의 하중 변형 곡선과 단조 재하의 하중 변형 곡선이 일치하면 반복에 의한 열화가 없음을 확인할 수 있다(**그림 6**). 반복으로 열화가 확인되는 경우에는 설계에 반영해야 한다.

구조 계산을 하는 데 필요한 데이터는 알 수 없으므로 구조실험을 하는 패턴으로서 접합부의 강성 평가가 있다. 단순히 접합부를 핀이나 강접으로 모델링할 수 있는 경우에는 구조실험을 할 필요가 없지만 핀도 아니고 강도 아닌, 이른바 반강이라 불리는 접합부라면 해당 부분의 강성을 구조 계산으로는 구할 수 없다. 때문에 구조실험을 해서 해당 부분의 하중과 변형의 관계를 구하면 강성을 평가할 수 있다. 동시에 내력도 알 수 있다.

구조물의 안전성을 확인하고, 설계가 바른지 확인하는 거라면 수치 해석으로 얻어진 하중 변형 곡선과 실험으로 얻어지는 하중 변형 곡선을 비교해 보면 된다. 구조 계산으로는 평가할 수 없는 구조 성능을 조사하기 위해서 하는 실험이라면 얻어진 해당 부분의 하중 변형 관계에서 허용하중을 구할 수 있고, 설계하중을 넘어 하중이 작용한 경우 어떻게 부서지는지도 확인할 수 있다.

특수한 구조의 경우에는 특수한 모델링을 하게 되므로 이 모델링이 바른지를 검증할 필요가 있다. 구조실험을 하면 실험 결과는 사실이므로 실험 결과와 수치 해석이 일치하면 그 모델링이 바르다는 것이 증명된다. 또한 실험 결과와 일치하도록 모델을 조정할 수도 있다. 이 모델링이 적절하다는 것이 밝혀지면 이 모델을 이용해서 다른 하중 상태를 해석할 수 있다.

태양광발전 구조물은 소규모이므로 요소 실험뿐 아니라 실물 크기 실험이 가능하다. 때문에 구조 계산으로는 평가할 수 없는 부분에 대해 실물 크기 실험체로 구조 성능을 평가할 수 있다. 이것은 태양광발전 구조물의 접합부는 한쪽으로 치우치게 접합되는 등 복잡해서 구조 계산으로는 평가할 수 없는 경우가 있기 때문에 해당 부분을 추출해서 실험체를 제작하기 어렵거나 혹은 재하가 어려운 경우에 특히 유효하다. 실물 크기 실험으로 합리적인 구조 설계를 할 수 있는 경우가 있다.

일반론으로 말하면 구조물의 강도는 계산 결과보다도 실험 결과 쪽이 크다. 그 이유는 실험체에 사용한 재료의 항복응력도와 인장강도는 규격값의 하한값일 수 없고 보통은 그보다 큰 값이 된

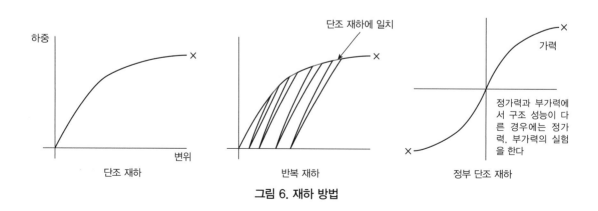

그림 6. 재하 방법

다. 즉 구조 계산은 규격값으로 실시하지만 구조실험은 그보다 강도가 높은 재료로 만들어진 시험체로 구조실험을 한다는 것이다. 때문에 구조실험 결과의 평가에 대해 2가지 입장이 있다. 하나는 실험 결과를 존중하는 입장이다. 또 하나는 구조실험 결과 자체를 채택해서는 구조 설계 결과를 검증한 것이 되지 않는다는 입장이다(**그림 7**). 이 입장이라면 별도 실시한 인장시험 결과와 규격값을 비교해서 실험 결과를 규격값으로 보정해야 된다. 또한 실험 결과에 편차가 있는 경우에도 보정하는 것이 바람직하다.

7 모델링

7.1 부재를 선재로 치환한다

실물은 입체 부재가 조합되어 구성되어 있다. 하지만 구조 계산 체계는 그대로의 상태를 계산하게 되어 있지 않다. 부재를 선재로 치환하는 단순화된 모델링을 해서 모델의 구조 계산을 한다. 예를 들면 보와 기둥은 단면과 길이를 가진 입체이지만 단면의 중심을 지나는 선재로 치환한다. 따라서 구조물은 선의 집합으로 표현된다.

때문에 오류도 생긴다. 가령 구조물을 구성하는 기둥과 보, 가새(브레이스) 등의 중심선이 서로 부딪히도록 구성되어 있으면 각 부재가 연결되어 구조 모델을 구성할 수 있지만, 각 부재의 중심선이 어긋난 경우에는 실제 부재는 연결되어 있는데도 모델상에서는 선이 입체 교차하여 연결되어 있지 않게 된다.

이러한 경우에는 실제로는 부재와 부재가 연결되어 있으므로 실제로는 존재하지 않는 부재(가상의 부재)를 두고 부재와 부재를 잇는 모델링를 실시한다(**그림 8**). 이 부재는 실제로 존재하지 않지만 해석을 하면 응력이 발생한다. 이 응력을 어떻게 생각하는지가 문제가 된다.

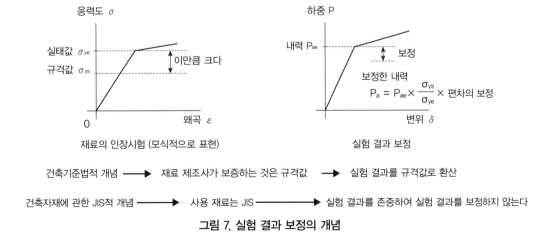

그림 7. 실험 결과 보정의 개념

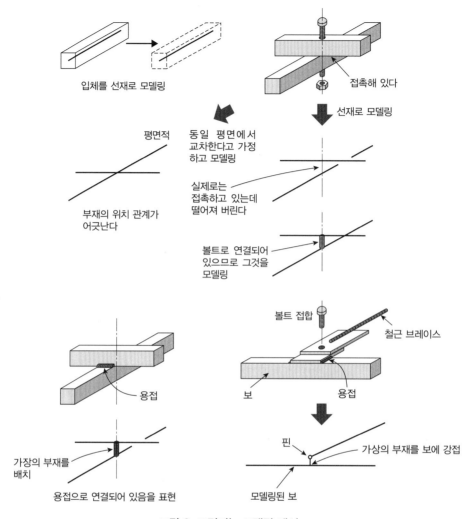

입체를 선재로 모델링

접촉해 있다

선재로 모델링

평면적

동일 평면에서
교차한다고 가정
하고 모델링

부재의 위치 관계가
어긋난다

실제로는
접촉하고 있는데
떨어져 버린다

볼트로 연결되어
있으므로 그것을
모델링

볼트 접합

철근 브레이스

용접

보   용접

가장의 부재를
배치

핀

가상의 부재를 보에 강접

용접으로 연결되어 있음을 표현

모델링된 보

그림 8. 고민되는 모델링 예시

7.2 X 방향의 프레임과 Y 방향의 프레임으로 분리

보통의 구조물은 **그림 9**와 같이 X 방향 프레임과 Y 방향 프레임의 조합으로 구성되어 있다. 이러한 구조물에 X 방향으로부터 풍하중이 작용하면 X 방향 프레임이 저항하고 Y 방향 프레임은 저항하지 않는다.

마찬가지로 Y 방향의 풍하중에는 Y 방향 프레임이 저항하고 X 방향 프레임은 저항하지 않는다. 이러한 점에서 구조물은 X 방향, Y 방향으로 펼쳐지는 입체이지만, X 방향 프레임과 Y 방향 프레임은 서로 독립되어 있음을 알 수 있다. 이렇게 생각하면 입체적인 구조물을 X 방향과 Y 방향의 평면 프레임으로 분해할 수 있다. 구조물을 입체로 취급하기보다 서로 독립적으로 직교하는 평면 조합으로 취급하는 쪽이 해석하기 수월하다. 물론 X 방향 프레임, Y 방향 프레임으로 분해할 수 없는 경우에는 입체 구조물로 취급하게 된다.

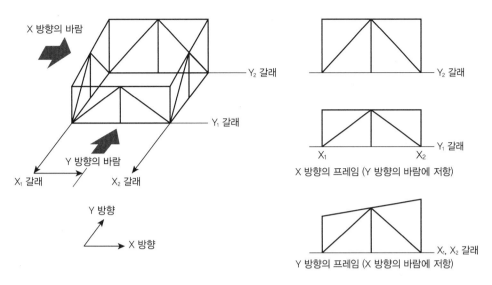

X 방향의 바람

Y₂ 갈래

Y₁ 갈래

Y 방향의 바람

X₁ 갈래

X₂ 갈래

Y 방향

X 방향

Y₂ 갈래

Y₁ 갈래

X₁   X₂

X 방향의 프레임 (Y 방향의 바람에 저항)

X₁, X₂ 갈래

Y 방향의 프레임 (X 방향의 바람에 저항)

그림 9. X 방향과 Y 방향 프레임으로 구성되는 예

7.3 부재 간 접합

구조물은 선재의 연결 형태로 모델링하지만, 연결 방식은 보통 핀 접합과 강접합으로 모델링된다. 핀 접합이란 축력과 전단력을 전달하는 접합이고, 강접합이란 축력과 전단력 외에 굽힘 모멘트(벤딩 모멘트)도 전달하는 접합이다. 실제 구조물에서는 핀도 아니고 강도 아닌 중간적인 접합 형식도 존재한다. 이러한 접합을 반강접합 혹은 반고정이라고 한다.

7.4 구조물의 지지 상태

구조물은 기초에 의해 지탱된다. 이러한 지지 상태(기초와 구조물의 연결 방식)를 지지 조건이라고 한다. 부재와 부재의 접합도 마찬가지로 기초에 의해 지탱된다. 대표적인 지지 방식은 **그림 10**과 같이 핀 지지, 롤러 지지, 고정의 3가지다. 이러한 지지 상태는 구조적으로 이상화된 지지 상태이다.

핀 지지는 회전이 자유롭고 수평 방향과 상하 방향 이동이 구속받는 지지 상태이고, 롤러 지지는 수평 방향 이동과 회전이 자유로운 반면 상하 방향 이동이 구속받는 지지 상태이다. 롤러 방향을 90도 회전시키면, 상하 방향 이동과 회전은 자유로워지고 수평 방향 이동이 구속된다. 고정은 수평 방향 이동, 상하 방향 이동 및 회전이 구속을 받는 지지 상태이다. 여기서 '자유'란 저항하지 않는다는 의미다. 다시 말해 수평 방향으로 자유롭다는 것은 수평 방향으로 저항 없이 이동한다는 의미이고, 회전이 자유롭다는 것은 회전할 때 저항하지 않는다는 의미다.

고정은 회전이 완전하게 구속받는 상태이지만, 설계에 따라서는 회전의 구속이 완전하지 않을 수 있다. 이런 경우를 반고정이라고 표현한다. 즉, 그 부분에 굽힘 모멘트가 작용했을 때 굽힘 모멘트에 저항할 수 있지만 회전이 생기는 접합이라는 것이다.

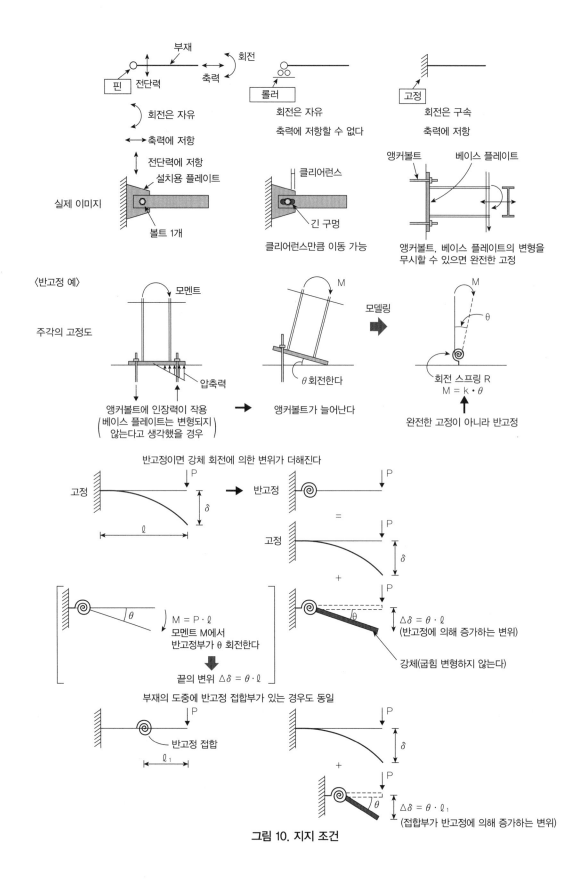

부재
회전
핀 전단력 축력
롤러 고정

회전은 자유
축력에 저항

회전은 자유
축력에 저항할 수 없다

회전은 구속
축력에 저항

축력에 저항
전단력에 저항
설치용 플레이트

앵커볼트 베이스 플레이트

실제 이미지
볼트 1개

클리어런스
긴 구멍
클리어런스만큼 이동 가능

앵커볼트, 베이스 플레이트의 변형을
무시할 수 있으면 완전한 고정

〈반고정 예〉

모멘트
주각의 고정도

M
모델링

M
θ

압축력

앵커볼트에 인장력이 작용
(베이스 플레이트는 변형되지
않는다고 생각했을 경우)

θ 회전한다
앵커볼트가 늘어난다

회전 스프링 R
$M = k \cdot \theta$

완전한 고정이 아니라 반고정

반고정이면 강체 회전에 의한 변위가 더해진다

고정
P
δ
ℓ

반고정
P

=

고정
P
δ

+

P

$M = P \cdot \ell$
모멘트 M에서
반고정부가 θ 회전한다

끝의 변위 $\Delta\delta = \theta \cdot \ell$

θ
$\Delta\delta = \theta \cdot \ell$
(반고정에 의해 증가하는 변위)

강체(굽힘 변형하지 않는다)

부재의 도중에 반고정 접합부가 있는 경우도 동일

P
반고정 접합
ℓ_1

P
δ

+

P
θ
$\Delta\delta = \theta \cdot \ell_1$
(접합부가 반고정에 의해 증가하는 변위)

그림 10. 지지 조건

7.5 목적에 따라 모델링

구조 설계의 목적은 작용하는 하중에 의해 구조물에 생기는 변형이나 응력을 엄밀하고 바르게 구하는 것이 아니라 정해진 설계하중에 대해 구조물이 안전하게 하도록 하는 것이다. 따라서 설계를 위한 모델은 하나가 아니라 변형을 안전하게 평가하는 모델, 응력을 안전하게 평가하는 모델 등 목적에 따라 모델을 여럿 생각할 수도 있다.

또한 구조물을 적절하게 모델링할 수 없는 경우에는 실물을 끼우듯이 2개의 모델을 생각해 양쪽이 성립하도록 생각하는 방법도 있다. 예를 들어 더 이상 약하지 않은 모델과 더 이상 강하지 않은 모델을 생각, 사실은 두 모델 사이에 있는 것이다. 따라서 양쪽 모델 구조가 성립한다면 실물도 성립할 것이라고 생각할 수 있다.

이상과 같이 구조 설계에서는 실제 구조물을 안전하게 설계하기 위한 해석용 구조 모델은 유일하게 존재하는 것이 아니라 목적에 따라 다수 존재하게 된다.

7.6 교차보를 예로 들어 모델링 설명

이제부터는 교차보를 예로 모델링을 설명한다. **그림 11**과 같이 교차보를 설계한다. 보 A, 보 B 모두 H형강으로 한다. 보 B에 등분포하중이 작용한다.

이 교차보는 변형을 생각하면 풀 수 있다. 구조적으로는 보 A와 보 B가 교차하건 평행하건 같으므로 그림 11과 같이 보 A와 보 B는 위아래에 있고 중앙에서 강한 부재(신축하지 않는 부재)로

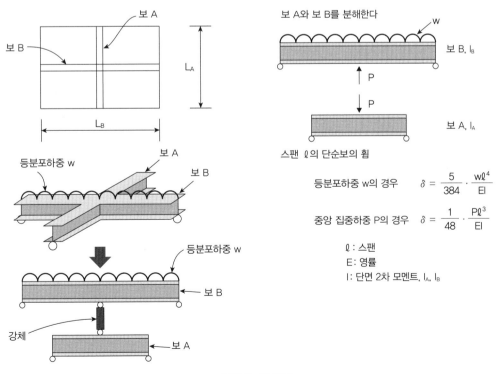

그림 11. 교차보

67

연결되어 있다고 생각하기로 한다. 중앙에서 강한 부재로 연결되어 있다는 것은 보 A의 중앙부와 보 B의 중앙부의 변위가 같다는 의미를 나타내는 모델링이다. 다음과 같은 순서로 풀 수 있다.

① 보 A의 중앙에 집중하중 P가 작용했을 때 중앙의 휨 δ_A를 구한다.

② 보 B의 중앙에 집중하중 P가 작용했을 때 중앙의 휨 δ_{BP}를 구한다.

③ 보 B에 등분포하중 w가 작용했을 때 중앙의 휨 δ_{BW}를 구한다.

④ 보 A와 보 B의 중앙 휨은 같으므로 $\delta_A = \delta_{BW} - \delta_{BP}$

⑤ 미지수 P는 위 식(**그림 11**)에서 구한다.

⑥ P가 구해지면 보 A는 P가 작용한 단순보, 보 B는 등분포하중 w와 P가 작용한 단순보로 해서 풀 수 있다.

P를 식으로 나타내면 다음과 같은 식 (1)이 된다.

$$P = \frac{5}{8} W \cdot \frac{L_B^4}{I_B} \cdot \frac{1}{\left(\frac{L_A^3}{I_A} + \frac{L_B^3}{I_B}\right)} \qquad\qquad 식\ (1)$$

교차보를 푸는 것은 번거로우므로 교차보가 아니라 제각기 단순보라고 여기고 푸는 방법을 생각한다.

(1) 보 A가 충분히 클 경우 – 보 B를 2스팬 연속보로 모델링

보 A가 충분히 크면 보 A의 중앙부 휨을 무시할 수 있을 정도로 작아진다. 따라서 보 A가 충분히 큰(휨이 작은) 경우에는 보 B를 보 A로 지지받은 2스팬 연속보로 모델링할 수 있다.

등분포하중이면 굽힘 모멘트는 **그림 12**와 같이 나타낼 수 있다.

이 상태는 식 (1) 보 A의 단면 2차 모멘트 I_A를 무한대로 한 것에 해당한다.

I_A를 무한대로 했을 때의 P는 식 (2)가 된다. 이것은 2스팬 연속보라고 생각했을 때 중앙의 지점 반력에 일치한다. 이 반력을 보 A가 받는다고 생각하면, 보 A에 작용하는 하중을 알 수 있으므로 보 A를 단순보로 해서 설계가 가능하다. 또한 이 반력은 보 B의 부담폭으로 구하는 하중보다 크다는 점에 주의한다.

$$P = \frac{5}{8} \cdot W \cdot L_B \qquad\qquad 식\ (2)$$

이 모델링에서 우려되는 사항은 보 A의 단면 2차 모멘트가 그다지 크지 않고 보 A의 중앙부에 무시할 수 없는 휨이 생겼을 경우이다. 이 경우는 보 B의 중앙부가 내려가므로 2스팬 연속보와 같이 모멘트가 중앙부에서 올라가지 않는다(**그림 13**). 이것은 보 B의 모멘트가 커지는 것을 의미한다.

따라서 보 A의 단면 2차 모멘트가 그다지 크지 않은데 보 B를 2스팬 연속보로 모델링를 하면, 설계자가 상정한 모멘트보다도 큰 모멘트가 생기는 경우가 있다.

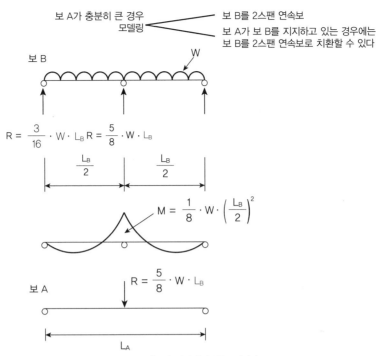

보 A가 충분히 큰 경우 모델링 → 보 B를 2스팬 연속보
보 A가 보 B를 지지하고 있는 경우에는 보 B를 2스팬 연속보로 치환할 수 있다

보 B

W

$R = \dfrac{3}{16} \cdot W \cdot L_B$ $R = \dfrac{5}{8} \cdot W \cdot L_B$

$\dfrac{L_B}{2}$ $\dfrac{L_B}{2}$

$M = \dfrac{1}{8} \cdot W \cdot \left(\dfrac{L_B}{2}\right)^2$

보 A $R = \dfrac{5}{8} \cdot W \cdot L_B$

L_A

이 모델이 성립하는 전제는 보 A 중앙부가 내려가지 않는 것이다
따라서 중앙부가 크게 내려가면 보 B 중앙부의 모멘트가 매달려 올라가지 않는다

그림 12. 2스팬 연속보

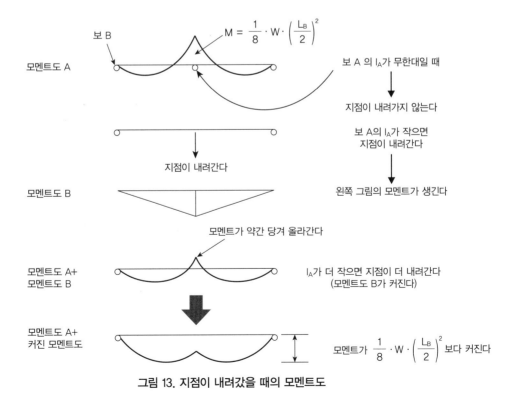

보 B $M = \dfrac{1}{8} \cdot W \cdot \left(\dfrac{L_B}{2}\right)^2$

모멘트도 A

보 A 의 I_A가 무한대일 때
↓
지점이 내려가지 않는다

보 A의 I_A가 작으면
지점이 내려간다
↓
왼쪽 그림의 모멘트가 생긴다

지점이 내려간다

모멘트도 B

모멘트가 약간 당겨 올라간다

모멘트도 A+
모멘트도 B

I_A가 더 작으면 지점이 더 내려간다
(모멘트도 B가 커진다)

모멘트도 A+
커진 모멘트도

모멘트가 $\dfrac{1}{8} \cdot W \cdot \left(\dfrac{L_B}{2}\right)^2$ 보다 커진다

그림 13. 지점이 내려갔을 때의 모멘트도

(2) 보 B를 한쪽 고정 다른 쪽 핀의 모델링

2스팬의 연속보는 중앙 지점(받침점)에 대해 대칭이므로 한쪽 고정 다른 쪽 핀으로 모델링가 가능하다(**그림 14**). 이 모델링는 보가 대칭이므로 휨도 대칭이 된다고 생각한 모델링이다. 이 모델은 휨도 응력 상태도 2스팬 연속보와 같아지기 때문에 구조적으로는 등가 모델이 된다.

(3) 보 B를 2개의 단순보로 치환한 경우

2스팬 연속보를 2개의 단순보로 모델링하면, 보 A와 보 B도 단순보가 되어 구조가 간단해진다. 그렇기 때문에 교차보를 그만두고 **그림 15**와 같이 보 A를 단순보, 보 B를 2개의 단순보로 모델링 하는 것을 생각할 수 있다. 이렇게 하면 모델상에서는 보 A의 중앙부가 휘어도 보 B의 굽힘 모멘트에 영향을 주지 않는다. 보 B에는 단순보 이상의 굽힘은 생기지 않으므로 보 B를 안전하게 설

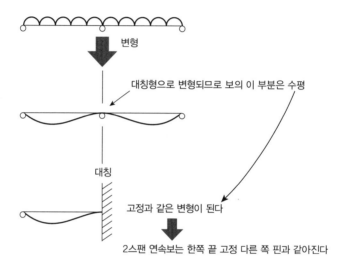

그림 14. 한쪽 고정 다른 쪽 핀으로 생각한 경우

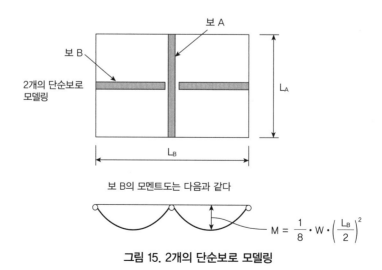

그림 15. 2개의 단순보로 모델링

계할 수 있다. 또한 보 A는 보 B의 반력을 하중으로 설계한다.

　실제로는 연속보인 보 B를 단순보로 해서 설계하면 당연히 안전하다는 생각은 대체로 옳지만 다음과 같은 우려가 생긴다. 예를 들어 보 A가 과대하게 변형된 경우이다. 보 B에 있어 보 A가 보 B의 버팀목으로서는 기능하지 않는다. 버팀목으로서 기능하지 않는다면 보 A는 없는 것이나 마찬가지이다. 결과적으로 보 B는 스팬 L_B의 단순보가 되므로 모멘트도는 **그림 16**과 같다.

　스팬 $L_B/2$의 단순보라고 생각했을 경우의 4배의 모멘트가 발생하게 된다. 이럴 경우 스팬 $L_B/2$로 해서 설계한 보 B는 망가지게 된다. 이러한 상황이 되면 연속보를 2개의 단순보로 모델링하는 것은 잘못이다.

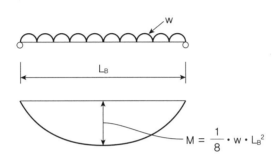

$$M = \frac{1}{8} \cdot w \cdot L_B^2$$

그림 16. 스팬 L_B의 단순보 모멘트

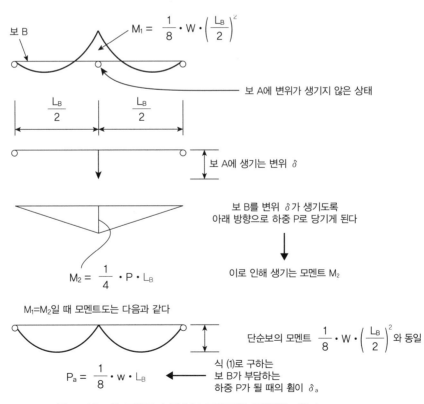

보 B

$$M_1 = \frac{1}{8} \cdot w \cdot \left(\frac{L_B}{2}\right)^2$$

보 A에 변위가 생기지 않은 상태

$\frac{L_B}{2}$　　$\frac{L_B}{2}$

보 A에 생기는 변위 δ

보 B를 변위 δ가 생기도록
아래 방향으로 하중 P로 당기게 된다

$$M_2 = \frac{1}{4} \cdot P \cdot L_B$$

이로 인해 생기는 모멘트 M_2

$M_1=M_2$일 때 모멘트도는 다음과 같다

단순보의 모멘트 $\frac{1}{8} \cdot w \cdot \left(\frac{L_B}{2}\right)^2$와 동일

$$P_a = \frac{1}{8} \cdot w \cdot L_B$$

식 (1)로 구하는
보 B가 부담하는
하중 P가 될 때의 휨이 δ_a

그림 17. 보 B의 모멘트가 단순보 모멘트와 일치하는 휨 δ_a

(4) 보 A의 과대한 변형이란

보 A가 과도하게 변형되면 불량이 발생한다는 설명을 앞서 했다. 과대한 변형이라고 하면 표현이 정서적이므로 얼마나 변형되면 과대한 변형이 되는지에 대해 생각해 보자.

그림 17와 같이 2스팬 연속보의 모멘트도가 보 A의 변형이 증가하면 2개의 단순보 모멘트도에 서서히 가까워진다. 2스팬 연속보를 2개의 단순보로 치환한 것이기 때문에 두 단순보의 모멘트와 같아지는 보 A의 변형까지가 허용되는 변형 δ_a이고, 그것을 넘으면 과대한 변형이 된다. 즉 보 B의 모멘트가 단순보의 모멘트를 넘게 된다.

그림 17에 나타낸 바와 같이 변형 δ_a를 주는 하중 P_a는 식 (3)이 된다.

$$P_a = \frac{1}{8} \cdot W \cdot LB \qquad\qquad\qquad 식 (3)$$

따라서 식 (1)의 P가 식 (3)의 P_a가 됐을 때, 보 B가 두 단순보의 모멘트와 같아진다는 것을 알 수 있다. 즉 양쪽 보의 스팬과 굽힘 강성(영률×단면 2차 모멘트 EI)의 관계에서 보 A에 P_a 이상의 반력이 생기면 보 B는 단순보의 모멘트를 초과하는 일은 없다.

그림 18과 같은 예제에서 보 A와 보 B가 같은 스팬일 때, 즉 l_A가 m=1.0일 때 보 B의 모멘트가 스팬 ℓ의 단순보 모멘트 이상이 되는 보 A 및 보 B의 단면 2차 모멘트 관계는 식 (1)과 식 (3)에서 다음과 같이 구한다(P_a는 그림 17 참조).

$$n \geq \frac{3}{11}$$

보 A의 단면 2차 모멘트 l_A가 보 B의 단면 2차 모멘트 I_B의 3/11배 이하인 경우, 보 B의 모멘트가 스팬 ℓ의 단순보 모멘트 이상이 된다.

마찬가지로 보 A와 보 B의 단면 2차 모멘트가 같을 때, 즉 n=1.0일 때 보 B의 모멘트가 스팬 ℓ의 단순보 모멘트 이상이 되는 보 A와 보 B의 스팬 관계는 식 (1)과 식 (3)에서 다음과 같이 구한다.

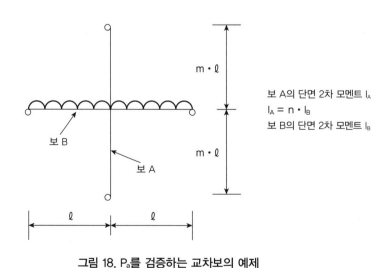

그림 18. P_a를 검증하는 교차보의 예제

　　m≦1.59

보 A의 스팬이 보 B 스팬의 1.59배 이상인 경우, 보 B의 모멘트가 스팬 ℓ의 단순보 모멘트 이상이 된다.

보통의 설계에서는 보 A가 보 B를 지지하기 때문에 보 A의 스팬은 보 B의 스팬보다 짧고, 보 A의 단면은 보 B의 단면과 같거나 그 이상이 된다.

따라서 m은 1.0 이하, n은 1.0 이상이 되기 때문에 2스팬 연속인 보 B를 2개의 단순보로 해서 설계하는 것은 안전한 설계임을 알 수 있다. 다만 보 A에 있어서는 2개의 단순보보다 2스팬 연속보 쪽이 반력이 커지므로 주의가 필요하다.

(5) 보 A, 보 B를 안전하게 설계하는 모델링

지금까지 설명한 것을 정리해 보겠다. 보 B를 2스팬 연속으로 모델링하면 보 A는 안전하게 설계할 수 있지만 보 B는 보 A의 변형으로 모멘트가 변동한다. 보 B를 2개의 단순보로 모델링하면 보 B는 안전하게 설계할 수 있지만 보 A에 작용하는 반력을 적게 평가할 가능성이 있다. 양쪽 모델링 모두 일장일단이 있어 '저쪽을 세우면 이쪽이 서지 않는' 상태가 된다. 이 점을 해결하려면 보 B는 2개의 단순보로 모델링하고, 보 A는 보 B를 2스팬 연속보로 해서 얻어지는 반력을 이용해서 설계한다. 이와 같이 설계를 하면 더 이상 커지지 않는 수치를 채택하게 되므로 보 A와 보 B 모두 안전하게 설계할 수 있다.

다만 이러한 모델링의 경우에는 교차보로 했을 때의 모멘트에 비해 큰 모멘트로 설계하게 되므

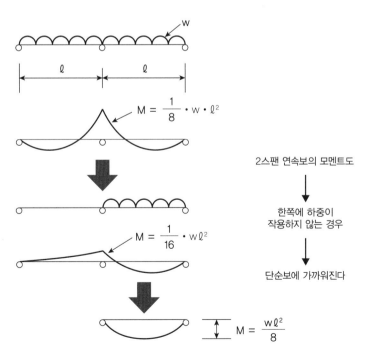

그림 19. 풍하중이 2스팬의 절반으로 작용한 경우

로 경제적인 설계가 아니라는 비판을 받을 수도 있다. 하지만 보 B에 작용하는 하중이 풍하중이면, 보 B에 균등하게 바람이 작용하지 않을 수도 있다. 즉, 보 B의 절반만 풍하중이 작용하는 일도 생각할 수 있다(**그림 19**). 이 경우라면 보 B의 모멘트는 2개의 단순보라고 생각한 모멘트에 가까워진다. 따라서 보 B의 설계를 2개의 단순보로 치환하는 것은 비경제적인 설계가 아니라 안전을 고려한 합리적인 설계라 할 수도 있다.

이러한 개념이 성립하는 것은 부재가 H형강이기 때문이다. 알루미늄의 경우도 마찬가지이지만 하향 모멘트에 대해서도 상향 모멘트에 대해서도 동일한 내력이 있기 때문이다.

7.7. 강한 모델링, 유연한 모델링

모델링에는 강한 모델링와 유연한 모델링가 있다. 강한 모델링란 하중이 작용했을 때 실물보다 변형이 적어지는 모델링을 말하고, 유연한 모델링이란 반대로 하중이 작용했을 때 실물보다 크게 변형되는 모델링을 말한다. 구조물을 적절한 모델로 치환할 수 있으면 좋지만 불가능한 경우에는 간략화해서 모델링한다. 예를 들면 접합부를 핀으로 가정하거나 혹은 강(剛)이라고 가정한다. 보통은 완전하게 핀, 완전하게 강이라는 것은 없으므로 실물과 거리가 있는 모델링을 하게 된다. 이때 작성한 구조 모델이 강한 모델인지 유연한 모델인지를 의식할 필요가 있다. 강한 모델이라면 계산으로 얻은 변위는 실제보다 작으며 유연한 모델이라면 실제보다 커진다.

반대로 강한 모델링와 유연한 모델링을 이용하여 구조적으로 불명확한 상태의 구조물을 설계할 수도 있다. 예를 들어 끝부분이 핀도 아니고 강도 아닌 보를 설계하는 것이다. 보에 작용하는 하중을 등분포하중으로 하면 **그림 20**과 같이 보 끝부분의 굽힘 모멘트와 보 중앙부의 굽힘 모멘트의 합계는 단순보 중앙부의 굽힘 모멘트와 같다. 끝부분의 고정도에 의해 단순보의 모멘트도가 상하로 이동한다. 하지만 끝부분의 고정도를 모르기 때문에 끝부분에서 모멘트가 얼마나 올라갈지 알 수 없다는 것이다.

여기서 강한 모델링, 유연한 모델링를 실시하면 사실을 몰라도 안전하게 보를 설계할 수가 있다. 강한 모델로 해서 끝부분을 강으로 모델링한다. 이 모델에서 얻을 수 있는 끝부분의 모멘트는 더 이상 커지는 일은 없다. 유연한 모델로 해서 끝부분을 핀으로 모델링한다. 이 모델에서 얻을 수 있는 중앙의 모멘트는 더 이상 커지는 일은 없다. 따라서 강한 모델링로부터 얻을 수 있는 모멘트도와 유연한 모델링로부터 얻을 수 있는 모멘트도로부터 모멘트가 커지도록 포락한 모멘트도로 설계하면 안전한 설계를 할 수 있다. 즉 끝부분은 강한 모델링으로 얻어진 모멘트를 이용하고, 중앙은 유연한 모델링으로 얻어진 모멘트를 이용해 설계하는 것이다.

구조 설계에서는 엄밀하게 바른 응력해석을 실시하는 것이 목적이 아니라 설계하중에 대해 안전한 구조물을 설계하는 것이 목적이다. 그렇기 때문에 구조 설계에서는 실정을 모르는 경우에 아무리 생각해도 더 이상은 강해질 수 없는 강한 모델과 마찬가지로 그 이하로는 유연해질 수 없는 유연한 모델 사이에 실물이 존재한다고 생각한다. 모르는 것을 아는 것 사이에 끼워 넣는 것이다. 모르는 범위가 넓으면 강한 모델과 유연한 모델의 간격이 커지고, 좁으면 괴리가 작아진다. 물

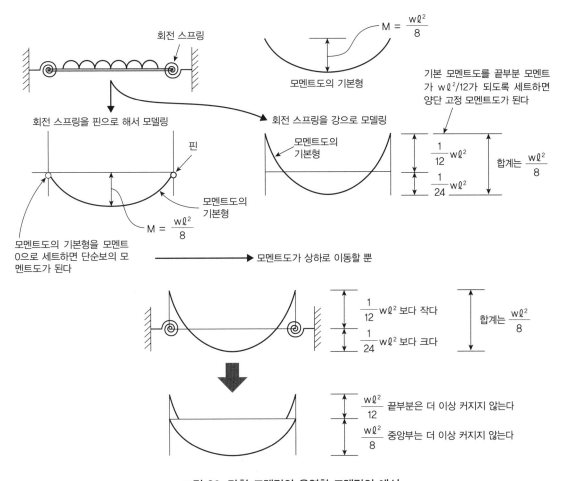

회전 스프링

회전 스프링을 핀으로 해서 모델링

핀

$M = \dfrac{w\ell^2}{8}$

모멘트도의 기본형

모멘트도의 기본형을 모멘트 0으로 세트하면 단순보의 모멘트도가 된다

$M = \dfrac{w\ell^2}{8}$

모멘트도의 기본형

회전 스프링을 강으로 모델링

모멘트도의 기본형

모멘트도가 상하로 이동할 뿐

기본 모멘트도를 끝부분 모멘트 가 $w\ell^2/12$가 되도록 세트하면 양단 고정 모멘트도가 된다

$\dfrac{1}{12}w\ell^2$

$\dfrac{1}{24}w\ell^2$

합계는 $\dfrac{w\ell^2}{8}$

$\dfrac{1}{12}w\ell^2$ 보다 작다

$\dfrac{1}{24}w\ell^2$ 보다 크다

합계는 $\dfrac{w\ell^2}{8}$

$\dfrac{w\ell^2}{12}$ 끝부분은 더 이상 커지지 않는다

$\dfrac{w\ell^2}{8}$ 중앙부는 더 이상 커지지 않는다

그림 20. 강한 모델링와 유연한 모델링의 예시

론 괴리가 크면 여유가 있는 단면이 되고 괴리가 작으면 경제적인 설계가 가능하다.

마찬가지로 모멘트가 커지는 모델링와 작아지는 모델링가 있지만, 개념은 강한 모델링와 유연한 모델링와 같다.

8 응력도와 변형

구조물은 외력을 받으면 외력에 걸맞게 변형이 된다. 응력과 변형은 직접 결부되는 일은 없지만 응력도는 왜곡에 비례하고 왜곡은 변형의 비율이므로 응력도와 변형은 왜곡을 통해 결부된다.

왜곡이 큰 곳이 응력도가 커지는 부위이고, 변형이 큰 부위가 응력도가 커진다고는 할 수 없다. 태양광발전 구조물의 설계는 허용 응력도 설계법이므로 응력도에 주의를 하게 되지만 변형에 대해서도 고려할 필요가 있다. 응력도는 눈으로 볼 수 없지만 변형은 볼 수 있으므로 부자연스러운 변형이 없는지 확인하는 것은 구조 설계를 거시적으로 평가하는 것이라서 의미가 있다.

8.1 허용 응력도 설계의 하중과 허용 응력도

허용 응력도 설계란 작용하는 하중에 대해 발생하는 응력도가 허용 응력도 이하가 되도록 설계하는 방법이다. 건축 구조 설계를 할 때는 하중을 2가지로 나누어 생각한다. 하나는 자중(구조물 자체에 의한 하중)처럼 계속해서 작용하는 하중이고, 또 하나는 바람이나 지진처럼 계속되는 시간이 짧은 하중이다. 전자를 장기하중으로 하고 장기하중과 풍하중, 장기하중과 지진하중의 조합이 단기하중이다. 장기하중 및 단기하중에 대응하여 허용 응력도에도 장기와 단기가 존재한다.

단기 허용 응력은 기준 강도 F값이고, 장기 허용 응력도는 단기 허용 응력도의 1/1.5이다. 다만 다설지역의 적설하중에 대해서는 취급을 달리하는데, 이에 대해서는 9.4 하중의 종류에서 설명한다.

이상과 같이 허용 응력도 설계를 할 때는 장기하중에 대한 허용 응력도 설계와 단기하중에 대한 허용 응력도 설계를 하게 된다.

상시 작용하는 하중에 대해서는 여유를 가진 설계, 즉 안전성이 높은 설계를 하고 지진이나 바람 등 단기적으로 작용하는 하중에 대해서는 부재가 지닌 능력을 최대한 발휘하게 설계한다. 이 점에서 허용 응력도 설계에서 하중과 허용 응력도가 세트임을 알 수 있다.

태양광발전 구조물에 작용하는 하중은 건축기준법에 근거를 두므로 허용 응력도도 건축기준법에 따르는 것이 타당하다고 생각한다.

8.2 허용 휨 (휨 제한)

구조물에 하중에 작용하면 변형된다. 이 변형량에 제한이 있으면 그 제한을 만족하도록 구조 설계를 한다. 제한이 없는 경우에는 설계자가 판단해야 하지만 쉽지 않다. 보통은 경제적인 설계를 요구하기 때문에 구조 설계자는 허용 응력도 설계가 성립하는 범위에서 부재 단면을 최대한 작게 설계한다. 부재를 작게 하면 변형이 커진다. 이 변형이 상식을 넘어서 커지는 경우에는 그에 따른 이차적인 문제가 생기지 않는지를 검토해야 한다.

8.3 풍하중에 의한 공진·피로

일반적인 구조 설계를 할 때는 고려하지 않지만 사용하는 부재가 얇으면 풍하중에 의해 공진하는 경우가 있으므로 주의가 필요하다. 공진하면 부재가 반복해서 하중을 받게 되고, 반복 횟수가 많으면 항복 응력도 이하에서도 파괴되는 일이 있다. 따라서 현실적으로 일어날 수 있는 풍속에 대해 공진하지 않도록 부재 설계를 하거나, 공진해도 피로강도 이하로 수렴되도록 설계해야 한다. 또한 볼트가 풀리지 않도록 하는 등의 주의가 필요하다.

강구조에 대해서는 '강구조물의 피로 설계 지침·동 해설(일본강구조협회)'을, 알루미늄에 대해서는 '알루미늄 건축구조 설계 반복 응력을 받는 부재 및 접합부의 피로 설계 기준(안) (알루미늄 건축구조협의회)'을 참고하기 바란다.

9 하중

9.1 등분포하중과 집중하중

하중의 기본은 등분포하중과 집중하중이다. **그림 21**처럼 태양광발전 모듈과 그것을 지지하는 보를 예로 살펴보겠다. 태양광발전 모듈의 자중과 풍하중은 등분포하중이다. 면재와 보가 접촉한 상태라면 위에서 아래로 받는 면재의 하중은 보에는 등분포하중으로 작용한다. 한편 아래에서 위로 받는 하중은 다음과 같이 된다. 면재는 상향의 하중을 받고 위쪽으로 변형되어 보와 분리된다. 면재가 네 모서리의 네 점으로 접합되어 있으면 면재에 작용하는 하중은 네 모서리의 네 점에 집중하중으로 작용하게 된다.

작용하는 집중하중을 부담폭에서 등분포하중으로 환산하면(보의 전체 길이가 아니라), 작용하는 집중하중이 3개 이상이 되면 등분포하중의 모멘트와 거의 같아진다. 다만 전단력에 대해서는 등분포하중 쪽이 커진다. 따라서 3개 이상의 집중하중을 등분포하중으로 해서 보를 설계하는 것은 안전하다고 할 수 있다(**그림 22**).

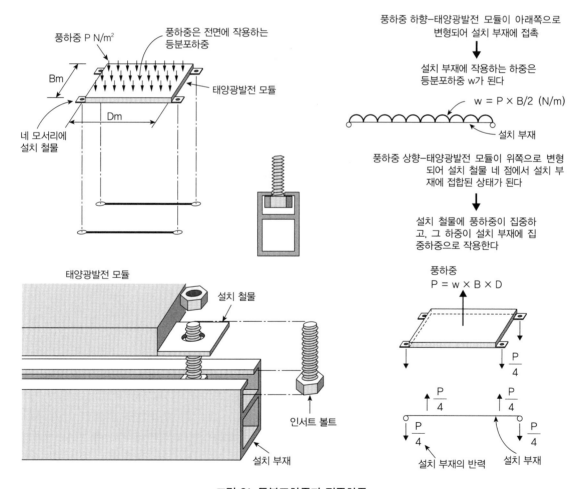

그림 21. 등분포하중과 집중하중

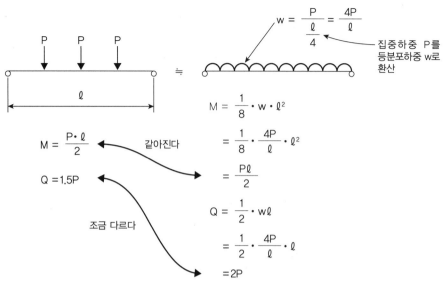

그림 22. 3개의 집중하중과 등분포하중의 관계

【모멘트 하중】

하중에는 등분포하중, 집중하중 이외에도 모멘트 하중이 존재한다. 예를 들면 **그림 23**에 나타난 것처럼 한쪽 끝에 하중이 작용하는 경우에 단순보로 모델링을 하면 단순보의 끝부분에 모멘트와 집중하중이 작용하게 된다.

9.2 하중은 분해할 수 있다–선형 결합

선형 계산(응력·왜곡 관계가 직선인 계산)의 경우에는 중첩의 원리가 성립한다. 그 때문에 **그림 24**의 단순보에 복수의 하중이 작용하여 언뜻 복잡해 보이는 경우라도 하나의 하중이 작용하는 보의 집합이라고 생각해 단순화할 수 있다. 하나의 하중이 작용하는 보의 모멘트를 덧셈하면 결과를 얻을 수 있다.

이 원리를 이용하면 하중을 대칭과 역대칭으로 표현할 수 있고 모멘트가 어떻게 될지 생각하기 쉬운 경우가 있다.

9.3 하중의 방향–연직하중과 수평하중

하중은 벡터이므로 분해할 수 있다. 보에 비스듬한 집중하중이 작용하는 경우에 **그림 25**와 같이 하중을 연직하중과 수평하중으로 분해할 수 있다. 중첩 원리를 이용하면 연직의 집중하중이 작용한 보와 수평하중, 즉 축력이 작용한 보로 나누어서 생각할 수 있다. 이때 축력이 보의 자재 축에 작용한다면 축력이 작용할 뿐이지만, 보의 표면에 작용한다면 축력뿐만 아니라 편심 모멘트 M_e=축력×편심 거리 e가 작용하게 된다.

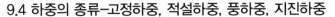

9.4 하중의 종류–고정하중, 적설하중, 풍하중, 지진하중

설계용 하중은 JIS C 8955에 정해져 있다. 여기서 정해진 수치는 기본적으로 건축기본법과 같다. 다만 지진하중에 관해서는 약간 다르다. 하중의 종류는 다음과 같다.

① 고정하중(구조물 자중, 태양광발전 패널 등)

② 적설하중

③ 풍하중

④ 지진하중

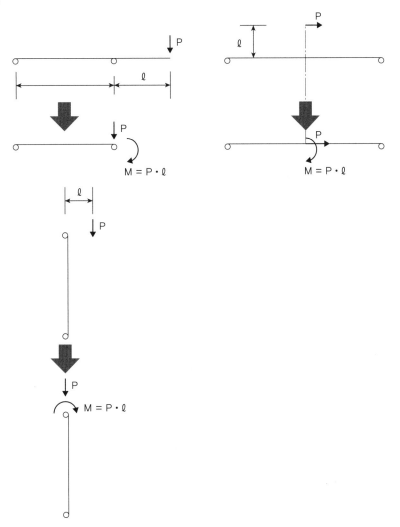

그림 23. 모멘트의 하중

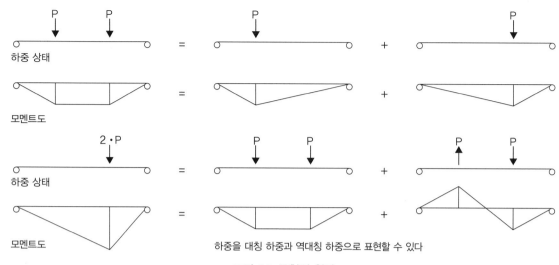

하중을 대칭 하중과 역대칭 하중으로 표현할 수 있다

그림 24. 중첩의 원리

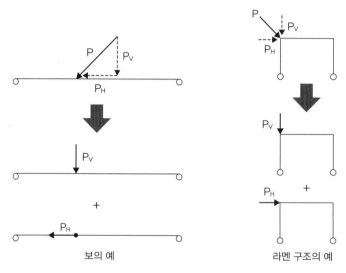

보의 예

라멘 구조의 예

그림 25. 비스듬한 하중이 작용하는 경우

【고정하중】

고정하중은 태양광발전 구조물의 자중이나 태양광발전 패널 등이다. 고정하중에는 배선 등 설비기기, 설치용 철물, 볼트 등도 포함되므로 하중의 취합에 누락이 없도록 주의해야 한다.

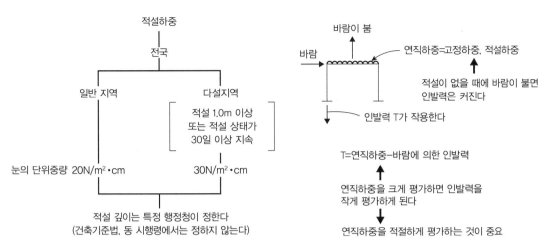

그림 26. 적설하중의 취급

【적설하중】

적설하중은 적설 깊이에 따라 정해지는 하중이다. 적설은 일반 지역(일반 지방)과 다설지역으로 나뉜다(**그림 26**). 다설지역은 적설이 1.0m 이상, 또는 적설 상태가 30일 이상 지속되는 경우 둘 중 하나에 해당하는 지역이다. 다설지역 이외는 일반 지역이다. 구조 설계상 일반 지역과 다설지역의 차이는 눈의 단위중량이 일반 지역에서는 $20N/m^2 \cdot cm$, 다설지역에서는 $30N/m^2 \cdot cm$으로 다르고, 풍하중 시와 지진하중 시의 적설하중 취급이 다르다는 점이다. 상세한 내용은 하중의 조합 항에서 설명한다.

또한 건축기준법·동 시행령에서 적설하중은 특정 행정청이 정하게 되어 있기 때문에 적설하중은 건설하는 지역을 담당하는 특정 행정청에 확인하는 것도 중요하다.

【풍하중】

풍하중은 지역별로 기준 풍속이 정해져 있어 그에 따라 설계용 풍속을 계산한다. 풍하중의 계산에 풍력계수가 필요한데, 어레이면의 풍력계수는 풍동실험으로 정하는 것이 원칙이다. 또한 JIS C 8955에 구조물의 모양별 풍력계수가 도시되어 있으므로 이것을 사용할 수도 있다. 경사가 있는 등 부지 모양이 특수한 경우라면 풍동실험이나 문헌조사를 해서 풍속이 어떻게 영향을 받는지를 평가하는 것이 바람직하다.

9.5 하중의 조합과 장기·단기 허용 응력도

하중의 조합은 **표 1**과 같다. 일반 지역에서는 바람, 지진, 눈이 동시에 발생하는 일은 없다고 생각하고 각각 독립된 현상으로 해서 상시 작용하는 고정하중과 각 하중의 조합을 단기하중 시로 한다.

다설지역에 대해서는 장기간 쌓이는 적설하중은 적설하중의 70%로 간주하고 이것을 상시 하중

표 1. 하중의 조합

장기·단기	하중 및 외력의 상태	일반 지역	다설지역
장기	상시	G + P	G + P
	적설 시		G + P + 0.7S
단기	적설 시	G + P + S	G + P + S
	폭풍 시	G + P + W	G + P + W*
			G + P + 0.35S + W*
	지진 시	G + P + K	G + P + 0.35S + K

G : 고정하중 시의 응력
P : 적재하중에 의한 응력(태양광발전 구조물의 경우는 생각하지 않는다)
S : 적설하중에 의한 응력
W : 풍하중에 의한 응력
K : 지진하중에 의한 응력
*인발·압축으로 위험해지는 힘을 채택한다

으로 평가한다. 즉, 고정하중에 0.7×적설하중을 더한 하중이 장기하중이 된다. 따라서 허용 응력도 설계에서는 장기 허용 응력도를 이용하게 된다. 적설 시의 단기하중은 고정하중에 전체 적설하중을 더한 상태이다. 이때는 단기 허용 응력도를 이용한다. 다만 특정 행정청에 따라서는 장기 허용 응력도 이하일 것을 요구하는 곳도 있으므로 유의한다.

또한 풍하중 시와 지진하중 시에는 적설하중이 35% 작용하고 있다고 보고 계산한다. 이때 주의해야 할 점은 적설을 35% 고려한 상태가 위험한 상태라고는 한정할 수 없다는 것이다. 부재에 인장력과 기초에 인발력이 작용하는 경우에는 적설하중이 인장력이나 인발력을 줄이는 방향으로 작용하기 때문에 다설지역이라도 적설이 있는 경우와 없는 경우를 검토하여 어느 경우든 안전하도록 설계할 필요가 있다.

10 솔라 카포트는 건축

카포트는 지붕이 있으므로 건축

카포트 위에 태양광발전 모듈을 올려놓는 경우에는 지붕이 있으므로 건축기준법의 건축에 해당한다. 따라서 이 경우에는 건축기준법을 충족할 필요가 있으며 확인 신청도 필요하다. 건축이라면 설계는 건축사가 하게 되고 카포트에 사용하는 재료도 건축기준법이 인정한 재료(지정 건축재료라고 한다)여야 한다(**그림 27**). 또한 태양광발전 구조물의 기초로 이용되는 스파이럴 말뚝도 국토교통성 대신의 인정이 필요해진다.

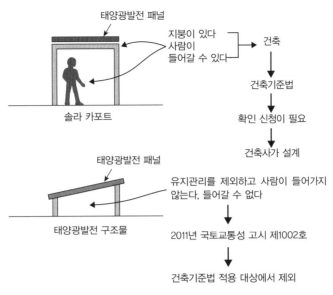

그림 27. 건축이 되는 솔라 카포트

11 건축에서 접합부의 개념

11.1 H형강의 핀 접합과 강접합

H형강을 보에 사용했을 경우의 접합에 대해 생각해 보자. H형강은 플랜지가 모멘트를 맡고 웨브가 전단력을 맡는다고 생각한다. 그 때문에 플랜지를 접합하면 모멘트를 전달할 수 있고 웨브가 접합하면 전단력을 전달할 수 있다. 따라서 플랜지와 웨브를 접합하면 모멘트도 전단력도 전달할 수 있는 강접합이 되고 웨브만 접합하면 모멘트가 전달되지 않기 때문에 핀 접합이라고 생각한다.

게다가 접합에는 고력 볼트를 사용한다. 고력 볼트는 볼트 축부에 인장력을 도입하는 볼트로 마찰에 의해 힘을 전달하는 기구다. 그러므로 접합부에 힘이 작용해도 미끄러지지 않고 힘을 전달할 수 있게 된다.

이상으로부터 H형강의 접합을 **그림 28**과 같이 하면 접합부의 강성도 내력도 H형강 이상으로 할 수 있어 강접합이 실현된다. 반면 접합에 고력 볼트가 아닌 볼트를 사용하면 힘이 작용했을 때 볼트 클리어런스만큼 미끄러지기 때문에 완전한 강접합은 실현할 수 없다.

웨브만으로 접합한 경우를 그림 28에 나타냈다. 고력 볼트가 2개 이상이라면 원리적으로 모멘트를 전달할 수 있지만 플랜지를 접합한 경우에 비해 전달되는 모멘트는 작다. 따라서 웨브만을 접합한 경우에는 핀 접합으로 평가된다.

11.2 기둥·보 접합

보통의 구조 설계에서는 **그림 29**에 나타낸 기둥은 각형 강관으로, 보가 H형강의 용접으로 조립

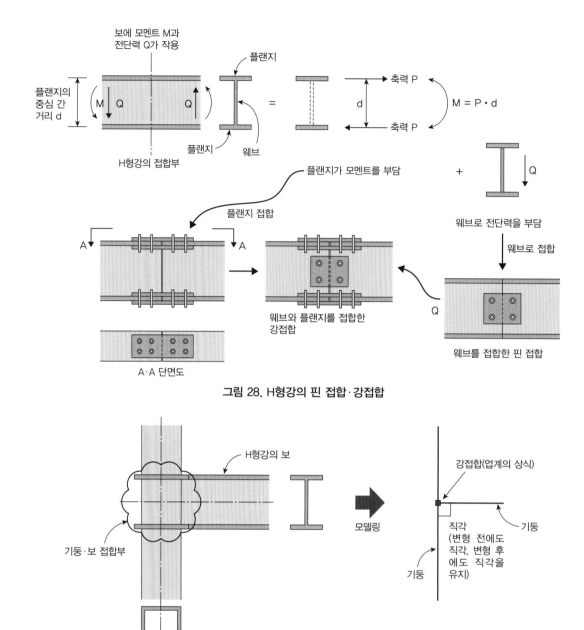

그림 28. H형강의 핀 접합·강접합

그림 29. 기둥·보 접합

된 접합부는 강으로 평가한다. 강이란 변형 전에 기둥과 보가 직각이던 것이 변형 후에도 직각 그대로인 상태를 말한다. 하지만 실제로는 기둥과 보가 접합된 부분이 변형되기 때문에 완전한 강이 되지는 않는다.

따라서 기둥·보 접합부를 강으로 평가하는 것은 엄밀하게는 옳지 않지만, 지금까지의 경험으로 볼 때 실질적인 손해도 없기 때문에 강으로 평가하는 것은 구조 설계 업계에서는 인정된 상식이고, 룰이라고 생각할 수 있다.

11.3 지진으로 피해가 발생한 주각

그림 30에 나타낸 주각을 핀이나 고정으로 모델링해 설계한 결과, 지진으로 주각이 망가지는 피해가 발생했다. 실정과 다른 주각의 모델링을 했기 때문에 구조 설계자가 상정한 응력 상태가 되지 않고 피해를 입는 결과가 되었다고 할 수 있다.

예전에는 베이스 플레이트 중앙부에 앵커볼트를 2개 설치하는 형식을 핀으로 가정하는 것이 상식이었다. 핀이라고 가정하였으므로 주각의 모멘트는 제로가 되고 앵커볼트에는 전단력만 작용하는 것으로 해서 앵커볼트를 설계했다. 그런데 실제로는 앵커볼트가 베이스 플레이트의 중앙부라도 완전하게 굽힘 강성이 제로가 되지 않고 약간의 굽힘 강성이 있다. 때문에 주각에 굽힘 모멘트가 작용하여 앵커볼트가 인발력에 의해 떨어져나가는 피해가 발생했다. 결과론으로 말하면 주각의 모멘트를 제로라고 평가했기 때문에 상부 구조는 안전하게 설계했지만 주각은 위험하게 설계한 셈이 된다.

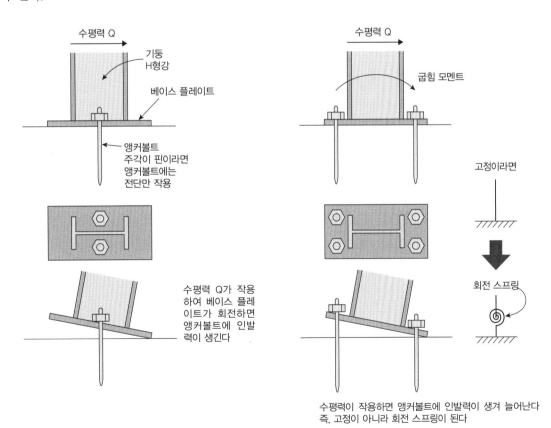

그림 30. 주각의 모델

베이스 플레이트의 양단에 앵커볼트가 배치되는 형식을 과거에는 고정으로 평가했다. 하지만 앵커볼트에 인장력이 작용하면 앵커볼트가 늘어나므로 완전히 고정되지는 않는다. 약간의 회전 스프링이 있게 된다. 주각이 고정이 아니고 회전 스프링이 있으면, 지진하중이 작용했을 때 상부 구조는 그 회전분만큼 수평 변위가 커지게 된다.

이와 같은 이유에서 현재의 구조 설계에서는 주각의 회전강성을 평가하는 설계를 하게 되어 있다.

구조역학의 첫걸음

1 재료의 기계적 성질

여기서는 JIS C 8955와 각종 설계 규준을 이해하는 준비를 위해 전문 용어와 구조역학의 지식을 설명한다.

1.1 등방성

등방성이란 재료를 어느 방향으로 인장해도 같은 거동을 보이는 성질을 말한다. 재료의 가력 방향에 상관없이 성질이 같으므로 등방이다. 방향에 따라 성질이 다른 경우에는 이방성이라고 한다. 특히 직교해서 성질이 다른 경우를 직교 이방성이라고 한다. 강재와 알루미늄은 등방성 재료이다. 목재는 높이 방향과 나이테 방향의 성질이 다르므로 직교 이방성 재료이다.

1.2 영률과 왜곡

영률 E는 재료별로 정해지는 수치로, 힘과 변형을 연결하는 계수이다. 이 계수를 구성식이라고 하기도 한다. 영률이 크면 그 재료를 늘리는 데 큰 힘이 필요하고, 작으면 작은 힘으로도 괜찮다. 이 관계를 식으로 나타내면 식 (7)이 된다. 이 식이 구조 계산의 기본이다.

힘이 작용하면 재료가 변형된다는 것을 알 수 있고, 재료가 변형되어야 힘이 발생한다. 즉 외력이 작용하면 변형되어 외력과 균형을 이룬다는 것을 알 수 있다. 여기서 응력도 σ란 작용하는 축력 P를 단면적 A로 나눈 것으로, 단면에 작용하는 축력을 단위 면적당으로 환산한 축력이다. 왜곡 ε란 축력 P에 의해 늘어난(또는 줄어든) 길이 δ를 원래 길이 ℓ로 나눈 것이며 단위 길이당 신장 즉 신장의 비율을 나타낸 것이다(**그림 31**).

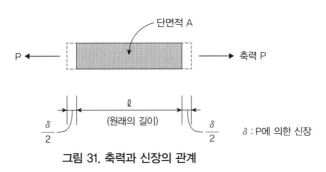

그림 31. 축력과 신장의 관계

$$\sigma = E \cdot \varepsilon \qquad\qquad\qquad \text{식 (4)}$$

E : 영률   강재 E=205,000N/mm²   알루미늄 E=70,000N/mm²

σ : 응력도

ε : 왜곡

$$\sigma = P/A \qquad P : 축력$$
$$A : 단면적$$

$$\varepsilon = \delta / \ell$$

식 (4)는 (5)와 같이 나타낼 수도 있다.

$$P/A = E \cdot \delta / \ell$$

$$P = (E \cdot A / \ell) \cdot \delta$$

$$= K \cdot \delta \qquad\qquad\qquad \text{식 (5)}$$

여기서 K=E·A/ℓ

식 (5)의 K는 스프링상수라 불리는 것으로 스프링의 신장으로 하중을 잴 수 있음을 알 수 있다. 스프링 저울은 이 원리를 이용한다(**그림 32**). 강재의 영률은 알루미늄의 3배이므로 단면적이 같으면 같은 하중에 대해 알루미늄은 강재의 3배가 늘어난다는 것도 알 수 있다.

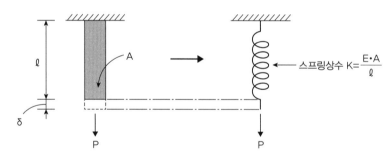

그림 32. 스프링 저울의 원리

1.3 전단 강성

영률이 신축에 관한 계수인 데 반해, 전단 변형에 관한 계수가 전단탄성계수 G이다. 전단 변형이란 **그림 33**과 같이 전단력이 작용하여 마름모꼴로 변형되는 변형을 말한다.

전단력 Q와 전단 변형 γ의 관계는 식 (6)과 같다.

$$\tau = G \cdot \gamma \qquad\qquad\qquad \text{식 (6)}$$

전단 응력도 $\tau = Q/k \cdot A$

k : 형상계수

전단탄성계수 G   강재 G=79,000N/mm²   알루미늄 G=27,000N/mm²

형상계수란 전단력을 부담하는 단면의 형상에 따라 정해지는 계수이다.

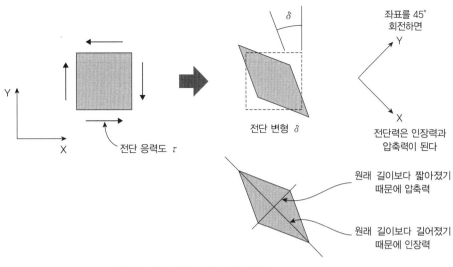

그림 33. 전단 응력도와 전단 변형

1.4 푸아송비

재료에 축력이 작용하면 축력 방향으로 신축한다. 이때 축력의 방향으로만 신축하는 것이 아니라 **그림 34**와 같이 축력의 직교 방향으로도 변형된다. 직관적으로 말하면 부재는 누르면 굵어지고, 당기면 가늘어진다는 것이다. 이 축력 방향의 변형에 대한 직교 방향의 변형 비율을 푸아송비라고 한다. 식으로 나타내면 식 (7)과 같다.

푸아송비는 강재든 알루미늄이든 0.3이다.

푸아송비 ν =세로 왜곡/가로 왜곡   식 (7)

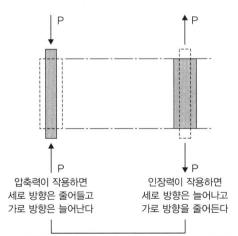

압축력이 작용하면
세로 방향은 줄어들고
가로 방향은 늘어난다

인장력이 작용하면
세로 방향은 늘어나고
가로 방향을 줄어든다

세로 방향의 신축은 하중 P에 비례하고 축 강성 EA에 반비례
가로 방향의 신축은 세로 방향의 신축에 푸아송비를 곱한 값

그림 34. 푸아송비

세로 왜곡=하중이 작용하는 방향의 왜곡

가로 왜곡=세로 왜곡의 직교 방향 왜곡

1.5 영률·전단탄성계수·푸아송비

영률, 전단탄성계수와 푸아송비는 각각 독립된 것이 아니라 2가지가 독립적이다. 등방성 재료의 경우 3가지의 관계는 식 (8)과 같다.

$$G=E/2 \cdot (1+\nu) \qquad\qquad 식\ (8)$$

이 식에서는 직접 알 수 없지만 푸아송비는 0~0.5의 사이여야 한다.

1.6 선팽창계수와 온도응력

재료는 온도 변화에 따라 신축한다. 선팽창계수 α란 온도가 1도 변화했을 때의 신축 비율을 나타내는 계수를 말한다. 온도가 상승하면 부재는 늘어나고 내려가면 줄어든다. 온도와 신축 길이의 관계를 식 (9)와 같이 나타낼 수 있다.

$$\delta = \alpha \cdot \Delta T \cdot \ell \qquad\qquad 식\ (9)$$

α : 선팽창계수　　강재 0.00012　　알루미늄 0.00024

δ : 신축 길이

ΔT : 온도차(℃)

ℓ : 원래 길이

식 (9)의 의미는 온도차 ΔT가 있으면 길이 ℓ의 막대가 $(\ell+\delta)$의 길이가 된다는 것이다.

온도가 오르내려도 부재가 자유롭게 신축한다면 응력은 발생하지 않는다. 하지만 신축이 구속되면 응력이 발생한다. 이 응력이 발생하는 원리를 **그림 35**에 나타낸 양끝이 구속된 보를 예로 들어 설명한다.

우선 자유롭게 신축하는 보를 생각해 보자. 온도차 ΔT에 의해 신장 $\delta = \alpha \cdot \Delta T \cdot \ell$이 생긴다. 실제로는 양끝이 구속되어 있으므로 늘어날 수 없다. 이 상태에서 구속이 없다면 늘어나는 δ를 원래 길이 ℓ로 되돌아가도록 하중 P로 눌러 되돌렸다고 생각해 보자.

식 (9)와 같이 눌러 되돌리는 하중 P를 구할 수 있다.

$$\sigma = E \cdot \varepsilon$$
$$P/A = E \cdot \delta / \ell$$
$$P = E \cdot A \cdot \alpha \cdot \Delta T \cdot \ell / \ell$$
$$= E \cdot A \cdot \alpha \cdot \Delta T \qquad\qquad 식\ (10)$$

이 P가 온도차 ΔT에 의해 생기는 온도응력이다. 식 (10)을 보면 알 수 있는 것처럼 온도응력은 부재의 길이와 관계없이 단면적에 비례해서 커진다. 보통의 외력이라면 큰 하중에 대해서는 단면을 크게 해서 대응하게 된다. 하지만 온도응력에 관해서는 단면을 크게 하면 더 큰 온도응력이 생

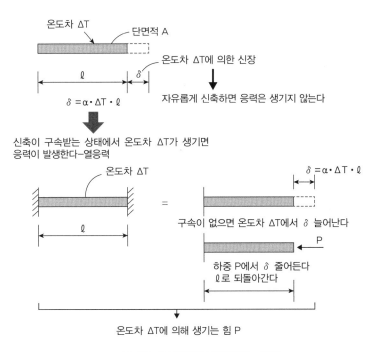

그림 35. 온도응력이 발생하는 원리

겨 해결되지 않는다.

온도응력을 해결하는 방법은 전혀 구속이 없으면 온도응력이 생기지 않으므로 구속을 느슨하게 하는 것이다. 구체적으로는 온도에 의한 신축을 완전히 구속하는 것이 아니라 약간 신축성 있게 하는 것이다. 예를 들면 부재의 신축성을 놓아주기 위해 볼트 구멍을 장공(긴 구멍)으로 하는 것도 한 방법이다.

한편 온도응력은 영률에 비례하므로 같은 조건이라면 강재보다 알루미늄 쪽이 온도응력은 작아진다.

1.7 항복점

강재와 알루미늄의 응력도와 왜곡의 관계를 모식적으로 도시하면 **그림 36**과 같다. 강재와 알루미늄에서는 응력과 왜곡 관계의 형상이 약간 다르다. 강재의 A점을 항복점이라고 하고, O점에서 A점까지의 영역이 식 (4)가 성립하는 영역이다. O점에서 항복점 A까지의 상태가 탄성이고 그 이후의 상태를 소성이라고 한다.

알루미늄의 경우에는 강재처럼 명료한 항복점이 존재하지 않는다. 그 때문에 항복점에 상당하는 점을 잔류 왜곡이 0.2%가 되는 응력도로 하고 항복점을 대신해 내력이라고 부른다. 알루미늄의 경우에는 O점과 내력까지의 영역을 식 (4)가 성립하는 영역으로 봐서 여기까지를 탄성으로 하고 그 이후를 소성으로 한다.

태양광발전 구조물에서 허용 응력도 설계를 하는데, 엄밀하게는 다른 경우도 있지만 재료의 사

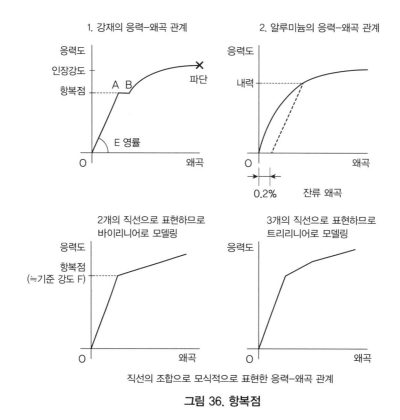

1. 강재의 응력-왜곡 관계
2. 알루미늄의 응력-왜곡 관계

2개의 직선으로 표현하므로
바이리니어로 모델링

3개의 직선으로 표현하므로
트리리니어로 모델링

직선의 조합으로 모식적으로 표현한 응력-왜곡 관계

그림 36. 항복점

용 범위를 항복점과 내력 이하가 되도록 설계하는 것이 허용 응력도 설계이다.

1.8 좌굴하중

가늘고 긴 막대에 압축력이 작용하면 줄어드는 것이 보통이지만, 일정 이상의 압축이 작용하면 가로 방향으로 변형되는 현상이 일어난다. 이 현상을 좌굴이라고 한다. 이 하중을 좌굴하중 P_{cr}, 식 (11)과 같이 나타낸다. 기둥 양단이 핀 지지일 때는 좌굴 파형이 기본형인데 이때의 기둥 길이를 좌굴 길이 ℓ_k라고 한다. 양단의 경계 조건에 따라 좌굴 파형이 다르므로 양단 핀으로 환산하는 유효 좌굴 길이를 **표 2**에 제시한다.

$$P_{cr} = \pi^2 EI \cdot \ell_k^2 \qquad\qquad 식 (11)$$

좌굴하중 P_{cr}을 좌굴 응력도 σ_{cr}로 표기하면 식 (12)와 같다.

$$\sigma_{cr} = \pi^2 E \cdot \lambda^2 \qquad\qquad 식 (12)$$

여기서

ℓ_k : 유효 좌굴 길이

i : 단면 2차 반경

λ : 세장비 $\lambda : \ell_k/i$ \qquad\qquad 식 (12-1)

이며, 단면 2차 반경 i는 아래와 같이 구한다.

$$i = \sqrt{I/A} \qquad\qquad 식 (12-2)$$

표 2. 유효 좌굴 길이

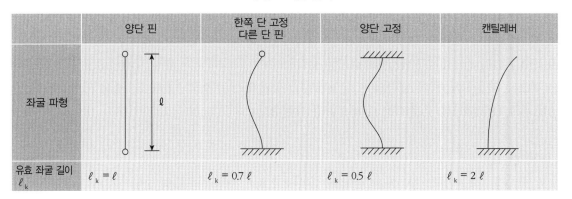

	양단 핀	한쪽 단 고정 다른 단 핀	양단 고정	캔틸레버
좌굴 파형				
유효 좌굴 길이 ℓ_k	$\ell_k = \ell$	$\ell_k = 0.7\,\ell$	$\ell_k = 0.5\,\ell$	$\ell_k = 2\,\ell$

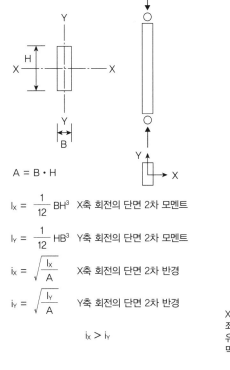

$A = B \cdot H$

$I_X = \dfrac{1}{12} BH^3$ X축 회전의 단면 2차 모멘트

$I_Y = \dfrac{1}{12} HB^3$ Y축 회전의 단면 2차 모멘트

$i_X = \sqrt{\dfrac{I_X}{A}}$ X축 회전의 단면 2차 반경

$i_Y = \sqrt{\dfrac{I_Y}{A}}$ Y축 회전의 단면 2차 반경

$i_X > i_Y$

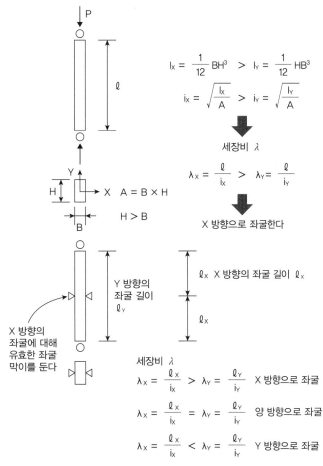

$I_X = \dfrac{1}{12} BH^3 \; > \; I_Y = \dfrac{1}{12} HB^3$

$i_X = \sqrt{\dfrac{I_X}{A}} \; > \; i_Y = \sqrt{\dfrac{I_Y}{A}}$

세장비 λ

$\lambda_X = \dfrac{\ell}{i_X} \; > \; \lambda_Y = \dfrac{\ell}{i_Y}$

X 방향으로 좌굴한다

$A = B \times H$

$H > B$

X 방향의 좌굴에 대해 유효한 좌굴 막이를 둔다

Y 방향의 좌굴 길이 ℓ_Y

ℓ_X X 방향의 좌굴 길이 ℓ_X

세장비 λ

$\lambda_X = \dfrac{\ell_X}{i_X} \; > \; \lambda_Y = \dfrac{\ell_Y}{i_Y}$ X 방향으로 좌굴

$\lambda_X = \dfrac{\ell_X}{i_X} \; = \; \lambda_Y = \dfrac{\ell_Y}{i_Y}$ 양 방향으로 좌굴

$\lambda_X = \dfrac{\ell_X}{i_X} \; < \; \lambda_Y = \dfrac{\ell_Y}{i_Y}$ Y 방향으로 좌굴

그림 37. 좌굴 방향

I : 단면 2차 모멘트

A : 단면적

좌굴의 방향에 대해 이하에 설명한다. 직사각형 단면이라면 X축 회전의 단면 2차 모멘트 I_X와

Y축 회전의 단면 2차 모멘트 Iy, 2종류가 있다. 따라서 i도 X축 회전의 ix와 Y축 회전의 iy, 2종류이다. 원리적으로는 X 방향으로 좌굴하는 경우와 Y 방향으로 좌굴하는 경우를 생각할 수 있다. 하지만 좌굴은 좌굴하기 쉬운 쪽으로 생기므로 좌굴 길이가 같으면 X축 회전의 단면 2차 반경 ix와 Y축 회전의 단면 2차 반경 iy를 비교하여 작은 쪽이 세장비 λ가 커지므로 단면 2차 반경이 작은 쪽으로 좌굴하게 된다. 따라서 X 방향과 Y 방향의 좌굴 길이가 다른 경우에는 양쪽의 세장비 λ를 비교하여 세장비가 큰 쪽으로 좌굴한다(**그림 37**).

1.9 비례한도

비례한도는 허용 압축 응력도를 결정하기 위해 필요한 개념이다(**그림 38**). 식 (11)과 같이 좌굴 하중은 영률이 관계한다. 강재의 경우에는 항복점까지, 알루미늄이면 내력까지 식 (4)가 성립한다고 설명했다. 이것은 O점과 항복점이나 내력을 연결한 선은 직선이고, 응력도와 왜곡의 관계가 비례관계에 있음을 의미한다.

하지만 실제로는 강재든 알루미늄이든 비례 관계에 있는 것은 도중까지이고, 그곳부터 이후는 비례 관계에서 벗어난다. 이 비례가 성립하는 한계를 비례한도라고 한다. 강재에서는 항복점의 0.6배, 알루미늄은 내력의 0.5배로 정해져 있다. 영률은 비례한도를 넘으면 그 이후는 조금 작아진다.

1.10 한계 세장비 ∧

한계 세장비란 좌굴 응력도 σ_{cr}이 비례한도가 될 때의 세장비이다. 한계라고 하는 이유는 탄성 좌굴과 비탄성 좌굴의 갈림길이기 때문이다. 세장비가 한계 세장비보다 크면 얻어지는 허용 압축

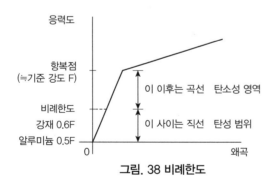

그림. 38 비례한도

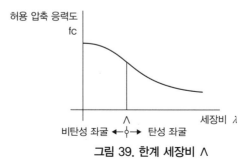

그림 39. 한계 세장비 ∧

응력도는 비례한도 이하이므로 탄성 좌굴이 되고, 세장비가 한계 세장비보다 작으면 비례한도를 초과하므로 비탄성 좌굴이 된다.

강재라면 한계 세장비 ∧는 식 (13)이 된다.

$$\sigma_{cr} = \pi^2 E \cdot \lambda^2 = 0.6F$$
$$\therefore \wedge = \sqrt{\pi^2 E / 0.6F} \qquad\qquad\qquad 식\ (13)$$

※한계 세장비이므로 λ를 ∧라고 표기

알루미늄이라면 식 (13)의 0.6이 0.5가 된다.

한계 세장비보다도 세장비가 큰 영역에서는 좌굴하중이 영률로 결정되므로 기준 강도 F의 대소와는 관계가 없다. 즉, 한계 세장비를 넘는 영역에서는 기준 강도 F가 큰 재료를 사용해도 허용 압축 응력도는 변하지 않는다. 물론 기준 강도 F에 따라 한계 세장비의 위치는 다르다(**그림 39**).

2 단면 성능

응력 해석, 허용 응력, 단면 산정 등을 할 때 단면에 관한 여러 상수가 필요하다. 단면적 A, 단면 2차 모멘트 I, 단면계수 Z, 단면 2차 반경 i 등이다. 강재가 H형, 홈형, 산형 등 표준적인 형상이라면 강재 제조사가 단면 성능표를 제공한다. 그 밖의 특수한 단면 형상의 경우에는 개별적으로 계산하여 구하게 된다. 단면 성능은 단면의 형상에 의존하는 문제이므로 강재든 알루미늄이든 단면 형상이 같으면 수치가 같다. **그림 40**과 같이 단면은 X축과 Y축으로 이루어진 평면에 존재하므로 단면의 형상이 결정되면 단면적은 1개이지만, 그 이외의 단면 성능은 X축 회전에 관한 수치와 Y축 회전에 관한 수치, 2종류가 된다.

각 단면 성능에 관한 주의사항에 대해 살펴보자.

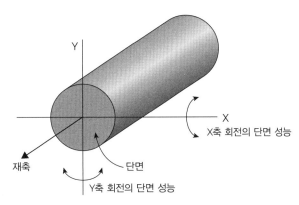

그림 40. 단면 성능과 좌표의 관계

2.1 단면적 A

단면적은 압축력과 인장력의 축력에 관련되는 수치이다. 단면 형상의 X 방향, Y 방향에 관한 대칭성과 중심 위치에 주의한다. X축, Y축의 2축에 대칭이면 중심 위치는 그림의 한가운데이며, 이 위치에 축력이 작용하면 단면에 생기는 응력은 축력만이 된다. 하지만 **그림 41**과 같이 중심 위치에서 벗어나 축력이 작용하면 축력 이외에 굽힘 모멘트가 생기게 된다.

단면이 비대칭인 경우에는 도형을 보기만 해서는 중심 위치를 알 수 없으므로 반드시 중심 위치를 구해야 한다.

2.2 단면 2차 모멘트

단면 2차 모멘트는 굽힘 변형에 관한 수치로, 보의 휨 계산에 이용한다. 응력 해석에 이용하는 경우에는 단면 2차 모멘트의 방향을 틀리지 않도록 주의가 필요하다. **그림 42**와 같이 부재의 실제 배치에 단면 2차 모멘트의 방향을 맞춘다.

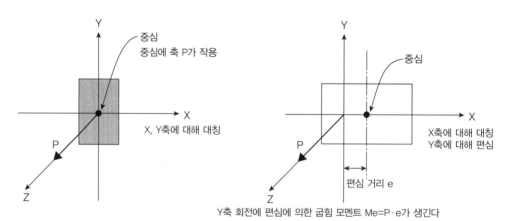

그림 41. 편심에 의해 생기는 굽힘 모멘트

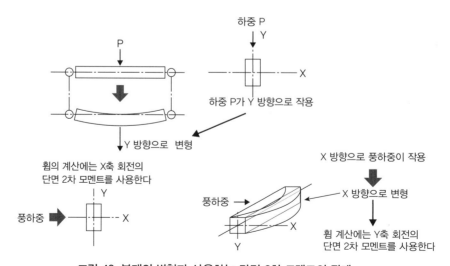

그림 42. 부재의 변형과 사용하는 단면 2차 모멘트의 관계

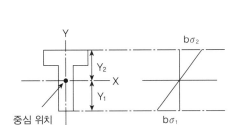

X축 회전의 단면 2차 모멘트 I_x
Y축 회전의 단면계수 Z_1, Z_2

$$Z_1 = \frac{I_x}{Y_1}$$

단면이 X축에 대해
대칭이면 $Y_1 = Y_2$이므로
Z는 하나가 된다

$$Z_2 = \frac{I_x}{Y_2}$$

굽힘 모멘트 M이 작용했을 때의 굽힘 응력도
$b\sigma_1$, $b\sigma_2$

$$b\sigma_1 = \frac{M}{Z_1} 、 b\sigma_2 = \frac{M}{Z_2} \quad 식(17)$$

그림 43. 비대칭 단면의 단면계수

2.3 단면계수

단면계수는 식 (14)와 같이 굽힘 모멘트에서 굽힘 응력도를 구하는 데 사용한다. **그림 43**과 같이 단면이 대칭이면 단면계수는 1개이므로 굽힘 응력도 1개를 구할 수 있다. 하지만 단면이 비대칭일 경우에는 단면계수가 2개이므로 굽힘 응력도 2개를 구할 수 있다. 이 경우에는 2개의 굽힘 응력도에 대해 단면 산정을 하게 된다. 축력과 굽힘 모멘트가 작용하는 부재의 단면 산정에서도 마찬가지로 2개의 단면을 산정한다.

2.4 단면 2차 반경

단면 2차 반경 i는 좌굴에 관한 계수이며, 식 (12-2)에서 단면 2차 모멘트와 단면적 A로부터 구할 수 있다. 단면 2차 반경의 정의로부터 단면적에 비해 단면 2차 모멘트가 크면 단면 2차 반경이 커지는 것을 알 수 있다. 따라서 같은 외형의 원형 단면이라면 속이 빈 중공 쪽이 단면 2차 반경은 커진다. 하지만 단면적은 작아지므로 작용하는 압축력이 같으면 압축 응력도는 커지므로 바로 중공 쪽이 안전해지지는 않다는 점에 주의가 필요하다(**그림 44**).

단면 2차 반경은 속이 빈 중공 쪽이 커진다
예를 들면 속이 찬 중실원과 속이 빈 중공원의 비교

중실원의 단면 2차 반경 i 중실

$$i\,중실 = \sqrt{\frac{I}{A}}$$

$$A = \frac{\pi}{4}D^2, \quad I = \frac{\pi}{64}D^4$$

$$\therefore \; i\,중실 = \frac{1}{4}D$$

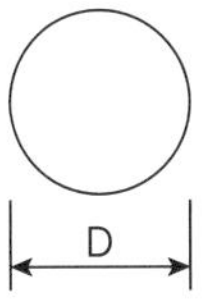

중공원의 단면 2차 반경 i 중공

$$A = \frac{\pi}{4}D^2 - \frac{\pi}{4}d^2$$

$$I = \frac{\pi}{64}D^4 - \frac{\pi}{64}d^4$$

$$\therefore \; i\,중공 = \frac{1}{4}\sqrt{D^2 + d^2}$$

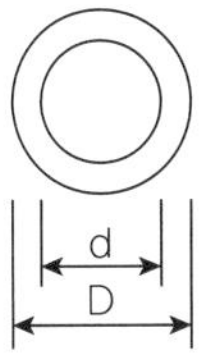

따라서
i 중공 > i 중실
이 된다

그림 44. 중실 단면과 중공 단면의 단면 2차 반경의 비교

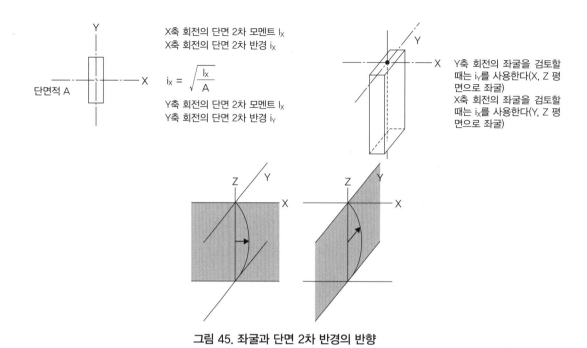

그림 45. 좌굴과 단면 2차 반경의 반향

좌굴을 검토할 경우에도 좌굴의 방향과 단면 2차 반경의 방향을 틀리지 않도록 해야 한다(**그림 45**). 단면의 X, Y 방향의 단면 2차 반경과 비교해 그 이외 방향의 단면 2차 반경이 작아지는 경우에는 그 방향의 좌굴을 검토할 필요가 있다.

2.5 전단 중심

전단 중심이란 **그림 46**과 같이 부재에 하중을 작용시켰을 때 하중의 방향과 같은 방향으로 변

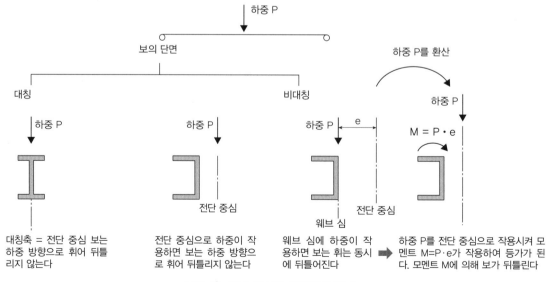

그림 46. 전단 중심과 비틀림의 관계

형되는 하중 위치를 말한다. 당연하지만 단면이 H형, 각형 등 하중의 방향에 대해 대칭이면 도형의 중심이 전단 중심이다. 즉, 단면의 대칭선에 아래쪽으로 하중을 작용시키면 부재는 아래쪽으로 변형된다.

한편 단면이 홈형의 전단 중심은 그림 46과 같은 위치가 된다. 따라서 웨브 중심 위치에 하중을 작용시키면 전단 중심에서 보면 하중 P와 모멘트 M=P·e가 작용하게 된다. 이 모멘트로 부재는 회전한다.

태양광발전 구조물에서도 홈형재를 사용하기도 하는데, 전단 중심의 개념을 고려해서 설계할 필요가 있다. 즉, 실험에서 내력을 확인할 경우에 웨브 중심에 하중을 가하면 부재가 회전해 버려 실험이 잘되지 않는 경우가 있다. 실험을 하는 경우에는 이 점에 유의해야 한다.

3 경계 조건(지지 상태)…보를 예로 설명

3.1 지지 조건 핀, 롤러, 고정

구조역학에서 모델링된 지지 조건은 핀, 롤러, 고정의 3종류이나 실제 구조물의 지지 조건이 완전하게 핀, 롤러, 고정인 경우는 드물다. 설계에서는 실제 지지 상태를 어떻게 모델링하면 실정에 가까운지를 생각하게 된다.

그 밖에도 지지부가 스프링으로 되어 있는 상태인 탄성 지지라는 개념도 있다. 지지부의 스프링을 평가할 수 있으면 실정에 보다 가까운 평가가 된다. 또한 **그림 47**과 같이 구조물이 돌출 말뚝으로 지지되고 있는 경우에는 말뚝에 의해 탄성 지지되고 있다고 생각하여 말뚝을 스프링으로 치환할 수도 있다. 연직 방향의 스프링과 수평 방향의 스프링으로 평가한다. 작용하는 축력에 대해 연직 방향의 변위를 무시할 수 있을 정도로 작으면 스프링으로 치환하는 것이 아니라 핀이라고 가정해도 좋다. 이 경우라면 상하는 핀 지지가 되고, 수평 방향은 탄성 지지가 된다.

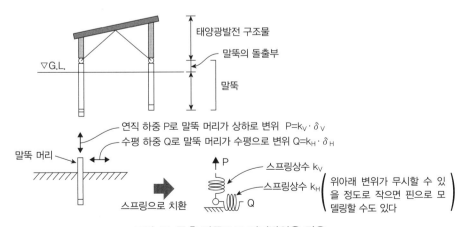

그림 47. 돌출 말뚝으로 지지받았을 경우

3.2 FEM 해석의 경우

FEM에 의한 응력 해석의 경우에는 핀, 롤러, 고정의 변위를 구속하느냐 자유로 하느냐의 조합으로 표현한다. 변위 구속이란 절점이 이동하지 않고 회전하지 않는 것을 말하며, 자유란 절점이 자유롭게 이동하는 것을 말한다. 즉, 이동하는 데 저항이 없거나 회전하는 데 저항이 없는 상태다. 다른 말로 표현하자면 반력이 제로가 되는 것이다.

평면 프레임이라면 절점의 변위는 X방향 변위, Y방향 변위, Z방향 회전의 3가지이므로 X와 Y의 변위를 구속하여 회전을 자유롭게 하면 핀을 나타내게 된다. X의 변위를 자유, Y의 변위를 구속, 회전은 자유로 하면 X방향으로 이동 가능한 롤러 지지가 된다. 3가지 변위를 모두 구속하면 고정이 된다. 각 지지 상태는 **그림 48**과 같이 나타낼 수 있다.

탄성 지지의 경우도 마찬가지로 3가지 변형에 대응하는 스프링을 고려하면 탄성 지지 상태를 나타낼 수 있다. 이러한 스프링을 무한대로 했을 경우가 구속한 상태이고, 제로로 한 경우가 자유가 된다. 따라서 탄성 지지란 구속과 자유 사이의 상태라고 할 수 있다. 이러한 스프링상수를 구조 계산으로 구할 경우에는 그들을 이용하고, 구조 계산으로 구할 수 없는 경우에는 실험을 통해 구한다.

3.3 대칭, 역대칭을 나타내는 경계 조건

구조물이 대칭형이고 대칭의 하중이 작용할 경우에는 변형도 대칭이 된다. 이것을 이용하면 경계 조건을 고안해서 구조물을 반으로 줄일 수 있다. 또한 하중이 역대칭인 경우도 마찬가지로 경계 조건을 고안하면 구조물을 반으로 줄일 수 있다. **그림 49**에 그 예를 나타냈다.

4 접합부

4.1 볼트의 전단에 의한 접합과 인장에 의한 접합

구조물을 현지에서 조립하기 위해 부재와 부재를 접합한다. 건축과 같은 대형 구조물에서는 마찰을 이용한 고력 볼트의 사용이 원칙이나 태양광발전 구조물의 경우는 볼트 접합이 많다. 그래서

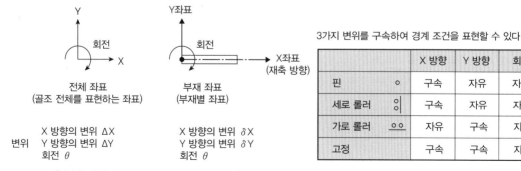

그림 48. 유한요소법(FEM)의 경계 조건

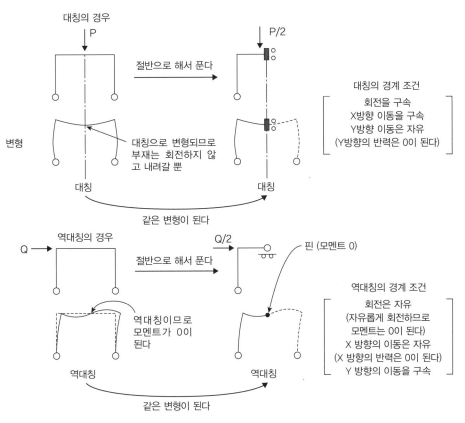

그림 49. 대칭·비대칭의 경계 조건

여기서는 볼트 접합을 설명한다. 접합 형식은 **그림 50**과 같이 전단에 의한 접합과 인장에 의한 접합, 2가지 유형이 있다. 볼트 접합은 전단에 의한 접합이 일반적이다. 그 이유는 그림 50에 나타낸 바와 같다. 부재의 양단부가 인장에 의한 접합일 경우에는 부재의 양단이 메탈 터치 상태가 되어 부재의 치수 정밀도가 요구되기 때문이다. 부재가 소정 치수보다 길면 들어가지 않고 짧으면 끝부

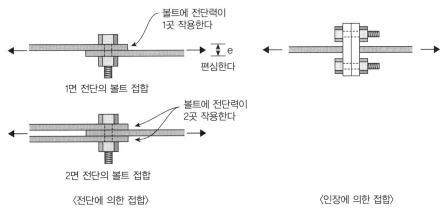

그림 50. 볼트 접합

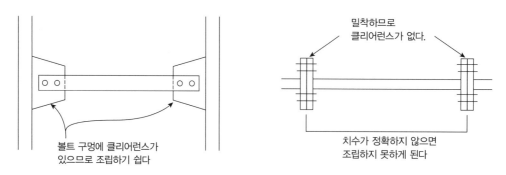

밀착하므로
클리어런스가 없다.

볼트 구멍에 클리어런스가
있으므로 조립하기 쉽다

치수가 정확하지 않으면
조립하지 못하게 된다

그림 51. 전단 볼트와 인장 볼트의 사용 예

분이 메탈 터치 상태가 되지 않는다. 반면 전단에 의한 접합이라면 볼트 구멍의 클리어런스를 이용할 수 있으므로 인장에 의한 접합만큼의 정밀도는 요구되지 않는다(**그림 51**).

볼트의 크기는 호칭 지름으로 나타낸다. 수나사의 경우에는 외경이고 암나사의 경우에는 내경(나사의 곡경)이 호칭 지름이다. 볼트에는 전나사 볼트와 축부와 나사부로 되어 있는 볼트, 2종류가 있다. 볼트에 인장이 작용할 때는 어느 쪽의 볼트라도 내력은 내경으로 결정된다. 하지만 전단력이 작용할 경우에는 볼트의 전단 내력은 전단면이 축부이면 축부의 단면으로 결정되고, 나사부에 작용한다면 나사부의 단면, 즉 내경의 단면으로 결정된다.

4.2 접합부의 사양 규정

접합부에는 다음과 같은 사양 규정이 있다. 이들 사양 규정을 만족하면 구조 계산으로 접합부의 안전을 검토할 수 있다는 의미이다. 따라서 강재와 알루미늄은 성질이 다르기 때문에 사양 규정도 그에 대응하여 다른 부분이 생기게 된다.

① 볼트 지름과 볼트 구멍(클리어런스)

② 볼트 간격

③ 가로 홀 거리

④ 세로 홀 거리

⑤ 볼트 지름과 판두께

사양 규정을 만족하지 않는 경우에는 해당 부분의 구조실험을 통해 안전을 확인한다. 구조 계산으로 확인하는 경우에는 사양 규정과 동등 이상의 성능을 가졌는지 확인한다.

4.3 1면 전단과 2면 전단

전단에 의한 접합은 1면 전단과 2면 전단이 있다. 그림 50 및 **그림 52**와 같이 볼트의 전단면이 1개인 경우를 1면 전단이라고 하고, 2개인 경우를 2면 전단이라고 한다. 1면 전단의 경우에는 접합되는 판이 판두께만큼(각 판두께 절반의 합계 e) 편심하여 접합된다. 접합부가 떨어져 나가는 경우에 이 편심의 영향이 나오는 경우가 있으므로 설계할 때 주의를 해야 한다.

2면 전단의 경우에는 1면 전단과 같은 편심이 생기지 않는다. 또한 1면 전단의 볼트 전단은 1곳인데 반해 2면 전단은 2곳이기 때문에 2면 전단의 내력은 1면 전단의 2배가 된다. 따라서 역학적으로는 1면 전단보다 2면 전단 쪽이 우위지만 그림 52와 같이 사용하는 재료가 많아져 접합부가 복잡하고 커지는 경향이 있다는 점에 주의할 필요가 있다.

4.4 접합부의 내력

접합부의 내력은 식 (15)와 같이 나타낼 수 있다. 지표 j=1~4는 접합부의 파단 형식에 대응한다. 파단은 볼트와 판을 비교하면 약한 쪽이 선행된다. 파단의 형식은 볼트가 인장이나 전단 중 어느 한 쪽이고, 판은 인장, 전단, 지압 중 어느 하나다.

여기서는 볼트의 경우 전단 볼트를 사용한다고 보고 설명한다.

$$Q_a = min(Aj \cdot \alpha \cdot F) \hspace{4cm} 식 (15)$$

접합부의 내력 Q_a

Aj : 접합부의 파단 형식에 따른 접합부의 유효 단면적

F : 기준 강도

α : 인장, 압축의 경우는 1.0

　　　전단일 경우는 $1/\sqrt{3}$

j = 1 볼트의 전단으로 결정되는 내력

　　2 볼트 구멍을 공제한 판의 유효 단면으로 결정되는 내력

　　3 판의 지압으로 결정되는 내력

　　4 찢김파단에 의한 내력(**그림 53**)

4.5 지압 강도

그림 54와 같이 볼트의 측면이 볼트 구멍의 측면을 국부적으로 누른 상태를 지압이라고 한다.

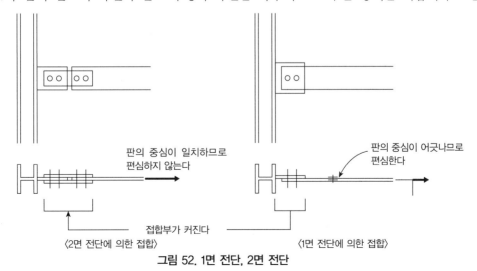

　　판의 중심이 일치하므로
　　편심하지 않는다

　　판의 중심이 어긋나므로
　　편심한다

접합부가 커진다

〈2면 전단에 의한 접합〉　　　　〈1면 전단에 의한 접합〉

그림 52. 1면 전단, 2면 전단

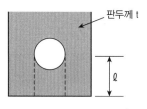

판두께 t

ℓ

내력 $P_a = 2 \times t \times \ell \times \dfrac{F}{\sqrt{3}}$

그림 53. 대표적인 찢김 파단
출처:일본건축학회 '강구조 접합부 설계 지침'을 참고로 작성

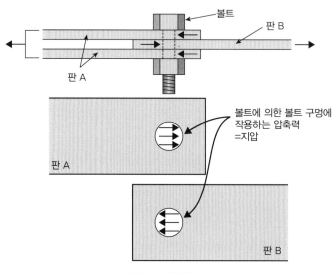

볼트

판 B

판 A

볼트에 의한 볼트 구멍에
작용하는 압축력
=지압

판 A

판 B

그림 54. 지압

지압은 판의 변형이 구속된 상태에서 압축력이 작용하기 때문에 지압 내력은 압축 내력보다 커진다. 강구조 설계 규준, 알루미늄 건축 구조 설계 규준에 제시되어 있는 지압 강도는 다음과 같다.

      강재   단기 허용 지압 내력=1.5×1.25×기준 강도 F

      알루미늄   =1.5×1.1×기준 강도 F

단기 허용 지압 응력도는 강재라면 기준 강도 F의 1.5×1.25=1.875배, 알루미늄이라면 1.65배이다. 지압 내력은 지압 내력에 지압하는 투영 면적을 곱하여 구할 수 있다.

4.6 전단강도

전단강도는 인장강도의 $1/\sqrt{3}$이다. 따라서 전단 내력은 전단강도에 전단되는 면적을 곱하여 구할 수 있다. 즉, 나사부에 전단력이 작용한다면 나사부의 면적을 채택한다. 보통은 나사부의 면적은 호칭 지름 면적의 0.75배로 한다.

4.7 접합부의 내력은 가장 약한 곳으로 결정된다

내력은 가장 약한 곳으로 정해지므로 볼트의 내력과 판의 응력 상태에 따른 내력을 비교하면 가장 약한 내력을 알 수 있다.

4.8 볼트의 전단 내력과 판두께의 관계

볼트의 재료와 지름이 정해지면 볼트의 전단 내력이 결정된다. 또한 접합되는 판의 재질과 두께가 정해지면 볼트 지름에 따른 지압 내력을 구할 수 있다. 이때 판두께가 얇으면 지압 내력이 볼트의 전단 내력을 밑돌기도 한다. 이 경우에는 볼트와 판의 조합에 의해 결정되는 접합부의 내력은 볼트의 전단 내력이 아니라 지압 내력이 된다. 판두께가 일정 이상이 되면, 지압 내력이 볼트의 전단 내력을 웃돌게 되므로 접합부의 내력은 볼트의 전단 내력으로 결정된다. 얇은 판을 사용할 경우에는 볼트가 아니라 지압으로 볼트의 전단 내력이 결정되는 경우가 있으므로 주의가 필요하다.

5 안정·불안정…보를 예로 설명

5.1 '구조가 성립되어 있다', '구조가 성립되어 있지 않다'란?

구조가 성립되어 있는 상태란 하중이 작용했을 때에 구조물의 형상을 유지할 수 있는 기구로 되어 있는 상태 혹은 구조물이 이동하지 않거나 회전하지 않는 상태를 말한다. 이 상태를 안정이라고 한다. 여기서 말하는 작용하는 하중이란 실제로 구조물에 작용하는 하중이 아니라 X방향의 하중, Y방향의 하중 및 회전이다. 실제로는 X방향으로만 하중이 작용하고 있어도 Y방향의 하중에 대해서도 회전에 대해서도 안정이어야 한다는 것이다. 구조가 성립되어 있지 않은 상태란 작용하는 하중에 대해 구조물이 형상을 유지할 수 없는 기구로 되어 있는 상태 혹은 구조물이 이동해 버리거나 회전해 버리는 상태를 말한다. 이 상태를 불안정하다고 한다.

여기서 말하는 안정·불안정이란 구조물 기구의 문제이지, 부재 강도의 문제가 아니다. 하중에 대해 부재가 작을 경우에는 파손되게 되는데, 이는 강도의 문제로 안정·불안정의 문제가 아니다. 하지만 구조물에 하중이 작용하여 구조의 일부가 망가져서 구조물이 불안정하게 되는 경우는 있다(**그림 55**). 반대로 말하면, 안정된 구조물이 불안정하게 되는 것을 망가진다고도 할 수 있다. 따라서 허용 응력도 설계에서는 설계 하중까지는 구조물이 안정을 유지하고 있고, 불안정해서는 안된다는 것이다.

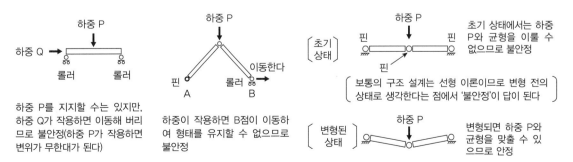

그림 55. 불안정한 기구의 예

5.2 불안정에 가까운 구조

　태양광발전 구조물이 기초에 실려 있는 구조 형식이고, 태양광발전 구조물만으로도 안정 구조, 기초도 안정 구조이면 기초의 설계에는 상부 구조로부터의 반력이 필요하지만 상부 구조(태양광발전 구조물의 부분)와 하부 구조(기초 부분), 각각 독립적으로 설계할 수 있다. 상부 구조가 안정이면 그 부분을 설계하여 얻어진 반력에 대하여 하부 구조를 설계한다.

　그림 56과 같이 상부 구조와 하부 구조가 일체가 된 구조의 경우, 구조물 전체가 기구적으로 안정이어야 하는 것은 당연하지만 상부 구조와 하부 구조로 분리해서 설계하는 것이 가능한지는 판단이 필요하다.

　말뚝에 수평 하중이 작용했을 때 말뚝기초 플랜지의 변위가 무시할 수 있을 정도로 작으면 말뚝기초 플랜지를 핀으로 모델링할 수 있다. 이렇게 해야 상부 구조가 안정된다. 따라서 상부 구조와 하부 구조로 나눌 수 있다. 하지만 말뚝의 수평 강성이 낮은 경우에는 수평력에 의해 말뚝기초 플랜지의 변위가 커져 상부 구조는 불안정에 가까워진다. 이러한 경우에는 말뚝기초 플랜지의 수평 강성을 적절하게 평가한 모델링을 실시할 필요가 있다.

　이 경우라면 상부 구조와 하부 구조를 일체로 해서 구조 해석을 한다. 상부 구조와 하부 구조로 분리하여 구조 해석을 하는 것이라면 말뚝을 스프링으로 치환하고, 이 스프링에 지지받은 구조물로서 구조 해석한다. 이와 같이 모델링해야 하부 구조의 구조 성능을 도입하여 상부 구조를 해석할 수 있다. 따라서 말뚝의 수평 변위 수준에 따라 적절하게 모델링할 필요가 있다. 특히 말뚝의 수평 강성이 낮은 경우에는 상부 구조가 불안정에 가까우므로 주의가 필요하다. 단순히 말뚝머리를 핀으로 모델링해 버리면 말뚝기초 플랜지의 수평 변위를 무시한 것이 된다. 이 모델링은 상부 구조의 내력을 높이게 되므로 그 모델링은 상부 구조에 있어서는 바른 모델링이라고 할 수 없을 뿐 아니라 위험하다.

5.3 불안정한 구조는 해석할 수 없다

　응력 해석 소프트웨어(변위법에 의한 응력 해석, 매트릭스법이라고도 한다)로 구조 해석을 하면 구조물이 불안정한 경우에는 풀 수 없다. 소프트웨어로부터 그러한 취지의 경고가 나오므로 불안

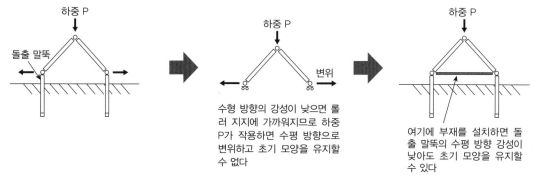

그림 56. 불안정에 가까운 구조의 예

정하다는 것을 알 수 있다. 변위법은 변위를 미지로 하고 각 자재의 변위와 강성의 관계로부터 구조물 전체의 연립방정식을 작성, 이 연립방정식을 풀어 변위를 구하는 방법이다. 구한 변위로부터 응력을 구할 수 있다.

구조물이 불안정한 경우에는 연립방정식을 풀 수 없다. 그 이유는 강성 매트릭스의 고유값이 제로가 되고, 변형이 무한대로 커지기 때문이다. 변형이 무한대가 되는, 즉 불안정이 되어 그러한 취지의 경고가 출력된다.

6 정정·부정정…단순보와 연속보를 예로 설명

6.1 정정 구조와 부정정 구조

정정(靜定) 구조란 힘의 균형으로 풀리는 구조를 말하고, 부정정(不靜定) 구조란 힘의 균형만으로는 풀리지 않고 변형을 생각해야 풀리는 구조를 말한다. 예제로 설명하면 다음과 같다. 단순보는 힘의 균형으로 풀리므로 정정 구조이다. 정정 구조가 힘의 균형으로 풀리는 것은 미지수의 수가 독립된 균형식의 수와 같기 때문이고, 부정정 구조가 힘의 균형만으로는 풀리지 않는 것은 미

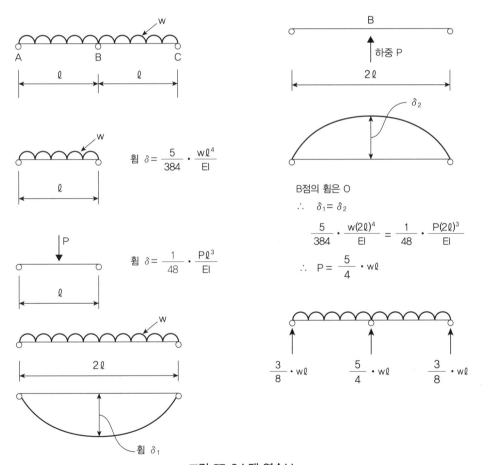

그림 57. 2스팬 연속보

지수 쪽이 독립된 힘의 균형식 수보다 많기 때문이다.

그림 57과 같이 2스팬 연속보는 힘의 균형으로는 풀리지 않으므로 부정정 구조이다. 단순보에 등분포하중이 작용했을 때와 집중하중이 작용했을 때의 휨을 알면 2스팬 연속보를 풀 수 있다. 푸는 방법은 여러 가지가 있지만 하나의 개념을 제시한다. 2스팬 연속보의 B점은 지점이므로 변위가 제로인 것을 이용한다.

2스팬 연속보를 스팬 2ℓ의 단순보라고 생각하고 단순보에 등분포하중이 작용했을 때의 휨 식을 이용해서 점 B의 휨 δ_1을 구할 수 있다. B점에 상향으로 집중하중 P를 작용시키면, 단순보에 집중하중이 작용했을 때의 휨 식을 이용하여 점 B의 휨 δ_2를 구할 수 있다. 점 B의 휨은 제로이므로 $\delta_1 = \delta_2$가 되는 것을 이용하면 하중 P를 구할 수 있다. 이 하중 P는 B점의 반력이다. 반력을 알면 미지수 1개가 줄어 힘의 균형을 통해 풀 수 있다.

이러한 개념이 성립하는 이유는 선형 범위라면 겹침의 원리를 적용할 수 있기 때문이다.

6.2 정정은 바로 깨진다–소성 힌지

응력도와 왜곡의 관계를 **그림 58**과 같이 단순화한다. σ_y는 항복점이다. 응력 왜곡 관계를 원점

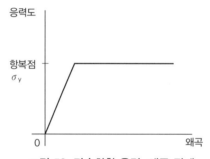

그림 58. 단순화한 응력–왜곡 관계

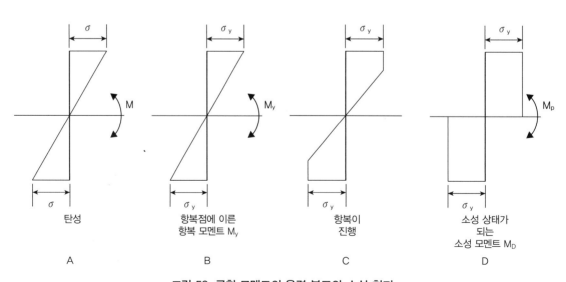

그림 59. 굽힘 모멘트의 응력 분포와 소성 힌지

108

에서 항복점까지의 직선과 항복점 이후의 직선, 2개의 직선으로 나타낸다. 항복점까지를 탄성이라고 하고 항복점 이후를 소성이라고 한다. 발생하는 응력도가 항복점에 이르면, 즉 항복하면 응력도는 일정한 상태에서 왜곡만 증가하게 된다. 하중은 일정하고 변위가 증가한다고 할 수도 있다.

부재에 작용하는 굽힘 모멘트는 인장력과 압축력의 분포로 **그림 59**와 같이 된다. 모멘트가 커지면 인장 응력도 σ_c와 압축 응력도 $\sigma_t(\sigma_c=\sigma_t)$가 커지고 이윽고 σ_y에 이른다. 모멘트가 증가해도 σ_c와 σ_t는 σ_y인 상태로 일정하다. 그 때문에 모멘트가 커지면 응력 분포는 그림 59의 A 상태에서 B, C를 거쳐 D 상태가 된다. 이 상태의 모멘트를 소성 모멘트라고 한다. 이 상태가 되면 소성 모멘트는 상승하지 않고 일정하며 회전만 진행하게 된다. 소성 모멘트를 유지한 상태에서 자유롭게 회전할 수 있는 상태가 되므로 이 상태를 소성 힌지라고 한다.

정정 구조는 안정이지만 1군데가 손상되면 불안정이 된다. 예를 들어 **그림 60**에 나타낸 캔틸레버 보(기둥)의 경우에는 근원에 소성 힌지가 생기면 불안정이 된다. 단순보의 경우에는 중앙에 소성 힌지가 생기면 불안정이 된다. 반면 부정정 구조의 경우에는 소성 힌지가 생기면 부정정 구조가 정정 구조가 되고, 다시 소성 힌지가 생겨서 불안정이 된다. 예를 들어 2스팬 연속보의 경우에는 B점에 소성 힌지가 생겨야 2개의 단순보가 된다. 다시 중앙부에 소성 힌지가 생기면 불안정이 된다.

정정 구조는 소성 힌지가 1개 생기면 불안정이 되지만, 부정정 구조의 경우에는 소성 힌지 1개로는 불안정이 되지 않는다. 이것은 허용 응력도 설계된 구조물에 설계하중을 넘는 하중이 작용했을 경우에 의미가 있다. 설계하중을 넘어 서서히 하중이 늘어나면 어느 시점에서 구조물의 가장 약한 곳이 무너지게 된다(소성 힌지가 생긴다). 이때 정정 구조물이라면 한 곳이 무너지면 즉

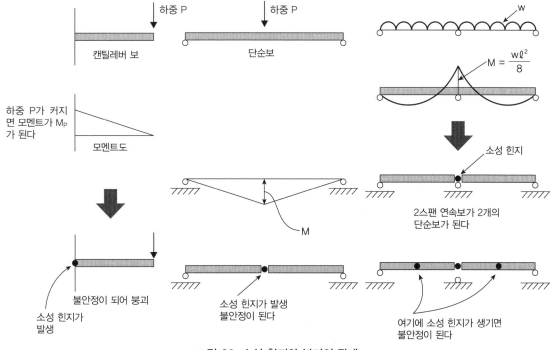

그림 60. 소성 힌지와 붕괴의 관계

시 구조물은 불안정, 즉 무너지게 된다. 하지만 부정정 구조라면 한 곳이 무너져도 정정 구조가 될 뿐 바로 무너지지는 않는다. 다시 말해 허용응력도 설계에서 같은 안전율이라도 정정 구조물에 비해 부정정 구조물 쪽이 안전성이 높다는 것이다.

여기서는 한 곳이라고 썼지만, 구조물에 따라서는 여러 곳이 무너져야 정정 구조가 된다. 이러한 곳의 수를 부정정 차수라고 한다. 허용 응력도 설계에서는 허용 응력도에 대해 같은 안전도라도 부정정 차수가 많은 쪽이 구조물이 붕괴하는 하중이 커지는 것을 의미한다.

7 트러스 구조·라멘 구조-대표적인 구조 형식

대표적인 골조 형식　라멘 구조와 트러스 구조

대표적인 골조 형식에는 라멘(Rahmen) 구조와 트러스(Truss) 구조가 있다. 태양광발전 구조물도 둘 중 하나의 구조 방식을 채택하고 있다. 라멘 구조는 기둥과 보의 접합을 굽힘 모멘트에 저항할 수 있도록 강접으로 한 구조 형식이다. 트러스 구조는 삼각을 기본으로 한 구조로 부재와 부재를 핀 접합한 것이다. 여기서 말하는 라멘 구조와 트러스 구조라는 것은 엄밀하게 정의되어 사용되기보다는 라멘 구조는 외력에 대해 굽힘 모멘트로 저항하는 구조이고, 트러스 구조는 축력으로 저항하는 구조라는 정도로 사용되는 경우가 많다. 그 때문에 지주를 마련해 수평력에 저항하는 구조는 일반적으로 브레이스 구조라고 하지만, 축력계 구조이므로 트러스 구조라고도 할 수 있다. 또한 부재와 부재가 강접이어도 축력으로 저항하는 것이 지배적이라면 트러스 구조라고 한다.

태양광발전 구조물에서는 1개 다리 구조도 볼 수 있다. 기둥의 굽힘 모멘트로 저항하는 이 형식은 라멘 구조라고 할 수 있지만, 일반적으로는 캔틸레버 기둥 구조라고 한다. 두 캔틸레버 기둥의 꼭대기를 보로 접속해 문형 모양을 하고 있어도 기둥과 보의 접속이 핀 접합이면 라멘 구조가 아니라 캔틸레버 기둥 구조가 된다.

태양광발전 구조물이 라멘 구조 혹은 브레이스 구조 중 어느 하나여야 하는 것은 아니다. 라멘 구조와 브레이스 구조를 병용한 것도 있을 수 있다. 브레이스 부착 라멘 구조가 그 예이다. 일반론으로는 외력이 같다면 라멘 구조보다 트러스 구조가 가볍다. 그 때문인지 태양광발전 구조물은 트러스 구조가 많다.

(1) 축력으로 하중을 전달하는 것이 트러스 구조

트러스 구조의 부재에 축력만 생기게 위해서는 다음과 같은 룰을 지켜야 한다.

① 부재와 부재를 핀 접합
② 부재는 편심하지 않도록 접합한다
③ 하중은 접점에 작용한다(접점은 부재와 부재가 접합하는 점)

따라서 위의 3가지 룰을 지키지 않을 경우에는, 즉

① 부재와 부재가 강접합

② 부재가 편심해서 접합되어 있다

③ 부재의 중간에 하중이 작용한다

의 경우에는 부재에 굽힘 모멘트가 생긴다.

여기서 부재가 편심하여 접합함으로써 생기는 굽힘 모멘트를 편심 굽힘 모멘트라고 하고, 부재의 중간에 하중이 작용해서 생기는 굽힘을 개재 굽힘 모멘트라고 한다.

단부를 강접으로 하면 접점이 회전함에 따라 굽힘 모멘트가 생긴다. 하지만 트러스 구조라면 축력이 지배적이기 때문에 이 모멘트를 무시하는 일이 있다. 실제 설계에서는 강접으로 해서 응력 해석을 하여 얻은 굽힘 모멘트를 무시하는 것이 아니라, 접점을 핀으로 하고 굽힘 모멘트가 생기지 않도록 모델링하여 얻은 축력에 대해 단면 산정을 한다.

왜 이러한 설계가 가능한가 하면 원래 접점에서 굽힘 모멘트에 저항하는 것을 생각하지 않았기 때문에 실제로 굽힘 모멘트가 작용하면 곧바로 휘어 항복해 버린다. 즉 소성 힌지가 된다. 소성 힌지란 핀을 말하므로 처음부터 휘어 항복한 상태를 상정하여 핀으로 모델링한 것이다.

응력 해석을 하는 경우에 트러스 구조라면 부재에는 축력밖에 생기지 않기 때문에 변형은 축 변형뿐이다. 따라서 부재의 단면 성능에 관한 데이터는 축 변형에 관계하는 단면적만으로도 좋다.

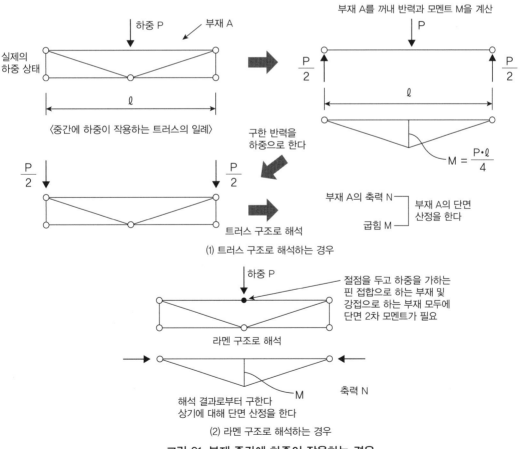

그림 61. 부재 중간에 하중이 작용하는 경우

그런데 트러스 구조라도 편심 굽힘 모멘트와 개재 굽힘 모멘트가 생기는 트러스 구조라면 부재는 축 변형뿐 아니라 굽힘 변형도 한다. 그 때문에 단면 성능에 관한 데이터는 단면적뿐 아니라 굽힘 변형에 관한 단면 2차 모멘트도 필요하다. 즉, 모양은 트러스 구조라도 부재가 축 변형과 굽힘 변형을 하므로 해석은 라멘 구조로 취급하게 된다. 라멘 구조로 해석하면 축력뿐 아니라 편심 굽힘 모멘트도 개재 굽힘 모멘트도 평가할 수 있게 되어 이들을 해석으로부터 구할 수 있다.

부재의 중간 부분에 하중이 작용하여 개재 굽힘이 발생하는 경우라도(**그림 61**) 트러스 구조로서 해석할 수도 있다. 우선 부재의 중간에 하중이 작용하는 부재를 꺼내 하중이 작용한 단순보로서 굽힘 모멘트와 지점 반력을 구한다. 이 지점 반력을 트러스의 접점에 작용하는 하중으로 평가하여 트러스 구조의 구조 해석을 한다. 이렇게 하면 부재에 작용하는 축력을 구할 수 있다. 축력과 사전에 구한 굽힘 모멘트가 작용하는 부재로서 단면 산정을 한다.

(2) 굽힘 모멘트로 하중을 전달하는 것이 라멘 구조

그림 62와 같이 브레이스 부착 라멘 구조나 편심한 가새 구조일 경우에는 부재의 접합이 핀 접합이라도 부재에 굽힘 모멘트가 작용하므로 라멘 구조로 해석하게 된다.

(3) 접합이 강접합인 트러스 구조

접합이 강접합이라도 구조물의 모양이 트러스 형식의 모양이라면, 부재에 발생하는 응력은 축력이 지배적이 되고 굽힘 모멘트는 작아진다. 그 때문에 **그림 63**과 같이 부재가 통과재라도 핀 접합의 트러스로 모델링하여 해석하는 경우가 있다. 엄밀하게는 핀 접합으로 하면 부재에 생기는 응력은 축력만으로는 굽힘 모멘트가 나오지 않지만, 통과재로 하면 축력 이외에 약간의 굽힘 모멘트가 발생하기 때문에 핀 접합 트러스로 모델링하는 것은 이 굽힘 모멘트를 무시한 것이 된다.

앞의 경우는 어느 쪽 모델링가 올바르다고 말하는 것이 아니다. 양쪽 모두 개념은 성립한다. 통

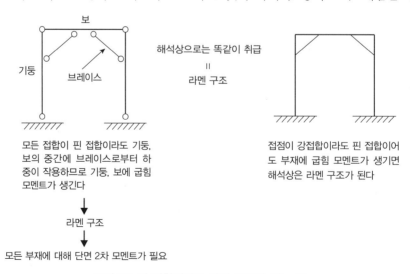

그림 62. 핀 접합이라도 라멘 구조가 되는 예

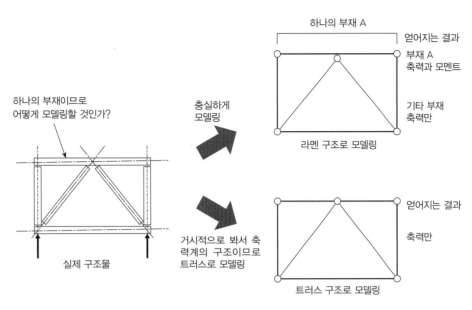

그림 63. 강접 트러스 구조의 모델링

과재의 굽힘 모멘트가 작다는 것을 증명하기 위해서는 라멘 구조로 모델링할 필요가 있다. 그 결과 무시할 수 있을 정도로 작다는 것이 확인되면, 그 이후는 핀 접합 트러스 구조와 모델링의 정당성을 주장할 수 있게 된다.

구조물의 모델링는 어디까지나 모델링이며, 엄밀하게 바른 모델링는 불가능하다고 생각하는 것이 타당하다. 엄밀하면 엄밀할수록 올바른 결과를 얻을 수 있다고 한정할 수 없는 경우도 있으므로 하중의 평가, 단면 산정 시의 여유도 등도 감안하여 구조물 전체의 균형 속에서 구조 설계자의 적절한 판단이 필요하다.

(4) 부재의 접합

그림 64와 같이 접합은 부재와 부재를 접합하는 패턴과 하나의 부재로 만들기 위해 접합하는 패턴, 2가지가 있다.

어느 패턴이든 축력을 전달하는 경우, 굽힘 모멘트를 전달하는 경우, 축력과 굽힘 모멘트를 전

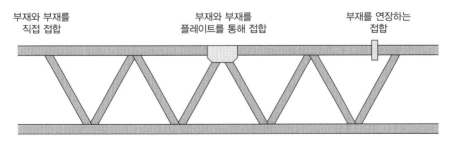

그림 64. 접합의 패턴

달하는 경우가 있다. 굽힘 모멘트가 작용하는 경우는 그 경사인 전단력도 작용한다.

우선 축력이 작용하는 경우에 대해서 생각해 보자. 부재와 부재가 접합되는 경우라면 볼트는 1개든 2개든 필요한 개수를 배치하면 축력을 전달할 수 있다. 다음으로는 본래 하나의 부재이나 중간에 접합이 있는 경우를 생각해 보자. 중간 접합부의 볼트 개수는 계산 결과가 1개로 나와도 2개 이상으로 할 필요가 있다. 그 이유는 **그림 65**과 같이 부재의 양단 볼트가 1개, 중간도 1개이면 1개의 부재에 3개의 핀이 존재하게 되어 불안정한 부재가 되기 때문이다.

이를 피하기 위해서는 뒤에서 설명하는 굽힘이 전해지는 접합 방법으로 할 필요가 있다. 구체적으로는 2개 이상의 볼트로 접합한다. 중간 볼트가 1개일 경우 압축력이 작용하면 부재가 '<' 모양으로 변형된다. 이 변형을 구속하기 위해서는 굽힘 모멘트에 저항하는 접합부일 필요가 있기 때문이다.

(5) 굽힘이 전해지는 접합 방법

굽힘 모멘트를 전하는 접합은 볼트 접합이면 볼트 2개 이상의 접합이 된다. 이 이유는 볼트 하나로는 그 부분에 굽힘 모멘트가 작용하면 회전해 버려 굽힘 모멘트에 저항할 수 없기 때문이다. 2개라면 그림 65과 같이 굽힘 모멘트에 저항할 수 있다.

(6) 볼트의 마찰력을 이용한 접합

태양광발전 구조물에서는 **그림 66**과 같이 알루미늄 형재의 T홈에 볼트를 배치하고, 접합하는 부재를 너트로 조이는 실시 예가 있다. 이 부분의 구조 설계는 T홈에 직교 방향으로 하중이 작용한 경우에는 하중을 T홈에서 받고, T홈에 평행 방향으로 하중이 작용한 경우에는 알루미늄 형재를 볼트로 조여야 알루미늄 형재 사이에 마찰력이 생겨 그 마찰력으로 하중에 저항한다고 생각할 수 있다. 이 경우 볼트의 기능은 T홈에 직교 방향과 수평 방향에서는 달라진다. 직교 방향은 전단력에 저항하는 볼트이므로 일반적인 사용이다. 하지만 평행 방향은 마찰력을 발생시키기 위한 볼트이다. 필요한 마찰력을 발생시키기 위해서는 식 (16)의 관계에서 볼트에는 소정의 장력이 필요하

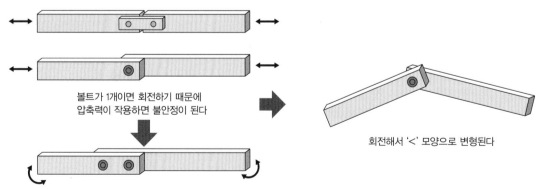

그림 65. 중간부의 접합 '<' 모양의 변형

114

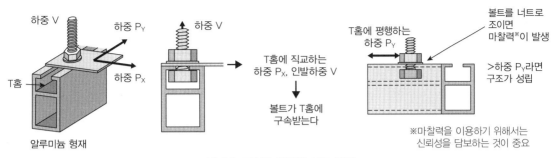

그림 66. T홈을 이용한 볼트 접합

다. 이 장력은 볼트를 조여야 생긴다.

마찰력=마찰계수(건축에서는 미끄러짐 계수라고 한다)×볼트의 축력(장력)   식 (16)

볼트에 마찰력을 기대하는 개념은 건축기준법에 따른 공작물에서는 성립하지 않는다. 이유는 볼트는 인장 볼트, 또는 전단 볼트의 사용으로 한정되어 있어 마찰력을 기대하는 볼트로서의 사용은 상정되어 있지 않다. 그 때문에 마찰을 발생시키는 볼트로 사용할 경우의 허용 응력도 규정이 없다. 따라서 구조를 계산할 수 없게 돼 볼트에 마찰을 기대하는 사용은 불가능하게 된다. 그 때문에 마찰을 기대할 경우에는 국토교통성 대신의 인정을 받은 고력 볼트를 사용하게 된다.

하지만 태양광발전 구조물는 건축기준법의 적용 대상이 아니므로 원리적으로는 마찰을 기대하는 볼트의 사용도 가능할 것으로 보인다. 이 경우는 공식화된 마찰을 기대하는 볼트의 구조 성능을 평가하는 방법이 존재하지 않으므로 고력 볼트의 성능 평가 기준을 참고로 하는 것을 생각할 수 있다. 볼트의 성능이 담보되기 위해서는 볼트의 결속 토크, 리덕제이션의 평가, 온도에 의한 의존성, 편차, 풀리지 않는다는 실증 등이 필요하다.

8 변위와 응력…FEM 해석을 전제로 하중과 변위의 관계를 설명

8.1 평면 골조 부재의 변위와 응력

구조 계산 체계는 평면 골조를 전제로 성립한다. 그 때문에 트러스 구조든 라멘 구조든 입체인 구조물을 평면 골조로 분해하는 것을 생각해볼 수 있다. 따라서 평면 골조로 분해할 수 없는 경우에 입체 골조로 취급하게 된다.

모두 핀 접합에서 부재 중간에 하중이 작용하지 않는 트러스 구조라면 부재는 축 변형뿐이므로 FEM 해석의 미지수는 각 절점의 X 방향 변위 δ_x와 Y 방향 변위 δ_y, 2개가 된다. 또한 변형은 축 강성뿐이므로 필요한 정보는 단면적 A와 영률 E뿐이다.

해석으로 구한 변위를 이용해 **그림 67**과 같이 부재의 축력을 구할 수 있다.

라멘 구조라면 **그림 68**과 같이 부재가 휘어 변형되므로 절점 회전이 필요하고, 미지수는 X 방향의 변위 δ_x, Y 방향의 변위 δ_y와 절점 회전 θ, 3가지다. 이 2가지 변위와 1개의 회전으로 부재

115

의 축력, 전단력 및 굽힘 모멘트를 구할 수 있다.

축 변형은 트러스 구조와 같다. 굽힘 변형은 굽힘 강성 EI에 역비례한다. 따라서 필요한 정보는 단면적 A, 단면 2차 모멘트 I 및 영률 E가 된다. 부재에 전단 변형도 고려한다면 전단탄성계수 G가 필요하다.

8.2 입체 골조 부재의 변위와 응력

트러스 부재가 평면으로 배치된 것이 평면 트러스이고, 3차원 공간에 입체적으로 배치되는 것이 입체 트러스이다. 평면 트러스건 입체 트러스건 부재는 축 변형할 뿐이므로 기본은 다르지 않다.

입체 트러스는 3차원 공간에서 부재가 신축하므로 각 절점의 미지수는 평면의 변위 X 방향 변위 δ_x, Y 방향 변위 δ_y에 Z방향 변위 δ_z가 추가된다.

입체 라멘 구조의 경우에는 각 절점의 미지수가 **그림 69**과 같이 X, Y, Z 방향의 변위 δ_x, δ_y, δ_z와 X, Y, Z축 회전 θ_x, θ_y, θ_z의 6개가 된다. 이들 변위로 구할 수 있는 응력은 그림 69와 같이 변위의 수에 대응하여 6개가 된다. 축력, 2방향의 전단력, 2방향의 굽힘 모멘트 및 비틀림이다.

보 A, 보 B와 기둥의 응력 관계는 다음과 같다. Z축 회전의 회전 θ_z는 보 A의 강축 회전의 굽힘이 되고 보 B의 비틀림이 된다. 기둥에는 X 방향에서 수평력이 작용한 것 같은 굽힘이 된다. X축 회전의 회전 θ_x는 보 B의 강축 회전의 굽힘이 되고 보 A의 비틀림이 된다. 기둥에는 Z방향에서 수평력이 작용한 것 같은 굽힘이 된다. Y축 회전의 회전 θ_y는 기둥의 비틀림이 되고 보 A, 보 B의

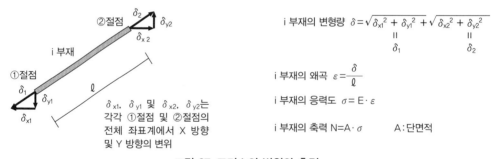

i 부재의 변형량 $\delta = \sqrt{\delta_{x1}^2 + \delta_{y1}^2} + \sqrt{\delta_{x2}^2 + \delta_{y2}^2}$

$\qquad\qquad\qquad \| \qquad\qquad\qquad \|$

$\qquad\qquad\qquad \delta_1 \qquad\qquad\qquad \delta_2$

i 부재의 왜곡 $\varepsilon = \dfrac{\delta}{\ell}$

i 부재의 응력도 $\sigma = E \cdot \varepsilon$

i 부재의 축력 $N = A \cdot \sigma$ $\qquad$ A : 단면적

δ_{x1}, δ_{y1} 및 δ_{x2}, δ_{y2}는 각각 ①절점 및 ②절점의 전체 좌표계에서 X 방향 및 Y 방향의 변위

그림 67. 트러스의 변위와 축력

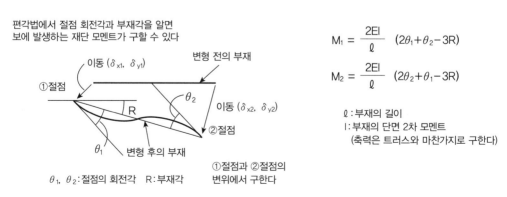

편각법에서 절점 회전각과 부재각을 알면 보에 발생하는 재단 모멘트가 구할 수 있다

$M_1 = \dfrac{2EI}{\ell}(2\theta_1 + \theta_2 - 3R)$

$M_2 = \dfrac{2EI}{\ell}(2\theta_2 + \theta_1 - 3R)$

ℓ : 부재의 길이
I : 부재의 단면 2차 모멘트
(축력은 트러스와 마찬가지로 구한다)

θ_1, θ_2 : 절점의 회전각 $\quad$ R : 부재각

①절점과 ②절점의 변위에서 구한다

그림 68. 라멘 부재의 변위와 응력

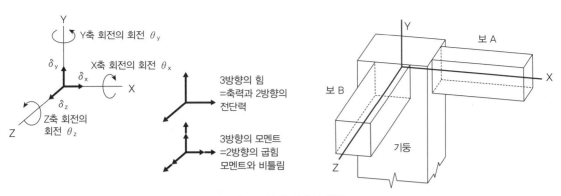

그림 69. 입체 라멘의 변위

약축 굽힘이 된다.

　보통의 구조 계산은 평면 라멘을 전제로 하기 때문에 입체 라멘에서 얻어지는 응력은 평면 라멘에서 얻어지는 응력보다 수가 많아 평면 라멘을 전제로 한 단면 산정과 잘 어울리지 않는다. 그 때문에 일반적인 구조 계산에서는 건축 구조물의 실태는 입체 라멘 구조이지만 취급하기 번거롭기 때문에 입체가 아니라 X 방향 라멘과 Y 방향 라멘의 조합으로 생각한다. 이렇게 생각한 모델을 의사 입체 모델이라고 한다. 이렇게 생각함으로써 입체 라멘을 X 방향과 Y 방향의 평면 라멘으로 취급할 수 있다.

　입체 라멘과 평면 라멘이 크게 다른 점은 부재에 비틀림이 생긴다는 것이다. 이에 따라 입체 라멘으로 얻을 수 있는 보의 모멘트는 평면 라멘으로 얻을 수 있는 보의 모멘트보다 직교하는 보의 비틀림 모멘트만큼 줄어든다. 이것을 피하기 위해 입체가 아니라 의사 입체로 해석하는 것인데, 입체 라멘에서도 보의 비틀림 강성을 제로로 하면 비틀림 모멘트가 생기지 않으므로 의사 입체와 같은 결과를 얻을 수 있다. 다만 비틀림 강성을 제로로 해서 구조가 불안정이 되지 않도록 부재의 회전을 구속할 필요가 있다.

8.3 보와 기둥의 차이

　일반적으로는 연직으로 세워져 있는 부재를 기둥이라고 하고 수평으로 되어 있는 부재를 보라고 한다. 하지만 구조 설계에서는 이 정의라면 적합하지 않은 상황이 생긴다. 예를 들어 부재는 연직이든 수평이든 어느 한쪽이어야 하는 것은 아니다. 비스듬해도 상관없다. 때문에 연직으로 세운 기둥이 점점 기울어지다가 마침내 수평이 되었다면 기둥이 서서히 보가 된다. 구조 설계에서는 부재가 연직인지 수평인지가 아니라 축력이 작용하는지 아닌지로 판단한다. 축력이 작용하는 부재를 압축재라고 하고, 특히 바닥하중을 지지하는 부재를 기둥이라고 한다. 이에 대해 축력이 작용하지 않는 부재를 보라고 한다.

　기둥이 아닌 압축재란 예를 들면 **그림 70**과 같은 가새(연직 브레이스)의 반력을 받는 틀재가 있다. 또한 수평력을 전달하는 보도 압축력을 받는다. 따라서 축력을 받는 것이 기둥이고 축력을 받지 않는 것이 보라고 설명했지만, 외관상으로 말을 애매하게 구분해 쓰는 것이 현실이라고 할 수 있다.

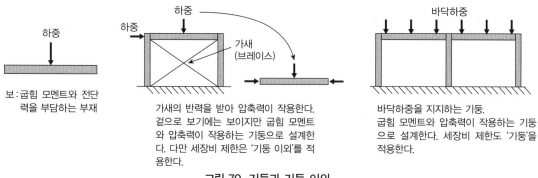

보 : 굽힘 모멘트와 전단
력을 부담하는 부재

가새의 반력을 받아 압축력이 작용한다.
겉으로 보기에는 보이지만 굽힘 모멘트
와 압축력이 작용하는 기둥으로 설계한
다. 다만 세장비 제한은 '기둥 이외'를 적
용한다.

바닥하중을 지지하는 기둥.
굽힘 모멘트와 압축력이 작용하는 기둥
으로 설계한다. 세장비 제한도 '기둥'을
적용한다.

그림 70. 기둥과 기둥 이외

건축기준법 동 시행령에서는 고정하중을 지지하고 있는가 그렇지 않은가로 압축재를 분류한다. 건축이라면 고정하중을 지지하는 기둥이 무너지면 바닥이 낙하하는 것을 의미하므로 위에 있는 사람이나 아래에 있는 사람이 피해를 보게 된다. 그 때문에 바닥하중을 지지하는 기둥의 안전율이 바닥하중을 지지하지 않는 압축재에 비해 크다.

9 기둥(압축재)의 좌굴이란?

압축재는 건축기준법 동 시행령에서 세장비 제한이 정해져 있다. 때문에 강구조 설계 규준, 알루미늄 건축 구조 설계 규준에서도 마찬가지 제한이 있다. 캔틸레버 기둥의 경우는 좌굴 길이가 기둥 길이의 2배가 되므로 응력적으로는 여유가 있는데도 이 세장비 제한을 만족시키기 위해 단면을 크게 해야 하는 경우가 생긴다. 건축기준법에 따르는 공작물의 경우는 선택의 여지가 없지만 태양광발전 구조물의 경우는 건축기준법에 따를 필요가 없기 때문에 다른 선택지가 있을 수 있다. 이미 설명한 바와 같이 일본에서는 압축재를 설계할 때 세장비 제한의 개념이 채택되고 있지만 해외에서는 좌굴을 편심 굽힘으로 평가하는 개념이 채택되고 있다. 이 개념이라면 응력도가 허용 응력도를 충족시키면 세장비 제한을 받지 않고 설계를 할 수 있다. 따라서 관계자의 양해를 얻을 수 있다면, 이 개념을 채택함으로써 축력을 상대적으로 작게 하여 설계를 합리적으로 할 수도 있다.

10 국부 좌굴이란?

판의 압축에 의한 좌굴

판도 압축력을 받으면 좌굴된다. 좌굴에 관한 긴기둥(장주)과 판의 차이는 지지 상태의 차이이다. 장주는 양단부가 지지를 받는 데 반해, 판의 경우는 판의 주변이 지지를 받는다. **그림 71**과 같이 편측이 지지를 받는 상태를 1연 지지라고 하며 양쪽을 지지를 받는 상태를 2연 지지라고 한다. 단면이 H형이면 플랜지는 1연 지지이고, 웨브는 2연 지지이다. 각형 강관의 경우는 플랜지, 웨브 모두 2연 지지이다.

판의 좌굴하중 σ_{cr}은 식 (17)로 구할 수 있다. 판의 좌굴하중은 판의 지지 조건과 폭 두께비로 구할 수 있다. 지지 조건은 장주의 지지 조건에 상당하고, 폭 두께비는 좌굴 길이에 상당한다. 폭 두께비가 커지면 좌굴하중은 저하하고 작아지면 증대한다. 하지만 좌굴 응력도가 항복점을 넘어 증대하는 일은 없다.

$$\sigma_{cr}=k \cdot \pi^2 E/12 \cdot (1-\nu^2) \times (t/b)^2 \qquad\qquad 식\ (17)$$

여기서

k : 좌굴계수 하중 조건과 지지 조건으로 정해지는 계수

t : 판두께

b : 판폭

t/b : 폭 두께비

또한 관의 경우에는 폭 두께비는 존재하지 않으므로 지름 두께비가 된다. 지름은 관의 외경이고 두께는 관의 판두께이다.

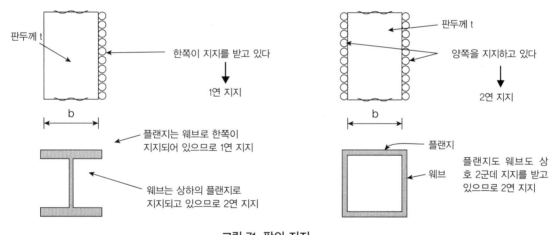

그림 71. 판의 지지

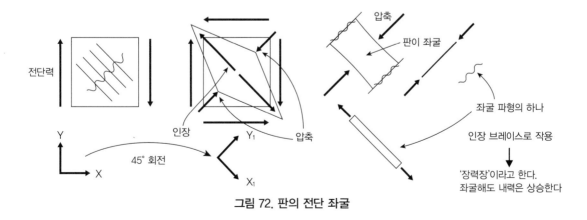

그림 72. 판의 전단 좌굴

119

(1) 판의 전단에 의한 좌굴

판은 전단력을 받아도 좌굴을 한다. 좌굴의 모양은 **그림 72**와 같다. 좌표를 45도 회전하면 왜 좌굴하는지 이해하기 쉽다. 판에 전단이 작용하면 정사각형 판이 마름모꼴로 변형된다. 좌표를 45도 회전한 좌표를 X_1, Y_1으로 한다. X_1 방향은 원래의 길이로부터 늘어나 있으므로 인장력이 작용하고 Y_1 방향은 원래의 길이에서 줄어들어 있으므로 압축력이 작용한 것을 알 수 있다. Y_1 방향으로 압축이 작용했으므로 Y_1 방향으로 물결 모양으로 좌굴하게 된다.

Y_1 방향은 좌굴하고 X_1 방향은 인장력이 작용하는 상태이다. 이 인장력이 작용하는 상태를 장력장이라고 한다. 인장의 가새에 인장력이 작용하는 것과 같은 상황이다. 따라서 전단 좌굴을 하면 급격하게 내력이 저하하지 않고, 좌굴을 하면 장력장이 형성되어 안정된 상태를 유지할 수 있다.

(2) 판의 보강

장주의 경우는 좌굴하중을 올리기 위해 중간에 보강을 두어 좌굴 길이를 짧게 한다. 이와 마찬가지로 판의 경우에는 폭 두께비를 줄이기 위해 **그림 73**과 같이 보강을 둔다. 강재의 경우라면 '경강 구조 설계 시공 지침·동 해설'(일본건축학회)에 기재되어 있고, 보강의 단면 2차 모멘트 lmin을 식 (18)로 하여 보강 위치를 지지단으로 할 수 있다. 때문에 폭 두께비를 작게 할 수 있다.

$$Imin = 1.9t^2 \sqrt{(b/t)^2 - 150} \geqq 8.3t^4 \qquad\qquad 식\ (18)$$

11 국부 좌굴에 대한 강재와 알루미늄 규준 개념의 차이

허용 압축 응력도를 구할 때 강재와 알루미늄에서 국부 좌굴에 대한 개념이 다르므로 설명한다. 강재의 허용 압축 응력도는 세장비가 정해지면 구할 수 있다. 이에 반해 알루미늄의 경우는 세장비로 구하는 허용 압축 응력도와 국부 좌굴로 구하는 허용 압축 응력도를 비교하여 작은 쪽을 채택한다.

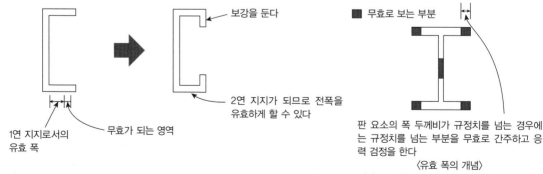

그림 73. 판의 보강과 유효 폭

이 차이는 강재는 항복 응력도(기준 강도)가 작용해도 국부 좌굴이 발생하지 않도록 폭 두께비 제한을 두는 데 반해 알루미늄은 폭 두께비 제한을 두지 않는 데서 생긴다.

상자형과 H형과 같은 판으로 구성된 단면의 기둥이라면 기둥에 압축력이 작용했을 때 장주의 좌굴과 국부 좌굴 가능성이 있다. 어느 쪽이 선행하는지는 장주의 좌굴하중과 국부 좌굴하중의 대소 관계로 결정된다. 장주의 좌굴하중보다 국부 좌굴하중 쪽이 크면 장주의 좌굴로 기둥의 압축 내력이 결정되게 된다. 이때 장주의 좌굴 응력도는 항복 응력도(기준 강도 F)를 넘지 않으므로 항복 응력도에 대해 국부 좌굴이 생기지 않도록 폭 두께비 제한을 두면 반드시 장주의 좌굴이 선행하게 된다.

한편 알루미늄은 폭 두께비 제한을 두지 않기 때문에 국부 좌굴을 허용한다. 때문에 장주의 좌굴에 대한 허용 압축 응력도와 국부 좌굴에 대한 허용 압축 응력도를 비교하여 작은 쪽을 채택한다. 허용 압축 응력도가 작은 쪽이 먼저 생기는 좌굴이다.

경량 형강의 경우에는 판두께가 얇기 때문에 폭 두께비 제한을 충족하지 않는 일이 많다. 이 경우는 유효 폭이라는 개념을 채택한다. 그림 73과 같이 폭 두께비 제한을 충족하는 부분을 유효하다고 보는 개념이다. 이외의 부분을 무효로 하여 단면 성능을 구하고 그 수치로 단면을 산정한다. 다만 보의 휨을 계산할 경우에는 전단면 유효로 한 단면 2차 모멘트를 사용해도 좋은 것으로 되어 있다.

또한 알루미늄의 경우는 국부 좌굴을 평가하는 개념을 채택하고 유효 폭의 개념은 채택하지 않았다.

12 보의 횡좌굴

가늘고 긴 부재에 압축력이 작용하면 좌굴하므로 H형의 보도 좌굴한다. **그림 74**와 같이 보에

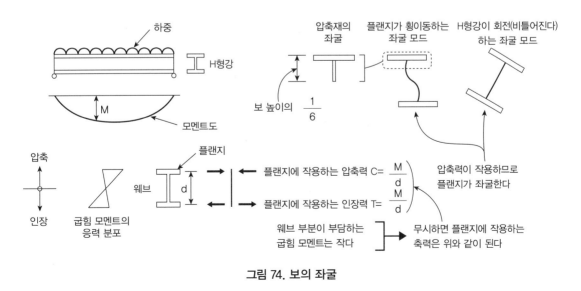

그림 74. 보의 좌굴

굽힘 모멘트가 작용하면 보에 압축력과 인장력이 작용한다. 보 단면의 절반은 전단면 압축이므로 그 부분이 좌굴한다.

좌굴하는 모양에는 2가지가 있다. 하나는 플랜지가 장주처럼 좌굴하는 패턴이다. 플랜지는 웨브에서 상하 방향의 좌굴이 구속되므로 수평 방향으로 좌굴한다. 또 하나는 H형의 단면이 비틀리도록 좌굴하는 패턴이다. 때문에 보의 좌굴을 고려한 허용 응력도를 2가지 구할 수 있다. 양자를 비교해서 큰 것이 허용 굽힘 응력도가 된다.

굽힘 모멘트에 의한 좌굴도 장주의 좌굴과 마찬가지로 좌굴 길이가 길어지면 좌굴하중이 저하된다.

따라서 좌굴하중을 높게 하기 위해서는 좌굴막이가 필요하다(**그림 75**). 좌굴은 압축을 받는 플랜지에서 생기므로 압축 측의 플랜지를 구속한다.

강재의 경우는 폭 두께비 제한이 있기 때문에 국부 좌굴을 고려할 필요가 없지만, 알루미늄의 경우는 폭 두께비 제한이 없기 때문에 국부 좌굴에 의한 허용 응력도를 구하고 허용 굽힘 응력도와 비교하여 작은 쪽을 채택할 필요가 있다. 이것은 허용 압축 응력도를 구할 때와 같다.

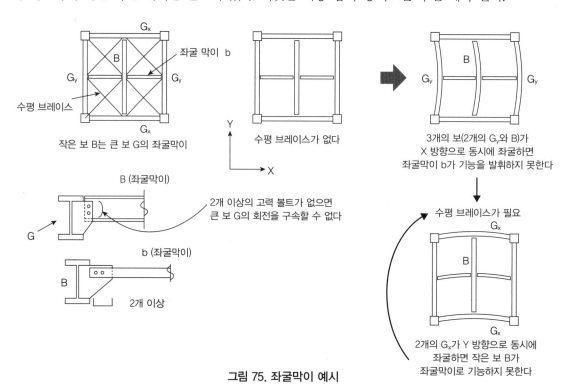

그림 75. 좌굴막이 예시

구조 계산의 기본

1 구조 계산의 흐름

태양광발전 구조물는 허용 응력도 설계를 하므로 구조 계산의 흐름은 대체로 **그림 76**과 같다. 허용 응력도 설계에 의한 구조 계산은 구해진 외력에 대해 가정한 부재에 생기는 응력도가 허용 응력도 이내에 들어오는지를 확인하는 작업이다. 아울러 외력에 의해 생기는 변형이 허용 변형 내에 들어오는지도 확인한다.

우선 어떤 방침으로 어떻게 구조 계산을 하는지 제시한다. 구조 계산은 준거하는 근거 기준을 고지하고 이를 만족하도록 실시한다. 이 고지는 말할 필요도 없지만 자의적으로 구조 설계자가 결정한 것이 아니라 타당한 것이어야 한다.

또한 선언에 따라서 구조 계산을 실행해야 한다. 건축이나 공작물이라면 건축기준법에 따른다. 하지만 건축기준법·동 시행령만으로는 구조 계산을 할 수 없기 때문에 필요에 따라 일본건축학회의 강구조 설계 규준과 알루미늄건축구조협회의 알루미늄 건축 구조 설계 규준 등의 각종 설계 규준에 따를 것을 선언한다.

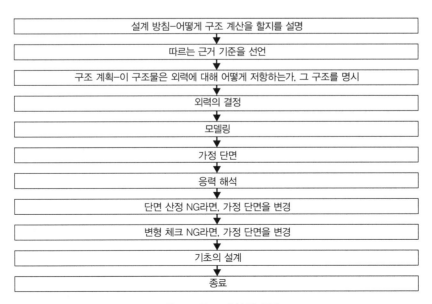

그림 76. 구조 계산의 흐름

태양광발전 구조물은 건축기준법의 적용을 받는 공작물이 아니므로 건축기준법에 따를 필요가 없다. 태양전지 발전 설비에 관한 전기설비의 기술 기준 해석 개정에 대해(2018년 3월 12일 경제산업성 산업보안그룹 전력안전과)가 있다. 여기에 JIS C 8955에 따라야 할 것이 제시되어 있다. 본문에 정해 놓은 것은 하중뿐이나 서문에 '건축기준법의 확인을 권장한다'고 기재되어 있으므로 건축기준법을 존중하여 구조 계산을 하게 된다.

존중의 의미가 건축기준법을 만족한다는 의미라면 당연히 건축기준법을 만족해야 한다. 존중의 의미가 완전히 만족할 필요는 없지만 되도록이면 만족한다는 의미의 경우라면 판단이 필요하다. 일부 건축기준법에 만족하지 못하는 부분이 있을 때 어떻게 생각하느냐가 문제가 된다. 이 경우 구조 설계자는 건축기준법이 요구하고 있는 내용을 이해하고 그 내용을 실질적으로 만족하고 있음을 구조 해석이나 실험, 혹은 과거 연구나 참고도서를 통해 증명한다. 단, 작성한 구조계산서를 심사 기관에서 심사하는 경우에는 해당 기관의 자체 기준이 있으므로 사전에 판단 기준을 확인하는 것이 중요하다.

2 구조 계획-하중의 전달을 생각한다

구조 계산을 하기 전에 외력이 어디에 작용하고 작용한 외력이 어떤 경로로 기초까지 흐르는지를 계획한다. 이것은 외력에 대해 어떻게 저항하는지를 생각하는 것이기도 하다.

자중이나 설하중은 하나이므로 이들 하중에 대해 힘이 흐르는 방식을 생각하면 된다. 하지만 풍하중과 지진하중은 360도 어느 방향으로나 작용하므로 어느 방향에 대해서나 구조물이 안전하도록 생각한다. 보통은 직교하는 X 방향과 Y 방향의 2방향에 대해 각각 양음의 하중을 검토하여 360도 모든 방향에 대해 안전하다는 것을 검증한다.

하지만 구조물의 모양에 따라서는 45도 방향이 임계 하중이 되는 경우도 있으므로 주의해야 한다. 또한 임의 방향의 하중은 X 방향과 Y 방향의 하중으로 분해할 수 있으므로 앞서 말한 X 방향과 Y 방향의 양음 하중을 기본으로 생각하고, 이들을 조합하여 360도 방향의 검증을 할 수도 있다. 다만 풍하중의 경우에는 각도가 바뀌는 것에 의한 풍력계수의 변화 유무에 주의할 필요가 있다.

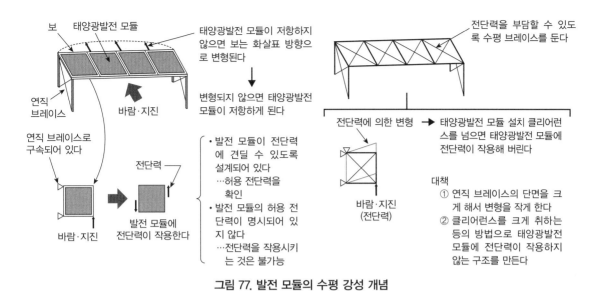

그림 77. 발전 모듈의 수평 강성 개념

수평 브레이스

태양광발전 구조물의 평면 모양을 유지하기 위해 혹은 수평하중을 연직 브레이스에 전달하기 위해 수평 브레이스를 설치하는 경우가 있다. 이때 태양광발전 모듈의 면내 강성을 이용하여 수평 브레이스 대신에 사용할 수 있다. 이때의 문제점은 다음과 같다. 태양광발전 모듈을 수평 브레이스 대신에 사용하면 **그림 77**과 같이 전단력이 작용하게 된다. 태양광발전 모듈의 제조사가 수평 브레이스 대신 사용하는 것을 상정하여 허용 전단력을 제시해 주는 경우라면 그 제시된 허용 전단력 이내에서 사용하면 문제가 없지만, 제조사가 상정하지 않은 경우는 원리적으로 설계자가 허용 전단 내력을 설정하고 보증하게 된다. 이것이 가능한지가 문제가 된다.

이와 같은 문제를 해결했다고 해도 설치하는 부재에 T홈이 있는 알루미늄 형재를 사용하는 경우라면 고정 볼트의 사용이 알루미늄 형재를 관통하는 사양이 아니기 때문에 마찰접합적으로 사용한 볼트의 허용 전단력을 어떻게 결정하고 보증하느냐가 문제가 된다.

수평 브레이스를 설치한 경우라도 수평 브레이스의 면내 강성이 태양광발전 모듈의 면내 강성보다 작으면 하중이 작용했을 때에 수평 브레이스가 변형되어 결국 태양광발전 모듈에 수평력이 작용하게 된다. 이로 인해 발생하는 문제를 피하기 위해서는 태양광발전 모듈의 면내 강성을 파악하거나 혹은 태양광발전 모듈에 수평력이 작용하지 않도록 하는 등의 조치가 필요하다.

3 FEM 해석-구조 모델과 경계 조건

구조 설계자가 작성한 구조 계획의 의도를 반영할 수 있는 구조 모델을 설정한다. 외력에 대해 입체적으로 저항한다면 입체적인 모델링이 필요하고, X 방향, Y 방향의 평면 프레임으로 저항한다면 각 방향의 평면 프레임으로 모델링한다. 또한 부재의 편심 유무와 그 평가, 부재접합의 강성 평가, 경계조건 등 세부 모델을 결정한다.

하지만 이 모델링이 실정을 반영한 완전하고 바른 모델링인 경우는 드물다. 예를 들면 보통 볼트의 클리어런스는 모델링되이 것이 아니고 핀이나 강의 모델링도 완전하게 핀, 완전하게 강인 것도 없다. 접합부를 스프링으로 평가하면 맞을 듯하다. 실험을 해보면 분명하지만 스프링상수도 응력에 의존하고 명확하게 스프링상수가 구해지는 일은 드물다(**그림 78**).

이상과 같이 태양광발전 구조물의 구조가 정해지면 자동으로 구조 모델이 결정되는 것이 아니라, 구조 설계자가 공학적 판단에 기초하여 결정한다. 해석 모델과 하중이 결정되면 다음은 순서대로 구조 계산을 하면 결과를 얻을 수 있다. 그러므로 해석 모델을 어떻게 하느냐가 중요하다.

태양광발전 구조물의 구조로서 **그림 79**에 나타낸 5가지 유형을 생각해 본다.

앞서 언급한 것처럼 태양광발전 구조물을 모델링할 때 상부 구조와 하부 구조를 일체로 해서 모델링하는 경우가 있고, 상부 구조와 하부 구조를 분리하여 모델링하는 경우가 있다. 분리해서 모델링하는 경우는 개념적으로 일체로 해서 모델링한 경우와 등가가 되도록 상부 구조와 하부 구조를 모델링하는 경우와 상부 구조를 안전하게 설계할 수 있는 모델링, 하부 구조를 안전하게 설계할 수 있는 모델링로 하는 경우의 2가지가 있다.

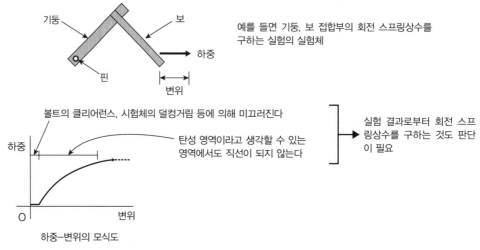

그림 78. 굽힘 스프링상수를 구하는 실험 결과의 예

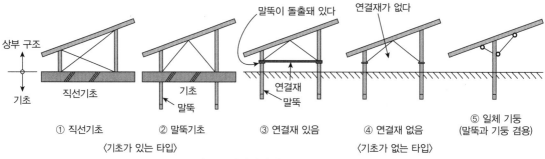

그림 79. 태양광발전 구조물의 구조 예

①과 ②의 경우는 상부 구조와 기초를 분리해서 생각하는 것이 일반적이다. 상부 구조만을 모델링하여 상부 구조의 반력을 기초에 작용하는 하중으로 해서 기초와 말뚝을 설계한다.

③과 ④의 경우는 말뚝이 지표에서 돌출되어 있다. 이 경우는 해석하는 방법을 2가지로 생각할 수 있다. 하나는 말뚝과 상부 구조를 일체로 해서 해석하는 방법이고, 또 하나는 ①과 마찬가지로 상부 구조와 말뚝을 나누어 해석하는 방법이다. 어느 경우든 말뚝의 수평 스프링을 어떻게 결정할지가 주제가 된다. 말뚝의 수평 재하시험 결과가 있으면 시험 결과에 맞도록 수평 스프링을 정한다. 건축에서 사용하는 말뚝이라면 시추(보링) 데이터를 이용하여 말뚝의 수평 스프링상수를 추정하는 공식화된 방법이 있다. 하지만 태양광발전 구조물 기초에 사용하는 짧은 말뚝에 대해서는 그 방법이 존재하지 않는다. 이러한 점에서 말뚝의 수평 재하시험을 실시하지 않을 경우에는 말뚝의 수평 스프링상수를 추정하기가 어렵다.

말뚝의 수평 스프링을 알면 상부 구조와 말뚝을 분리해 해석할 수 있다. 말뚝을 수평 스프링으로 치환하여 **그림 80**과 같이 상부 구조가 수평 스프링에 지지되게끔 모델로 만든다. 해석으로 얻어진 수평 스프링의 반력을 말뚝 기둥머리에 재하하면 말뚝의 응력도 구할 수 있다. 말뚝 연직 방향의 변위도 문제가 된다면 연직 방향도 수평 방향과 마찬가지로 말뚝의 연직 스프링을 평가하여

그림 80. 상부 구조와 하부 구조로 분리하는 모델링

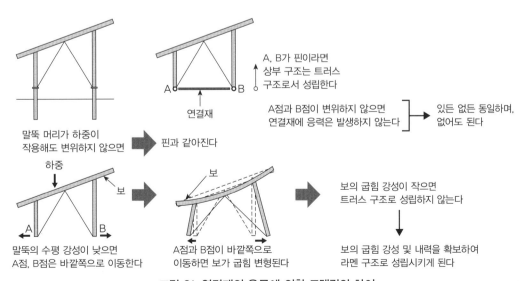

그림 81. 연결재의 유무에 의한 모델링의 차이

말뚝의 침하량과 반력을 구할 수 있다.

패턴 ③과 ④의 차이는 연결재가 있느냐 없느냐다. 연결재가 있든 없든 앞서 말한 모델링을 실시하면 해석할 수 있다. 하지만 말뚝의 수평 저항이 작은 경우에는 연결재의 유무가 상부 구조에 큰 영향을 준다. 말뚝의 수평 강성이 매우 크고 수평력이 작용해도 말뚝 머리의 변위가 제로라면 상부 구조만을 모델링해도 **그림 81**과 같이 되고 트러스 구조가 성립한다.

하지만 말뚝의 수평 강성이 약하면 상부 구조에 연직 하중이 작용했을 때에 말뚝은 양 바깥쪽으로 수평 변위를 일으켜 보에 굽힘 모멘트가 발생한다. 보의 굽힘 강성이 작으면 보의 굽힘 변형은 커지고 굽힘 강성이 크면 굽힘 변형은 작아진다. 따라서 보의 굽힘 강성이 말뚝의 수평 변위에 관계하게 된다. 즉 말뚝의 수평 강성이 낮으면 트러스 구조가 아니라 라멘 구조가 되는 것이다.

말뚝의 수평 강성을 모를 경우에는 다음과 같이 생각할 수도 있다. 연직 하중의 경우에는 **그림 82**와 같이 말뚝에 수평 반력이 생기지 않도록 말뚝기초 플랜지를 핀과 롤러로 모델링한다. 이렇게 하면 말뚝의 수평 강성을 기대하지 않아도 상부 구조의 설계가 가능하다.

수평 하중에 대해서는 상기 모델이라면 핀에 외력과 균형을 이루는 수평 반력이 집중된다. 따라서 핀 쪽의 부재에는 큰 응력에 대해 단면을 산정하게 되므로 설계상 안전하지만, 반대쪽 롤러 쪽에는 위험하다. 이것을 피하기 위해서는 핀과 롤러의 위치를 바꾸고 양자의 응력 해석에서 얻어진 결과 중 큰 쪽의 응력을 이용해서 단면을 산정하는 방법을 생각할 수 있다.

다음으로 말뚝이 부담하는 수평 반력을 구하기 위해 상부 구조의 다리 부분을 양끝 핀으로 모델링한다. 구한 반력을 말뚝기초 플랜지에 작용시켜 말뚝을 설계한다. 이때 말뚝의 수평 스프링이 필요하지만 공학적 판단에서 더 이상 약한 것이 없는 수평 스프링을 결정한다. 이 모델링이라면 말뚝 설계는 안전하지만 말뚝에 수평 변위가 생기지 않으므로 보에는 굽힘 모멘트가 생기지 않는

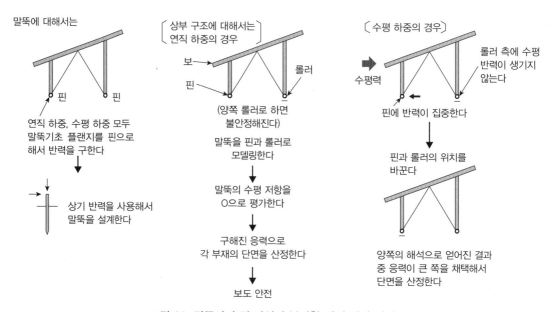

그림 82. 말뚝의 수평 강성이 불명할 때의 개념 일례

다. 따라서 보에 대해서는 설계상 위험하므로 이 모델링을 채택하지 않는다.

이상과 같이 이들 모델을 이용해서 보는 보 설계용 모델로 설계하고, 말뚝은 말뚝 설계용 모델로 설계하면 안전한 설계를 할 수도 있다.

3.1 입체로 하는 편이 합리적인 경우도 있다

태양광발전 구조물은 입체 구조물이므로 입체 그대로 모델링하는 편이 고도의 모델링이라고 생각하는 것은 옳지 않다. 예를 들면 구조물이 X 방향과 Y 방향의 평면 구조의 조합이라면 입체로 모델링한 경우와 X 방향의 평면 구조, Y 방향의 평면 구조로 한 경우에 같은 결과를 얻을 수 있다. 평면 구조로 모델링할 수 있는 경우에는 평면 구조로 모델링하는 편이 구조 계산을 단순화할 수 있는 장점이 있다.

다만 하중 방향을 X 방향, Y 방향뿐 아니라 45도 방향 등의 해석을 하는 경우에는 입체로 모델링하는 편이 합리적인 경우도 있다. 또한 **그림 83**과 같이 중량이 편중되어 있거나, 프레임의 강성이 달라 편심이 생기는 경우에는 평면 프레임으로 분해하는 경우는 비틀림 보정이 필요하다. 하지만 입체로 모델링하면 비틀림도 자동적으로 평가되므로 다시 비틀림 보정을 할 필요가 없다.

3.2 비틀림 보정

그림 83과 같이 편심에 의한 비틀림 보정이란 지진하중이 작용했을 때 구조물의 중심 위치와

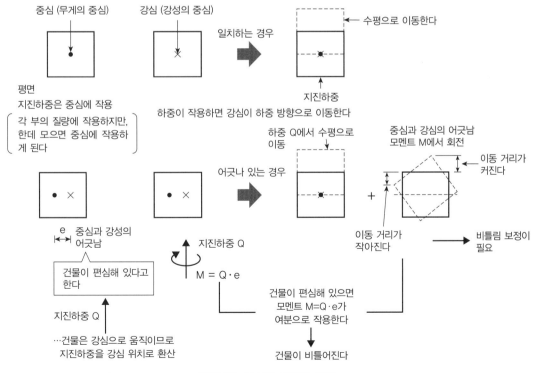

그림 83. 편심과 비틀림 보정

강심 위치의 어긋남에 의해 생기는 구조물의 회전에 대한 보정을 말한다. 중심 위치란 구조물의 무게 중심이고, 강심이란 구조물의 수평 강성 중심을 말한다. 풍하중의 경우는 중심을 풍하중의 중심으로 본다.

지진하중은 중심에 작용하고 구조물은 강심 위치로 이동한다. 그 때문에 중심 위치와 강심 위치가 일치하면 구조물은 하중 방향으로 이동한다. 하지만 일치하지 않는 경우는 중심 위치에 작용하는 하중 P를 강심 위치로 나타내면 그림 83과 같이 하중 P와 모멘트 M이 된다. 따라서 구조물은 하중 P에서 하중 방향으로 이동하고 모멘트 M에서 회전한다.

이 회전에 의해 구조물의 수평력에 대한 반력 분포가 변화하기 때문에 보정이 필요하다. 이 보정을 비틀림 보정이라고 한다.

3.3 부재가 편심하는 것의 평가

좁은 곳에 부재가 집중되면 부재가 편심하여 접합된다. 이 편심을 구조 설계로서 어떻게 평가할 것인가에 대한 공학적인 판단이 필요하다. 이 편심을 충실하게 모델링할 수도 있고, 편심하지 않는다고 보고 모델링해 해석 결과를 이용해서 편심에 의한 부가 굽힘을 평가할 수도 있다. 또한 접합부의 주변을 변형되지 않는 강역이라고 생각하고 편심을 무시할 수도 있다. 이 부분의 실험을 하면 그것이 사실이므로 그 사실에 근거해 모델링을 생각하는 방법도 있다.

어쨌든 구조물과 해석 모델이 완전하게 일치하는 것은 아니므로 설계자가 실물과 모델의 어긋남을 인식하고, 그 어긋남에 의한 영향을 설계에 반영하는 것이 중요하다.

3.4 강역

보통의 구조물이라면 하중이 작용하면 변형되지만 하중이 작용해도 변형되지 않는 영역을 강역이라고 한다. 구조 해석 시에 의도한 해석 결과를 얻기 위해 존재하는 개념 중 하나다. 하중이 작용해도 변형되지 않는 물체가 강체이고, 구조물 안에서 강체로 간주하는 영역을 강역이라고 한다. 따라서 강체로 이루어진 영역에서는 강체이기 때문에 변형도 응력도 고려하지 않는다.

4 하중

태양광발전 구조물에 작용하는 하중은 자중, 눈, 바람, 지진이다. 자중은 구조 본체, 발전 모듈, 설치 철물 등 빠짐없이 중량을 계산하면 구할 수 있다.

적설 깊이는 건축기준법·동 시행령에서는 특정행정청이 결정하도록 되어 있다. 그 때문에 적설하중에 대해서는 태양광발전 구조물을 설치하는 지역을 관할하는 특정행정청에 문의할 필요가 있다. 일반 지역이라면 적설 깊이를 알면 설계용 적설하중을 구할 수 있다. 다설지역에 대해서는 일반적으로는 적설하중의 0.7배가 장기하중이고, 풍하중이나 지진하중과 조합할 때는 0.35배이다. 그런데 특정행정청에 따라서는 적설을 장기하중으로 설계할 것을 요구하는 경우가 있으므로 특정

행정청이 정하는 현지 규정에 대해 주의할 필요가 있다. 눈 제거나 지붕 경사를 이용한 낙설에 의한 하중 저감에 대해서도 마찬가지다. 또한 고드름에 의한 하중이나 태양광발전 구조물이 눈에 묻히는 것에 의한 하중에 대해서도 보통은 고려하지 않지만 실정에 맞게 배려해야 한다.

기준 풍속은 JIS C 8955로 정해져 있으므로 풍하중을 구하기 위한 풍력계수를 부지 모양과 구조물의 모양으로 적절하게 정하는 것이 중요하다.

풍하중은 바람이 닿는 면에 직각으로 작용한다. 태양광발전 모듈의 기울기와 바람 방향에 따라 취상(낮은 곳에서 불어오는 바람) 하중, 취하 하중이 된다. 바람에 따라 태양광발전 구조물을 전도시키는 모멘트뿐 아니라 취상 하중도 작용하고 태양광발전 구조물의 중량이 가볍기 때문에 기초에 인발력이 작용하는 경우가 있다. 따라서 취상 하중이 임계가 되는 경우에는 자중을 무겁게 평가하는 것은 인발력을 작게 평가하는 것이 되므로 위험한 평가 방법이다. 다시 한번 말하지만 자중을 실태보다 무겁게 평가하는 것은 안전 쪽으로 평가하게 되는 경우가 많지만, 인발이 문제가 되는 경우는 그렇게 되지 않는다는 점에 주의해야 한다.

5 응력 해석

응력 해석은 시판 해석 소프트웨어를 사용해서 실시하는 것이 보통이다. 많은 사람이 이용하는 소프트웨어는 신뢰성이 높다는 얘기이므로 그들을 사용하는 것이 무난하다. 해석 소프트웨어에 오류가 없으면 올바른 모델링을 하고 올바른 데이터를 입력하면 올바른 해석 결과를 얻을 수 있다. 실수하는 쪽은 컴퓨터가 아니라 사람이다. 그러므로 얻어진 결과가 올바른지 확인하기 위해서는 사람이 작성한 데이터를 확인하면 된다.

기본적으로는 입력한 하중의 합계와 반력의 합계가 일치하는지 확인해야 한다. 일치하지 않으면 어딘가에 실수가 있다고 보면 된다. 이 경우는 구속해서는 안 될 절점을 어떤 착오로 의도치 않게 구속했을 가능성이 높다. 그러니까 반력이 나올 리 없는 절점에서 반력이 나오지 않았는지를 확인한다.

또한 거시적으로 검증하는 방법도 있다. 계산기로 구조물의 응력을 구할 수 있는 간단한 모델로 바꾸어 대략의 응력 상태를 파악하는 것이다. 이 응력 상태와 해석 소프트웨어로부터 얻은 응력 상태가 대체로 일치하면 직접적이지는 않지만 해석 결과가 올바르다고 판단하는 근거가 된다. 크게 차이가 있는 경우에는 직접적으로 오류는 없으므로 입력한 데이터에 오류가 없는지 확인하는 것은 당연하지만, 해석 결과의 응력 상태나 변형 상태를 알아보고 그 결과에 대해 납득할 수 있는 설명과 합리적인 설명을 할 수 있는지 확인한다.

모델링에서 편심에 의한 부가 굽힘을 무시하는 경우에는 필요에 따라 해석 결과를 이용해서 부가 굽힘 등의 보충 계산을 하는 것도 중요하다.

6 단면 산정

모든 부재에 대해 모든 하중 조합에 관해 단면을 산정하고 안전성을 검증한다. 원리적으로 같은 단면의 부재가 다수 있는 경우에는 단면마다 응력 상태가 가장 심한 곳의 단면을 산정하면 다른 곳의 단면 산정을 생략할 수 있다고도 여긴다. 하지만 응력 상태가 가장 심한 곳이 명확한 경우 이외에는 하중의 조합에 따라 가장 심한 곳이 바뀔 수 있고, 또한 해당하는 곳 이외의 응력 상태가 어느 수준에 있는지를 파악할 수 있기 때문에 모든 부재에 대해 단면을 산정하는 것이 바람직하다.

여기서 단면을 산정할 때는 보통은 볼트 구멍을 공제한 단면에 대한 평균적인 응력을 대상으로 하며, 반복 재하에 의한 피로나 볼트 구멍에 의한 응력 집중 등은 고려하지 않는다. 그런데 바람에 의해 발생하는 응력도가 허용 응력도 이하라도 높은 응력도 레벨이 반복되는 경우에 대해서는 볼트 구멍에 의한 응력 집중이나 피로 강도에 대해 주의를 기울일 필요가 있다.

또한 인장재의 경우는 볼트 구멍을 공제한 유효 단면적으로 단면을 산정하지만 태양광발전 구조물의 경우는 조립을 고려해서 강구조 설계 규준(일본건축학회 편)의 사양 규정보다 크게 구멍을 뚫는 경우가 있다. 이 경우에는 실태에 따른 구멍 지름을 이용해서 유효 단면적을 구할 필요가 있다.

축력, 전단력이나 굽힘 모멘트의 부재 단면력은 변위로 구할 수 있다. 그 때문에 부재의 응력도와 변위에는 관계가 있지만, 부재가 허용 응력도 이내에 들어 있으면 변위에 대해서도 허용 변위 이내로 자동적으로 들어오는 것은 아니다. 변위에 제한이 있으면 그 제한을 만족하는지 확인할 필요가 있다. 건축이라면 보의 휨이나 지진에 의한 수평 변위에 제한이 있으므로 그에 따른다.

태양광발전 구조물이 과대하게 변형되어 기능이 저하되기라도 하면 그 변형은 제한된다. 하지만 변형의 제한이 없는 경우에는 판단하기가 어렵다. 예를 들면 태양광발전 구조물을 손으로 흔들어서 분명히 흔들린다면 풍하중에 대해 부재가 허용 응력도 내에 들어 있다고 해도 상식적으로 위험을 느낀다. 그렇게 되면 어디까지 흔들림을 허용할지가 문제가 된다. 흔들린다는 것은 강성이 낮다는 것이므로 말뚝을 포함해 단면이 작은 것이 원인일 수 있다. 해결책으로 단면을 크게 만들면 된다고 생각할 수 있지만 그렇게 하려면 비용이 많이 든다. 즉, 구조의 안전은 비용과 무관하지 않으므로 이 균형에 대해 판단하기가 현실적으로는 어렵다.

7 접합부 설계

부재의 단면 산정에 비해 접합부의 설계는 어렵다. 단순한 모양의 접합부라면 해석의 모델링도 단순하고, 해석의 결과 얻어지는 응력도 단순하므로 설계하기도 간단하다. 보통 접합부에는 부재가 집중하고, 부재가 치우쳐서 접합되므로 충실하게 모델링하기 어려운 경우가 많다. 그 때문에 간략하게 모델링을 해서 얻어진 결과를 이용하여 보충 계산을 해서 실정에 가까운 응력 상태를 재

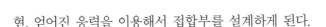

현, 얻어진 응력을 이용해서 접합부를 설계하게 된다.

이상의 상황을 감안하면 접합부의 구조 성능을 실험을 통해 확인하는 것은 매우 의미가 있다

8 직접기초

기초는 압축력, 인장력과 굽힘 모멘트가 작용한다. 지반은 압축력이 작용할 때에 지내력을 발휘한다. 기초에 인장력이 작용하는 경우는 지면과 기초가 떨어져 버린다. 즉 기초가 들뜨므로 지내력으로 인장력에 저항하기는 불가능하다. 따라서 인장력에 대해서는 지내력이 크든 작든 의미가 없고 기초 중량으로 분리에 저항하게 된다. 예를 들어 바람이 분다고 기초가 들뜬다면, 태양광발전 구조물이 날아가 버리게 된다.

기초에 굽힘 모멘트가 작용할 경우에 기초가 전도하지 않는 것이 확인되면 기초 전면이 압축일 필요는 없다.

강재, 알루미늄재, 철근, 콘크리트의 단기 허용 응력도는 장기 허용 응력도의 1.5배이다. 한편, 단기 지내력은 장기 지내력의 2배이다. 이 1.5배와 2배의 차이가 있다는 것도 알아 둘 필요가 있다.

9 말뚝기초

태양광발전 구조물의 기초에 말뚝을 사용할 때 문제가 되는 것은 말뚝이 짧은 경우이다. 말뚝이 짧으면 지반의 표층에 말뚝이 위치하게 된다. 따라서 표층 지반의 구조 성능을 정확하게 평가하는 것이 중요하다. 일반적으로 표층 지반은 흐트러져 느슨한 지반이 많아서 구조 성능도 불안정한 경우가 많다. 이 점이 보링 데이터로 말뚝의 내력을 추정하기 어렵게 한다.

때문에 현지에서 말뚝의 재하시험을 하고 그 결과로 허용 지지력을 구한다. 이때는 말뚝에 압축력, 인장력과 수평력이 작용하므로 각각에 대한 허용 내력을 구하게 된다. 또한 말뚝에 수평력이 작용했을 때의 해석을 하기 위해 수평력과 말뚝기초 플랜지의 수평 변위의 관계, 즉 수평 스프링도 구할 필요가 있다.

압축력과 인장력에 대한 말뚝의 허용 지지력은 비교적 안정되어 있다고 할 수 있다. 그런데 말뚝이 바람에 의해 수평 방향으로 반복해 흔들리거나, 또한 발생한 틈새에 빗물이 침투하면 수평 스프링이 열화될 수도 있다. 이런 경우에는 확립된 설계법이 없기 때문에 설계에 여유를 두거나 경과를 관측하는 등 구조 설계자의 공학적 판단에 맡겨야 한다.

10 말뚝의 모델링

말뚝의 구조 성능을 고려하여 구조 계산을 할 경우에는 말뚝을 모델링할 필요가 있다. 모델링하는 데는 2가지 방법이 있다. 지반의 수평 스프링에 지지를 받는 말뚝으로 하는 방법이 있고, 말

뚝과 지반을 모아 수평 스프링으로 치환하는 방법이 있다. 전자의 경우는 깊이 방향으로 지반 스프링이 필요하지만 말뚝의 응력 분포를 구할 수 있다. 그러나 수평 스프링을 구하는 것이 불가능한 것은 아니지만 비용과 신뢰성을 감안하면 그리 현실적이지 않다.

한편 말뚝과 지반을 모아서 평가하는 수평 스프링은 말뚝의 수평 재하시험을 해서 구할 수 있으므로 현실성이 높다. 이 경우는 지반의 편차, 실험 결과의 편차, 또한 하중·변형 관계가 직선이 아니기 때문에 어느 위치의 스프링상수를 채택할지 등 적절한 판단이 필요하다.

어쨌든 말뚝의 수평 스프링상수는 편차가 큰데다 불안정하므로 과도한 말뚝의 구조 성능에 의존하는 구조 계획은 피하는 것이 바람직하다. 하지만 안전성은 비용과도 관련이 있으므로 균형을 잡는 것이 어렵다는 것도 덧붙이고 싶다.

정리

(1) 실물과 구조설계서의 관계

당연하지만, 태양광발전 구조물과 구조계산서는 대응이 되어야 한다. 아무리 문제없는 계산서라도 실물을 반영한 구조계산서가 아니면 의미가 없다. 그러므로 모델링이 적절한지, 하중이 바르게 평가되어 있는지 확인해야 한다. 또한 컴퓨터가 응력 해석을 하므로 오류가 없다고 생각한다면 입력한 데이터가 바른지, 반력이 외력과 균형을 이루는지, 허용 응력도가 적절한지, 태양광발전 구조물의 변형을 합리적으로 설명할 수 있는지도 확인하는 것이 중요하다.

(2) 설계하중을 초과하면 구조물은 망가진다

구조 계산을 한다는 것은 설계하중에 대해 안전함을 확인했다는 의미이지 그 자체가 절대적으로 안전을 보증하는 것은 아니다. 그러므로 설계하중을 넘어 하중이 작용하면 구조물은 망가진다. 자중은 분명하지만 그 이외의 하중, 풍하중, 지진하중, 적설하중 등의 설계하중은 더 이상 작용하지 않는 상한의 하중을 정한 것이 아니다. 그 때문에 설계하중을 초과한 하중이 작용하는 일은 있을 수 있다.

설계하중을 넘어 하중이 작용했을 때 구조물의 파손방식이 문제가 된다. 예를 들면 접합부가 떨어져나가지 않고 부재가 좌굴하여 전체가 찌그러지듯 부서졌을 경우 태양광발전 구조물이라면 구조물 밑에 사람이 들어가지 않는 것이 전제이므로 인적 피해가 발생하지 않는다. 따라서 파손되는 방식으로는 나쁘진 않다. 한편 접합부가 떨어져나가면 부재가 뿔뿔이 흩어져, 부지 밖으로 태양광발전 구조물의 일부가 비산하는 것도 생각할 수 있다. 이 경우는 인적 피해를 일으킬 가능성이 제로는 아니므로 파손되는 방식으로는 좋지 않다.

어쨌든 설계하중에 대해 안전하다는 것을 확인하고 구조 계산을 종료하지 않은 상태에서 어디가 어떻게 파손될지를 확인하는 것이 바람직하다.

(3) 구조 설계에 임하는 자세

건축의 구조에 비해 태양광발전 구조물의 구조 설계는 규모가 작고 구조도 단순하므로 간단해 보인다. 하지만 비용과의 균형 문제도 있으므로 작은 것일수록 어려운 구조 설계이다.

건축에서도 작은 주택의 경우에 그런 일이 일어난다. 예를 들면 지반이 나빠 지표면에서 10m 내려간 위치에 양호한 지반이 있다고 하자. 큰 건물이라면 구조 설계자는 주저하지 않고 말뚝을 선택한다. 하지만 단층 목조라면 말뚝을 박을 필요가 있는지 고민하게 된다. 직접기초라면 비용적으로 문제는 없지만 지반이 침하하여 건물이 기울어질 가능성이 남는다. 이처럼 규모가 큰 구조물이라면 아무런 문제가 없지만 구조물이 작기 때문에 고민해야 하는 경우가 있다.

이것은 일례에 불과하지만 구조물이 작으면 특히 단순히 튼튼하게 설계하는 것은 간단하다. 하지만 비용을 만족시키면서 안전을 담보하기는 어렵다. 태양광발전 구조물은 그러한 구조물이라는 것을 인식할 필요가 있다.

또한 건축 구조물은 건축기준법에 따라야 하고, 더구나 다수의 설계 규준에 따라 구조계산서를 작성해야 한다. 그 계산서는 확인 신청과 적합 판정 모두를 확인해야 한다. 한편 태양광발전 구조물 하중은 JIS C 8955에 정해져 있지만, 기타 구조 계산에 관한 규정 및 기준을 반드시 지켜야 한다고 명기되어 있지는 않다. 여기에 구조 설계자와 구조계산서를 평가하는 사람 사이에 인식의 차이가 생기게 된다. 이것도 구조계산서를 작성하는 데 어려움으로 작용한다.

이것은 구조 설계자의 설계 하자에 대한 책임 범위에 영향을 준다. 구조계산서가 지정된 설계 규준에 따라서 작성되었고 동시에 오류가 없다면 구조물이 파손되었다고 해도 설계자의 책임이 아니다. 시공에 문제가 있든 설계하중을 넘는 하중이 작용했든 어쨌든 구조 설계자의 잘못은 없다. 그런데 따라야 할 법령이나 설계 규준이 불명확하다면 구조계산서에 하자가 있는지 없는지 판정 기준 그 자체가 불안정해진다.

이런 상태는 구조 설계자의 입장을 어렵게 만든다. 보다 안전한 편이 좋다는 데 이의를 제기하는 사람은 없을 것이다. 보다 안전하다는 것은 보다 비용이 많이 든다는 것을 의미한다. 안전과 비용의 균형을 결정하는 것은 법령이나 설계 규준이다. 그러므로 법령이나 설계 규준이 명확하고 운용도 명확하다는 것은 구조 설계자의 책임 관점에서 중요한 의미가 있다.

(4) 피해로부터 배운다

구조 설계자는 삼라만상 모두를 알고 설계하는 것이 아니라 지금까지의 지식에 근거하여 설계를 하고 있다. 태양광발전 구조물은 구조로서는 역사가 없는 새로운 구조물이다. 그 때문에 태풍에 의해 구조 설계자의 사고를 초월한 생각하지 못한 방법으로 파손될 수도 있다. 구조 설계자는 피해 사례에서 겸허하게 배우는 것이 중요하다. 이를 위해서는 피해 사례를 공표하는 것이 바람직하다. 또한 이에 대응한 설계법을 제시해 보다 안전하고 경제적인 태양광발전 구조물을 개발할 수 있는 환경을 만드는 것이 중요하다.

[참고문헌]

⑴ 태양광발전 설비 등에 관한 건축기준법의 취급에 대해, 국주지 제4936호, 2011년 3월 25일

⑵ 버팀대를 세워서 영농을 계속하는 태양광발전 설비 등에 대한 농지 전용 허가 제도상의 취급에 대해, 24 농진 제2657호, 2013년 3월 31일자, 농림수산성 농촌진흥국장 통지

⑶ 농지에 버팀대를 세우고 설치하는 태양광발전 설비의 건축기준법상의 취급에 대해(기술적 조언), 국주지 제3762호, 2014년 1월 28일자, 국토교통성 주택국 건축지도과장 통지

제3장

내풍 설계-
바람에 대한 구조 계산 방법

1 구조물 구조 설계 현황

폭설이나 태풍에 의해 구조물이 넘어지거나 무너지는 등의 피해가 발생하고 있다. 주요 원인은 건축 토목 구조 설계 자격자가 담당하지 않아 구조물이나 기초의 강도 계산이 적정하게 이루어지지 않았기 때문이라고 생각된다. 이는 주요 적용 기준인 'JIS C 8955:2017 태양전지 어레이용 지지물의 설계용 하중 산출 방법'(이하:구조물 JIS)에 바람이나 눈 같은 설계하중의 산출 방법에 대한 규정만 있을 뿐 부재 설계에 대한 규정이 없었기 때문에 설계자의 구조 설계 수준에 따라 구조 계산의 정확성에 격차가 생겼다고 생각한다.

2018년에 '전기 해석 제 46조' 및 '전기 해석의 설명' 개정으로 구조 설계에 관한 규정이 대폭 추가되었다. 특히 전기사업법 관련 법령 전기 해석 제46조 등에 구조 계산과 관련된 규정이 기재되었다. 이로 인해 구조 계산 방법과 안전성 확인에 대해 엄격한 법령 적합이 요구되게 됐다. 한편 전기 해석의 해설에는 구조 계산 체계를 제시한 '지상설치형 태양광발전 시스템의 설계 가이드라인', 부재 강도의 산정식을 제시한 '경강 구조 설계 시공 지침·동 해설(이하, 경강 지침)', '강구조 허용 응력도 설계 기준(이하, 강구 기준)', '알루미늄 건축 구조 설계 규준·동 해설' 등을 참고로 인용되어 있다.

부적절한 방법으로 구조가 설계된 구조물은 계산서 지면상에 안전하다고 결론이 나와도 실제로는 바람이나 눈에 견딜 수 있을지 알 수 없다. 일상의 기상 환경에서는 그 차이가 눈에 보이지 않지만 폭설이나 태풍에 대한 피해로 나타나므로 주의가 필요하다.

표 1에 전기사업법의 구조물·기초의 구조 설계 체계를 나타냈다.

표 1. 전기사업법의 구조물·기초의 구조 설계 체계

항목		체계
성능 목표의 설정		전기 해석 제 46 조
구조 계획		설계자 판단
하중의 산정		JIS C 8955 : 2017
부재 강도의 계산 방법	응력과 변형의 산정	설계자 판단
	부재의 설계	• 전기 해석 제46조 • 전기 해석의 해설 (인용)
	기초의 설계	• 지상설치형 태양광발전 시스템의 설계 가이드라인 • 경강 구조 설계 시공 지침·동 해설 • 강구조 설계 규준 • 알루미늄 건축 구조 설계 규준·동 해설

2 내풍 설계 방침

이 장의 내용은 경량 홈형강 및 립 홈형강 등을 이용한 강철재 구조물 및 상자형 단면을 이용한 알루미늄재 구조물의 구조 계산을 상정했다.

2.1 구조 계산 방침

- 하중의 산정은 'JIS C 8955 : 2017 태양전지 어레이용 지지물의 설계용 하중 산출 방법'에 따른다.
- 응력과 변형 산정에는 힘의 균형식이나 매트릭스 변위법 등을 이용한다.
- 구조물 부재 및 기초 설계는 허용 응력도 설계로 한다.
- 부재 설계에는 부재의 재질·모양과 판두께 등의 특징에 맞는 '법령·학회 지침류'를 적용한다.
- 허용 응력도를 산정할 때는 보강 등을 고려한 적절한 지점 간 길이를 이용하고, 좌굴 등을 고려한 평가식을 이용한다.
- 부재의 응력도는 폭 두께비와 돌출부 공제를 고려한 유효 단면적을 이용하여 검정한다.

2.2 적용 또는 참고로 하는 관련 법령·학회 지침류

- 전기사업법 관계 법령
- 전기설비의 기술 기준 해석(경제산업성)
- JIS C 8955 : 2017 태양전지 어레이용 지지물의 설계용 하중 산출 방법(일본공업규격)
- 경강 구조 설계 시공 지침·동 해설(일본건축학회)
- 알루미늄 건축 구조 설계 규준·동 해설(알루미늄건축구조협의회)
- 건축 기초 구조 설계 지침(일본건축학회)
- 소규모 건축물 기초 설계 지침(일본건축학회)
- 말뚝의 연직 재하시험 방법·동 해설(지반공학회)
- 말뚝의 수평 재하시험 방법·동 해설(지반공학회)
- 강구조 허용 응력도 설계 기준(일본건축학회)
- 건축기준법 관계 법령
- 건축물의 구조 관계 기술 기준 해설서 2020년판(국토교통성)

3 내풍 설계 흐름

구조물의 구조 설계는 일반적으로 **그림** 1과 같은 흐름으로 한다.

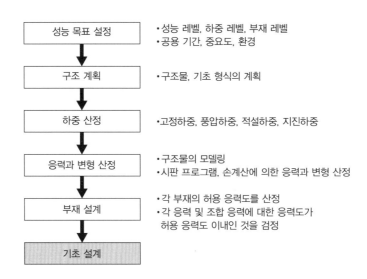

성능 목표 설정	• 성능 레벨, 하중 레벨, 부재 레벨 • 공용 기간, 중요도, 환경
구조 계획	• 구조물, 기초 형식의 계획
하중 산정	• 고정하중, 풍압하중, 적설하중, 지진하중
응력과 변형 산정	• 구조물의 모델링 • 시판 프로그램, 손계산에 의한 응력과 변형 산정
부재 설계	• 각 부재의 허용 응력도를 산정 • 각 응력 및 조합 응력에 대한 응력도가 허용 응력도 이내인 것을 검정
기초 설계	

그림 1. 부재 설계 흐름

4 성능 목표의 설정

구조 안전상 어떤 지진이나 바람에도 견딜 수 있도록 설계하는 것보다 더 좋은 것은 없다. 하지만 경제성 관점에서 공용 기간과 비용 대비 효과를 고려하여 적절한 성능 목표를 설정해서 설계하는 것이 중요하며, 성능 목표로서 '어느 정도의 자연재해에 견딜 수 있도록 하는가?'(하중의 크기), '견딘다는 것은 어떤 상태를 말하는가?'(하중을 받았을 때 부재의 상태)를 설정한다.

구조물 설계에는 전기 해석 제46조 2항에 의해 '구조물 JIS에 규정된 설계하중에 의해서 생기는 각 부재의 응력도'가 그 부재의 허용 응력도 이하가 되도록 목표가 설정되어 있다. 하지만 구조물 JIS 규정의 토대가 된 '건축기준법'(이하, 건기법)에서 설계하중은 '드물게 발생하는 중간 정도 하중(재현 기간 50년 상당)'의 지진이나 바람을 상정한 것으로 해석할 수 있다.

재현 기간 50년에 상당하는 풍속이 어느 정도의 태풍에 필적하는지를 표현하기는 어렵지만, 구조물 JIS에서는 일반적인 태풍에 대해서는 피해가 발생하지 않는 성능을 요구한다고 생각한다(최근 태풍 시의 기상청에 의한 최대 풍속의 관측치를 몇 가지 조사해 보면 구조물 JIS에 규정된 설계 기준 풍속을 넘는 일은 거의 없었기 때문). 이들을 정리하면, 용도계수에 의한 설계용 속도압의 할증을 특별히 하지 않는 경우 구조물 JIS에 의한 내풍 성능 목표는 **표 2**와 같이 해석할 수 있다.

표 2. 구조물·기초의 내풍 성능 목표 (용도계수 1.0인 경우)

하중의 크기	부재의 강도 레벨
드물게 발생하는 중간 정도의 폭풍 (재현 기간 50 년 상당)	무피해 부재에 생기는 응력은 허용 응력도 이내

5 구조 계획

구조물·기초는 구조적으로 안정된 구조 형식으로 한다. 대표적인 구조 형식에는 트러스 구조와 라멘 구조, 양 구조가 혼합된 혼합 구조가 있다. 어느 구조 형식을 채택해도 좋지만 각 구조 형식의 특징에 맞는 적절한 설계가 필요하다. 구조물의 파손으로 이어지기 쉬운 불안정한 구조는 피해야 한다. **그림 2**에 구조 형식의 예를 들었다.

6 풍하중 산정

구조물에 작용하는 하중을 산정한다. 대표적인 하중에는 고정하중, 적재하중, 풍압하중, 적설하중 등이 있다. 부재의 응력 산정과 설계는 장기(보통의 상태)와 단기(바람이나 지진이 발생했을 때)를 상정한 조합하중에 대해 실시한다. **표 3**에 하중 조건과 하중 조합을 나타냈다.

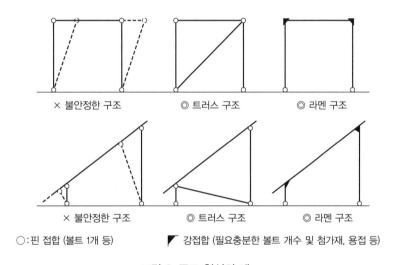

그림 2. 구조 형식의 예

표 3. 하중 조건 및 하중의 조합

하중 조건		구분	
		일반 지방	다설지역
장기	상시	G	G
	적설 시		G+0.7S
단기	적설 시	G+S	G+S
	폭풍 시	G+W	G+W
			G+0.35S+W
	지진 시	G+K	G+0.35S+K

① 고정하중 G (모듈의 중량+구조물 등의 중량 합계)

② 풍압하중 W (모듈에 가해지는 풍압력과 구조물에 가해지는 풍압력의 합계)

③ 적설하중 S (모듈면의 수직 적설하중)

④ 지진하중 K (구조물에 가해지는 수평 지진력)

6.1 고정하중의 산정

고정하중에는 구조물의 부재와 모듈, 부속 설비의 중량을 고려한다. 또한 접합부의 볼트와 거싯 (gusset) 플레이트 등의 중량도 고려한다.

6.2 풍압하중의 산정

구조물에 작용하는 풍하중은 **그림 3**과 같은 흐름으로 산정한다.

6.3 설계용 풍압하중의 산정

어레이용 지지물에 작용하는 설계용 풍합하중은 식 (1)과 같이 어레이에 작용하는 풍압하중 (W_a)과 지지물 구성재에 작용하는 풍압하중(W_b)의 양쪽을 고려한다. 어레이의 풍압하중은 모듈 면에 수직으로 작용하고, 지지물 구성재의 풍압하중은 수평으로 작용한다.

한편 어레이면의 수풍 면적은 모듈 주위에 설치하는 부재를 포함한 면적으로 해도 좋다.

$$\left.\begin{array}{l} W_a = C_a \times q_p \times A_a \\ W_b = C_b \times q_p \times A_b \end{array}\right\} \qquad \text{식 (1)}$$

W_a : 어레이에 작용하는 풍압하중(N)

W_b : 지지물 구성재의 설계용 풍합하중(N)

C_a : 어레이면의 풍력계수

C_b : 지지물 구성재의 풍력계수

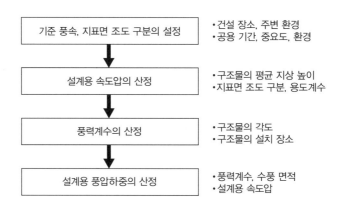

그림 3. 풍하중의 산정 흐름

q_p : 설계용 속도압(N/m^2)

A_a : 어레이면의 수풍 면적(m^2)

A_b : 지지물 구성재의 연직 투영 면적(m^2)

6.4 설계용 속도압의 산정

구조물에 작용하는 설계용 풍압하중은 구조물 JIS에 따라 식 (2)로 산출한다. 한편 구조물 구성재에 작용하는 풍압하중도 실정에 맞게 고려해야 한다. 구조물의 풍압하중은 모듈의 면에 수직으로 작용하고 구조물 구성재의 풍압하중은 수평으로 작용한다.

$$q_p = 0.6 \times V_0^2 \times E \times I_w \qquad\qquad 식\ (2)$$

q_p : 설계용 속도압(N/m^8)

V_0 : 설계용 기준 풍속(m/s)

E : 환경계수

I_w : 용도계수

설계용 기준 풍속은 지표면 조도 구분 Ⅱ의 지상 10m에서 10분간 평균 풍속을 정의한 것이기 때문에 높이 수 m인 구조물 위치의 풍속은 보다 작다. 그 때문에 식에서는 지표면 조도 구분과 구조물 높이에 맞춰 설계용 기준 풍속을 보정한 후 설계용 속도압을 계산했다. 설계용 기준 풍속은 기상청의 관측 기록에서 말하는 최대 풍속에 해당되며, 일반적으로 최대 풍속의 1.5~2배가 최대 순간 풍속에 해당된다고 할 수 있다.

7 응력과 변형 산정

부재에 발생하는 응력과 변형은 힘의 균형식이나 매트릭스 변위법 등을 이용해서 산정한다. 실제 계산은 보와 라멘 등의 응력 산정 공식을 이용해서 손으로 계산하는 방법과 시판의 응력 해석 소프트웨어로 계산하는 방법이 있다.

7.1 응력과 그 종류에 대해

산정하는 응력과 변형은 축 방향력(인장력, 압축력)·전단력·굽힘 모멘트의 3종류와 부재의 휨이 있다. 한편 비틀림을 무시할 수 없는 경우는 그 영향을 고려한다. 응력의 종류는 **표 4**와 같다.

표 4. 응력의 종류

종류	설명	단위	양 (+)	음 (−)
축 방향력 N	외력이 부재의 재축 방향으로 작용할 때의 응력	kN	인장력	압축력
전단력 Q	외력이 부재의 재축에 수직 방향으로 작용할 때의 응력	kN	시계 방향	반시계 방향
굽힘 모멘트 M	외력이 부재를 구부리려고 할 때 생기는 한 쌍의 응력	kNm	아래로 볼록	위로 볼록

7.2 부재 접합부의 모델링

응력 산정을 할 때 접합부는 실제 접합부에서 전달할 수 있는 응력 상황을 판단하여 적절한 종류의 절점으로 모델링해야 한다. 모델링한 절점의 종류와 접합부가 전달할 수 있는 응력의 실태가 다르면 응력 계산 결과 자체가 잘못된다. 이렇게 되면 그 후의 부재 설계도 의미가 없어지므로 주의해야 한다.

절점의 종류는 주로 접합부가 전달할 수 있는 응력의 차이에 따라 나뉜다. 부재와 부재가 회전하여 축력과 전단력밖에 전달할 수 없는 핀 절점과 부재와 부재가 강으로 접합되어 굽힘 모멘트의 전달도 가능한 강 절점 등이 있다. 접합부의 모델링 종류는 **표 5**와 같다.

7.3 수계산에 의한 응력 산정

표계산 소프트웨어 등을 이용해서 수계산을 할 때는 작용하는 힘의 흐름 등을 고려해서 각 부재에 구조물 골조를 분해하여 계산한다. 지점의 균형 조건으로 지점 반력과 각 부재에 작용하는 하중을 구하고 구조역학 등의 공식을 이용해서 보와 라멘 등 각 부재의 응력과 변형을 산정해 간다.

표 5. 접합부의 모델링 종류

종류	기호	응력의 전달	
핀 절점	─○─	축력과 전단력	
강 절점	─●─	축력과 전단력과 굽힘 모멘트	

7.4 응력 해석 소프트웨어를 이용한 응력 산정

응력 해석 소프트웨어를 이용해 계산할 때는 구조물 골조의 형태와 부재 모양을 입체 또는 평면 프레임으로 해서 소프트웨어상에 입력하고, 모델링한 구조물 골조에 대해 하중을 가하여 컴퓨터 시뮬레이션으로 지점 반력이나 각 부재의 응력과 변형을 산정한다. 데이터 입력 내용에 오류가 있어도 자동으로 계산되기 때문에 올바르게 해석되고 있다고 착각하여 오류를 간과하기 쉽다. 그러므로 입력 데이터나 응력 계산 결과를 확실히 확인해야 한다(**그림 4, 5**).

⑴ 구조물의 골조를 모델링
- 해석 모델의 스팬 등 치수가 도면과 일치하는가?
- 절점(핀/고정)의 설정은 적절한가?

⑵ 작용 하중을 입력
- 하중 방향은 제대로 되어 있는가?
- 하중치는 제대로 되어 있는가?

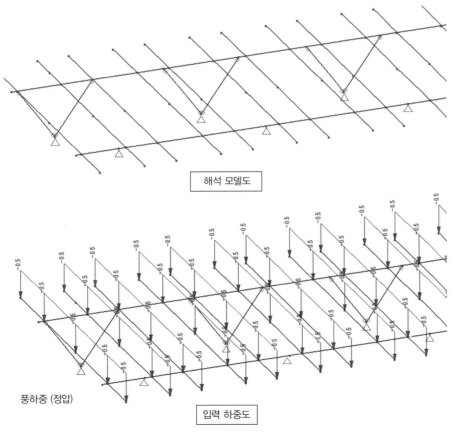

해석 모델도

풍하중 (정압)

입력 하중도

그림 4. 해석 소프트웨어를 이용할 때 주의할 점과 출력 예 (해설 모델, 입력 하중)

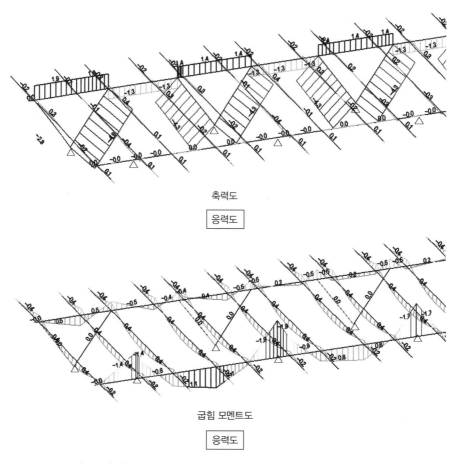

축력도

응력도

굽힘 모멘트도

응력도

그림 5. 해석 소프트웨어를 사용할 경우의 주의점과 출력 예 (응력도)

(3) 응력해석 결과

• 자신이 생각한 응력의 이미지와 맞는가?

8 부재 설계

부재를 설계할 때는 축력과 굽힘 모멘트, 전단력, 변형에 대한 안전성을 검토한다. 구조물은 얇은 판두께재와 가늘고 긴 부재로 구성되는 경우가 많아 좌굴에 대해 부재를 신경 써야 한다. 좌굴이 생겨 버리면 부재가 가진 본래의 굽힘 강도나 압축 강도를 발휘하지 못하므로 주의한다.

접합부를 설계할 때는 접합부를 통하여 부재 간에 작용하는 응력을 확실히 전달할 수 있도록 안전성을 검토해야 한다. 특히 접합부가 조기에 항복하면, 구조물 전체의 취성적인 손상으로 이어지기 쉬우므로 주의해야 한다. **그림 6**에 좌굴 예를 제시한다.

9 부재의 허용 응력도 산정

굽힘재나 압축재의 허용 응력도는 좌굴의 영향에 의해 재료의 허용 응력도보다 작아지는 경우가 있기 때문에 전기 해석의 해설에 인용된 '강구 기준', '경강 지침', '알루미늄 건축 구조 설계 규준·동 해설'에서 좌굴을 고려한 해당 식을 이용해서 산정한다. 재료의 허용 응력도는 좌굴의 영향을 무시했을 경우의 값이기 때문에 굽힘재나 압축재에 그대로 채택하는 것은 공학적으로 오류이므로 주의해야 한다. 한편 얇은 판두께의 형강을 사용한 구조물의 경우는 경량 형강의 강구조물을 대상으로 한 경강 지침의 해당 항을 참조하는 것이 바람직하다.

이들 허용 응력도와 단면 검정에서 고려해야 할 사항을 **표 6**에 제시한다.

9.1 재료의 상수

적용 또는 참고로 하는 관련 법령·학회 지침류에 따른다. **표 7**에 재료 상수 일례를 제시한다.

9.2 재료의 기준 강도

허용 응력도의 산정에 이용하는 재료의 기준 강도 F는 적용 또는 참고로 하는 관련 법령·학회 지침류에 따른다. 한편 강재와 알루미늄재의 F값은 항복점 또는 인강강도의 0.7배(알루미늄은

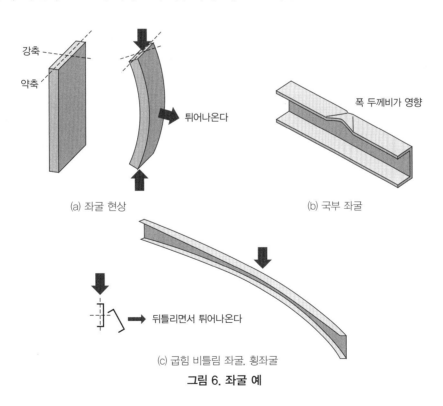

(a) 좌굴 현상   (b) 국부 좌굴

(c) 굽힘 비틀림 좌굴. 횡좌굴

그림 6. 좌굴 예

0.8)로 산정한다. **표 8, 9**에 기준 강도 F의 일례를 제시한다.

9.3 부재의 허용 응력도 산정

부재의 장기 허용 응력도 산정은 **표 10~12**에 따른다. 한편 부재의 단기 허용 응력도는 장기 허용 응력도의 1.5배로 한다.

(1) 좌굴 등을 고려한 허용 응력도

경량 홈형강, 립 홈형강, 경량 ㄱ형강을 예로 들어 주의사항을 제시한다.

① 인장재의 장기 허용 응력도

인장재의 장기 허용 응력도 f_t의 산정은 적용 또는 참고로 하는 관련 법령·학회 지침류에 따른다.

표 6. 부재 종류에 따라 고려해야 할 항목

부재의 종류	굽힘 비틀림 좌굴·횡좌굴의 방지	국부 좌굴의 방지	유효 단면적의 고려	
	압축 플랜지의 지점 간 거리	폭 두께비 고려	돌출각의 단면적 공제	볼트 구멍의 공제
인장재			◎	◎
굽힘재	◎	◎		◎
압축재	◎	◎		

표 7. 재료의 상수

재료	단위 중량 [kN/m³]	영계수 E [N/mm²]	전단탄성계수 [N/mm²]
강	78	205,000	79,000
알루미늄 합금	27	70,000	27,000

표 8. 강재의 기준 강도 F

재료 종별	두께 t [mm]	F값 [N/mm²]
SS400, SSC400	t≦40	235

그림 9. 알루미늄합금의 기준 강도 F

재료 종별	두께 t [mm]	F값 [N/mm²]	비고
A6063-T5	t≦12	110	압출재
A6063-T6	t≦25	165	압출재

표 10. 부재의 장기 허용 응력도

강재 종별	종류	허용 응력도 [N/mm²]
SS400 SSC400	인장재	각 항에 따른다
	압축재	각 항에 따른다
	굽힘재	각 항에 따른다
	전단	$F/(1.5\sqrt{3})$

표 11. 알루미늄 부재의 장기 허용 응력도

강재 종별	종류	허용 응력도 [N/mm²]
A6063-T5 A6063-T6	인장재	각 항에 따른다
	압축재	각 항에 따른다
	굽힘재	각 항에 따른다
	전단	$F/(1.5\sqrt{3})$

표 12. 볼트의 장기 허용 응력도 (나사부 단면적)

종류	강도 구분	허용 응력도 [N/mm²]	
		인장	전단
볼트	4.6, 4.8	160	$160/\sqrt{3}$
	5.6, 5.8	200	$200/\sqrt{3}$
	6.8	280	$280/\sqrt{3}$

$$f_t = F/1.5 \qquad\qquad 식\ (3)$$

여기서,

f_t : 허용 인장 응력도(N/mm²)

F : 기준 강도(N/mm²)

또한 인장재의 단면 산정에 이용하는 단면적은 편심 인장이 되기 때문에 **표 13** 및 **그림** 7과 같이 돌출각의 무효 길이 규정 및 볼트 구멍 등에 의한 단면 결손을 고려한 유효 단면으로 한다.

② 굽힘재의 장기 허용 응력도

굽힘재의 장기 허용 응력도 f_b의 산정은 적용 또는 참고로 하는 관련 법령·학회 지침류에 따른다.

【강축 회전의 굽힘을 받는 경우】

$$\lambda_y \leq 85\ \sqrt{C_b}\quad f_b = \{1.1 - 0.6 \times [F/(\pi^2 \times E \times C_b)] \} \times \lambda_y^2\} \times f_t\ 또한\ f_b \leq f_t \qquad 식\ (4)$$

표 13. 돌출각의 무효 길이 h_n

인장재	인장재를 접합한 볼트의 개수 n			
	1	2	3	4
ㄱ형강	h-t	0.7h	0.5h	0.33h
홈형강	h-t	0.7h	0.4h	0.25h

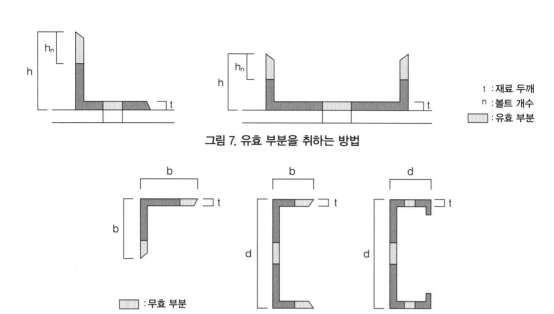

그림 7. 유효 부분을 취하는 방법

그림 8. 무효 부분을 취하는 방법

$\lambda_y>85\ \sqrt{C_b}$ $f_b=1/3\times[(\pi^2\times E)/\lambda_y{}^2]\times C_b$ 　　　　　　　　식 (5)

여기서

　　f_b : 허용 굽힘 응력도(N/mm²)

　　E : 영계수(N/mm²)

　　λ_y : I_b/i 굽힘재의 세장비

　　I_b : 압축 플랜지의 지점 간 거리(mm)

　　I : 웨브에 평행한 축방향 전단면의 단면 2차 반경(mm)

　　C_b : $1.75-1.05\times(M_2/M_1)+0.3\times(M_2/M_1)^2$　단, 2.3 이하

【약축 회전의 굽힘을 받는 경우】

　　$f_b=f_t$ 　　　　　　　　　　　　　　　　　　　　　　　식 (6)

굽힘재는 압축응력을 받는 플랜지나 웨브의 국부 좌굴을 방지하기 위해 **그림 8**에 제시한 판 요소 폭두께비의 규정을 만족시킨다. 규정값을 초과하는 경우에는 규정값을 넘는 부분을 제거한 단면에 의한 단면계수를 사용하여 단면을 산정한다. 다만 세장비를 산정할 때는 전단면을 채택해도 된다. 또한 경강 지침에서는 강구 기준의 식에 SS400재(F=235N/mm²)로 했을 때를 나타내고 있기 때문에 강구조 설계 규준 식을 제시했다.

ㄱ형강	$b/t\leqq0.44\times\sqrt{(E/F)}$	식 (7)
ㄷ형강(플랜지)	$b/t\leqq0.53\times\sqrt{(E/F)}$	식 (8)
C형강(플랜지)	$d/t\leqq1.6\times\sqrt{(E/F)}$	식 (9)
ㄷ형강(웨브), C형강(웨브)	$d/t\leqq2.4\times\sqrt{(E/F)}$	식 (10)

C형강(립) $I_s≧1.9×t^4×\sqrt{(d/t)^2-0.136×E/F}$ 그리고 $9.2×t^4$ 식 (11)

여기서

　　b : 한쪽 가장자리 지지, 다른 쪽 가장자리가 자유인 판 요소의 폭(mm)

　　d : 두쪽 가장자리 지지 웨브 또는 플랜지 플레이트의 폭(mm)

③ 압축재의 장기 허용 응력도

압축재의 장기 허용 응력도 f_c의 산정은 적용 또는 참고로 하는 관련 법령·학회 지침류에 따른다. 또한 압축재도 압축응력을 받는 플랜지와 웨브의 국부 좌굴을 방지하기 위해 굽힘재로 나타낸 판 요소의 폭두께비(경량 홈형강(웨브), 립 홈형강(웨브)의 계수 2.4는 1.6으로 대체한다)의 규정을 만족시킨다. 규정값을 넘는 경우는 규정값을 넘는 부분을 제거한 유효 단면적을 이용해서 단면 산정을 한다. 다만 세장비를 산정할 때는 전단면을 채택해도 된다.

　　$λ≦∧$　$f_c=\{[1-0.4×(λ/∧)^2]/ν\}×F$ 식 (12)

　　$λ>∧$　$f_c=[0.277/(λ/∧)^2]×F$ 식 (13)

　　　　$∧=\sqrt{[(π^2×E)/(0.6×F)]}$ 식 (14)

여기서

　　f_c : 허용 압축 응력도(N/mm²)

　　$λ$: I_k/i 압축재의 세장비

　　I_k : 좌굴 길이(mm)

　　i : 좌굴 축에 대한 단면 2차 반경

　　$ν$: $3/2+2/3×(λ/∧)^2$

　　$∧$: 한계 세장비

9.4 압축 플랜지의 지점 간 거리, 좌굴 길이, 보강의 개념

횡좌굴은 주로 압축응력이 되는 플랜지가 횡방향으로 비틀리면서 튀어나와 생긴다. 때문에 압축 플랜지의 횡방향 이동을 구속(보강)한 점의 부재 간을 지점 간 거리나 좌굴 길이로 생각한다. **그림 9**에 나타낸 구조물를 예로 들어 설명한다.

(1) 서까래재(모듈 받침대)의 경우

압축 플랜지의 지점 간 거리란 압축 플랜지가 보강된 간격을 말하는데, 양의 풍압하중인 경우에는 위 플랜지가 압축 측(**그림 10**)으로, 음의 풍압하중인 경우에는 아래 플랜지가 압축 측(**그림 11**)으로 그 위치가 바뀐다. 따라서 부재의 허용 응력도 산정에 이용하는 지점 간 거리나 좌굴 길이는 하중 케이스별로 압축 플랜지의 위치 및 보강 상태에 따라 판단할 필요가 있다.

서까래의 허용 굽힘 응력도 설계에 이용하는 압축 플랜지의 지점 간 거리는 **그림 12** (a)과 같이 서까래의 보에 의한 지지 간격을 원칙으로 한다. 예를 들어 그림 12 (b)와 같은 보강재를 별도

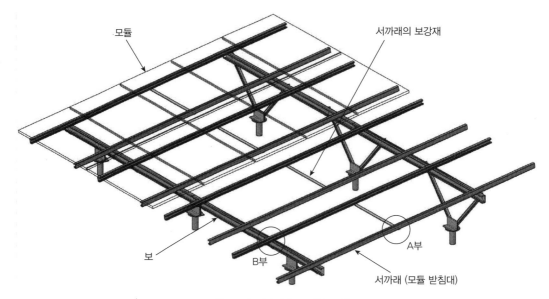

그림 9. 구조물의 구조 골조 예

로 설치하는 경우에는 그 간격을 채택할 수 있다. 또한 보강 효과가 명확하지 않은 모듈은 없는 것으로 간주하는 것이 일반적이다.

(2) 들보재의 경우

들보재(서까래 받침대)는 **그림 13** (a)와 같이 들보재의 지지 간격을 원칙으로 한다. 다만 그림

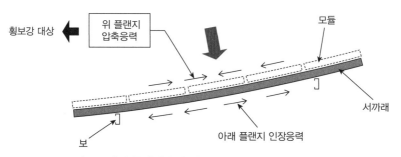

그림 10. 양의 풍압하중인 경우 서까래의 보강 대상 위치 예

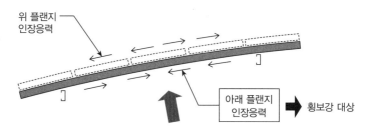

그림 11. 음의 풍압하중인 경우 서까래의 보강 대상 위치 예

13 (b)와 같이 서까래나 수평귀잡이 등 보강 효과를 기대할 수 있는 경우는 해당되지 않지만 서까래와 마찬가지로 정압 및 부압 시의 압축 플랜지에 대한 보강 효과에 따라 효과적인 지점 간격을 판단해야 한다.

9.5 유효 단면적, 국부 좌굴 방지의 개념

응력 검정에 이용하는 부재의 단면적은 돌출각의 단면적 공제, 폭두께비와 볼트 구멍을 고려한 유효 단면적으로 한다.

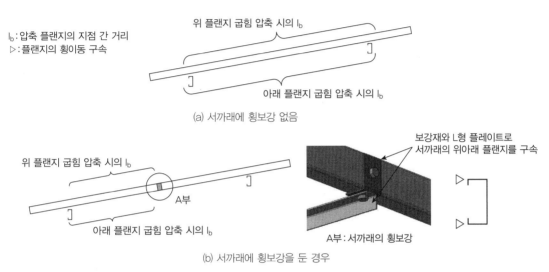

l_b:압축 플랜지의 지점 간 거리
▷:플랜지의 횡이동 구속

위 플랜지 굽힘 압축 시의 l_b

아래 플랜지 굽힘 압축 시의 l_b

(a) 서까래에 횡보강 없음

위 플랜지 굽힘 압축 시의 l_b

A부

아래 플랜지 굽힘 압축 시의 l_b

보강재와 L형 플레이트로 서까래의 위아래 플랜지를 구속

A부 : 서까래의 횡보강

(b) 서까래에 횡보강을 둔 경우

그림 12. 서까래의 지점 간 거리 l_b를 취하는 방법 예

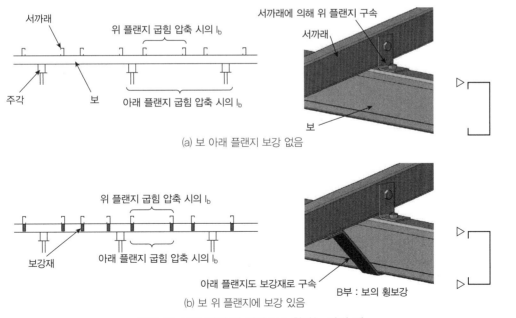

서까래

위 플랜지 굽힘 압축 시의 l_b

주각

보

아래 플랜지 굽힘 압축 시의 l_b

서까래에 의해 위 플랜지 구속

서까래

보

(a) 보 아래 플랜지 보강 없음

위 플랜지 굽힘 압축 시의 l_b

보강재

아래 플랜지 굽힘 압축 시의 l_b

아래 플랜지도 보강재로 구속

B부 : 보의 횡보강

(b) 보 위 플랜지에 보강 있음

그림 13. 보의 지점 간 거리 l_b를 취하는 방법 예

10 접합부 설계

접합부는 동일 부재를 연결하는 이음매, 부재를 다른 부재에 고정하는 접합부, 기초에 부재를 고정하는 주각 등 여러 가지가 있는데 부재와 마찬가지로 허용 응력도 설계를 하여 안전성을 확인한다. 접합부도 부재와 마찬가지로 허용 응력도 설계가 적절하게 이루어지면 매우 드물게 발생하는 대규모 폭풍에도 취성적으로 구조물이 파손되어 모듈이 비산하는 등 치명적으로 부서지는 것을 방지할 수 있다.

접합부는 응력 계산에서 절점의 모델링에 따른 마무리가 되도록 설계한다. 예를 들어 응력 계산에서 강절점으로 모델링하는 경우는 강성의 확보, 굽힘 모멘트와 전단력 등을 확실하게 전달할 수 있게 마무리한다. 예를 들어 응력 계산에서 강절점으로 모델링했음에도 불구하고 접합부의 큰 변형이나 회전을 수반하는 강성이 확보되어 있지 않은 마무리, 굽힘 모멘트의 전달이 불분명한 핀 접합에 가까운 마무리 등도 여기저기서 보이므로 주의한다.

볼트 접합이라고 하면 일률적으로 핀 접합이라고 판단하는 경향이 있다. 하지만 접합재의 강성을 확보하여 굽힘 모멘트에 의해 생기는 접합 볼트 위치의 우력(짝힘. 크기가 같고, 서로 방향이 반대인 평행한 한쌍의 힘)을 볼트의 전단력으로 전달할 수 있도록 마무리하면 강접합이나 반강접합으로 평가하여 설계할 수 있다. 구조 계산으로 안전성을 확인하기가 어려운 마무리인 경우에는 접합부의 강도시험을 실시해서 평가한다. 접합부 마무리 예는 **그림 14**와 같다.

한 예로 간이 공작물의 강접합 이음매에서 관용적으로 이용되는 굽힘재의 접합부를 계산하는 개념을 **그림 15**에 나타냈다. 이것은 각 응력에 의해서 부재 단면 내에 발생하는 응력도 분포로부터 각 위치의 볼트에 주로 작용하는 응력 부담을 가정해서 계산한다. 당연하지만 복잡한 모양이나 강도상 배려해야 할 다른 요소가 있으면 이 개념을 그대로 적용할 수 없으므로 주의해야 한다.

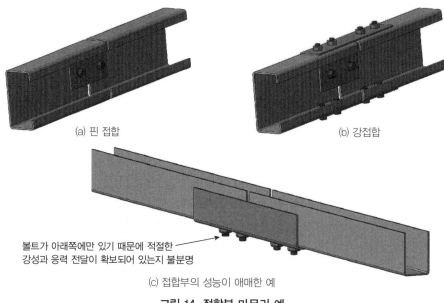

(a) 핀 접합 (b) 강접합

볼트가 아래쪽에만 있기 때문에 적절한
강성과 응력 전달이 확보되어 있는지 불분명

(c) 접합부의 성능이 애매한 예

그림 14. 접합부 마무리 예

11 부재의 응력도 검정

11.1 압축응력을 받는 부재

압축응력을 받는 부재는 폭두께비를 고려한 좌굴재로 검토하고, 아래 식으로 허용 압축 응력도 이하가 되는지를 확인한다.

$$N_c/A_c \leqq f_c$$ 식 (19)

여기서,

N_c : 압축력(N)

A_c : 폭두께비를 고려한 부재의 유효 단면적(mm^2)

f_c : 세장비, 좌굴을 고려한 허용 압축 응력도(N/mm^2)

11.2 인장응력을 받는 부재

인장응력을 받는 부재는 돌출 부분의 공제 및 볼트 구멍 등을 고려한 유효 단면에 의해 검토를 하고 다음 식으로 허용 인장 응력도 이하가 되는지를 확인한다.

$$N_t/A_t \leqq f_t$$ 식 (20)

여기서,

N_t : 인장력(N)

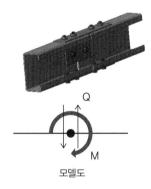

모델도

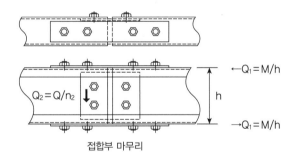

$\leftarrow Q_1 = M/h$

$Q_2 = Q/n_2$

h

$\rightarrow Q_1 = M/h$

접합부 마무리

조건 : 굽힘과 전단력이 작용하는 경우, 플랜지 측 볼트

$Q_1 = M/h/n_1$	식 (15)
$Q_1/A \leqq \tau_1$	식 (16)

웨브 측 볼트

$Q_2 = Q/n_2$	식 (17)
$Q_2/A \leqq \tau_2$	식 (18)

응력도 분포의 가정
• 굽힘 모멘트는 플랜지 볼트로 부담
• 전단력은 웨브 볼트로 부담

여기서,

M : 부재에 작용하는 굽힘 모멘트 [Nmm]   Q : 웨브에 작용하는 전단력 [N]
Q_1 : 플랜지 볼트에 작용하는 전단력 [N/개] Q_2 : 웨브 볼트에 작용하는 전단력 [N/개]
n_1 : 상단 또는 하단 플랜지 볼트의 편측 개수 n_2 : 웨브 볼트의 편측 개수
τ_1 : 플랜지 볼트의 허용 전단 응력도 [N/mm^2] τ_2 : 웨브 볼트의 허용 전단 응력도 [N/mm^2]
A : 볼트의 유효 단면적 [mm^2]   h : 부재 높이 [mm]

그림 15. 굽힘재의 접합부(강 접합) 계산 개념의 예

A_t : 돌출 부분의 공제, 볼트 구멍 등을 고려한 부재의 유효 단면적(mm^2)

f_t : 허용 인장 응력도(N/mm^2)

11.3 굽힘 응력을 받는 부재

굽힘 응력을 받는 부재는 폭두께비, 볼트 구멍 등을 고려한 유효 단면적에 의한 단면계수로 검토하고, 아래 식으로 허용 굽힘 응력도 이하가 되는지를 확인한다.

$$M/Z \leq f_b \qquad\qquad\qquad 식 (21)$$

여기서,

M : 굽힘 응력(Nmm)

Z : 폭두께비, 볼트 구멍 등을 고려한 부재의 단면계수(mm^3)

f_b : 좌굴을 고려한 허용 굽힘 응력도(N/mm^2)

11.4 조합 응력을 받는 부재

조합 응력은 축방향 응력, 전단 응력, 굽힘 응력에 대해 고려하고, 조합한 응력 상태에서 검토하여 다음과 같은 식으로 허용 응력도 이하가 되는지를 확인한다.

압축력과 굽힘 모멘트를 받는 부재

$$\sigma_c/f_c + {}_c\sigma_b/f_b \leq 1.0 \ 또한 \ ({}_t\sigma_b - \sigma_c)/f_t \leq 1.0 \qquad 식 (22)$$

인장력과 굽힘 모멘트를 받는 부재

$$(\sigma_t/f + {}_t\sigma_b)/f_t \leq 1.0 \ 또한 \ ({}_c\sigma_b - \sigma_t)/f_t \leq 1.0 \qquad 식 (23)$$

여기서,

${}_c\sigma_b$, ${}_t\sigma_b$: 압축 측 굽힘 응력도 M/Z_c, 인장 측 굽힘 응력도 M/Z_t(N/mm^2)

σ_c, σ_t : 압축 응력도 N_c/A_c, 인장 응력도 N_t/A_t(N/mm^2)

12 기초 설계

기초는 인발과 침하 등을 발생시키지 않고 구조물를 지지하며, 수평 변형에 대해서도 구조물과 모듈의 기능에 유해한 영향을 주지 않도록 한다.

12.1 직접기초의 설계

직접기초의 풍압하중에 대한 설계는 주로 **그림 16**과 같은 안전성을 확인한다.

① 기초 밑면에 작용하는 연직력에 의한 응력도가 지반의 허용 응력도 이하가 되도록 한다

② 기초에 작용하는 전도 모멘트에 대해 기초의 일부에 분리(들뜸)가 생겨도 복원할 수 있어야 한다.

③ 기초 밑면에 수평력이 작용하는 경우에는 기초의 미끄러짐 등을 발생시키지 않아야 한다.

(1) 지반 지지력의 산정

지반의 허용 지지력은 아래와 같은 방법으로 산정한다.

① 지반 조사(평판 재하시험)에 의해 표층 지반의 내력을 측정한다

② 지반 조사(N값, 토질 데이터 등)의 측정값을 이용하여 평가식으로 산정한다

(2) 접지압의 검토

기초 아래쪽 면에 생기는 접지압에 대해 다음 식을 만족하는지를 확인한다.

$$\sigma_{cmax} \leqq q_a \qquad\qquad 식\ (24)$$

여기서,

    q_a : 지반의 허용 응력도(kN/m^2)

    σ_{cmax} : 기초 아래쪽 면에 생기는 접지압(kN/m^2)

(3) 전도의 검토

기초의 전도 모멘트에 대하여 다음 식을 만족하는지를 확인한다.

$$M_r / M_o \geqq F \qquad\qquad 식\ (25)$$

여기서,

    F : 안전율

    M_r : 저항 모멘트(kNm)

    M_c : 전도 모멘트(kNm)

(4) 활동의 검토

기초 활동에 대하여 다음 식을 만족하는지를 확인한다.

$$R_H / Q \geqq F \qquad\qquad 식\ (26)$$

$$R_H = p \times \mu \qquad\qquad 식\ (27)$$

여기서,

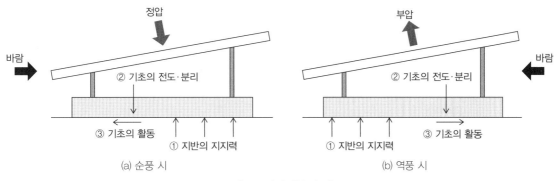

그림 16. 직접기초의 검토

F : 안전율

R_H : 기초 밑면과 지반의 마찰저항력(kN)

Q : 기초 밑면에 작용하는 수평력(kN)

p : 기초 밑면에 작용하는 전체 연직력(kN)

μ : 기초 밑면과 지반 사이의 마찰계수

12.2 말뚝기초의 설계

말뚝기초의 풍압하중에 대한 설계는 주로 **그림 17**과 같은 안전성을 확인한다.

① 말뚝의 압입 지지력

② 말뚝의 인발 지지력

③ 말뚝의 수평 저항력

말뚝의 허용 지지력(허용 수평 저항력) 설계를 할 때는 설계하중이 작용하여 말뚝이나 지반이 변형되어도 하중이 없어지면 구조물에 유해한 침하나 변형이 남지 않도록 원래의 위치로 돌아가는 탄성거동의 범위인지를 확인한다. **표 14**에 말뚝기초의 설계 목표 예를 제시한다.

(1) 말뚝의 허용 지지력 및 허용 수평 저항력의 산정

말뚝의 허용 지지력 및 수평 저항력 산정 시에는 다음과 같은 방법이 있다.

• 건설지에서 말뚝의 재하시험을 해서 측정

지반조사(N값, 토질 데이터 등)의 측정값을 이용해서 평가식으로 산정한다.

【말뚝의 허용 지지력 및 허용 수평 저항력의 설정】

말뚝의 허용 지지력 및 허용 수평 저항력은 허용 응력도 설계의 개념으로부터 말뚝의 거동을 탄성으로 간주할 수 있는 범위(≒항복하중) 내에서 설정하는 것을 원칙으로 한다. 기초 지침을 참고로 개념의 예를 **표 15**에 제시한다.

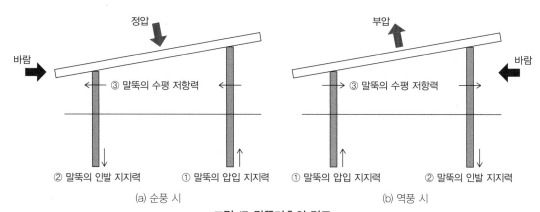

그림 17. 말뚝기초의 검토

표 14. 말뚝의 설계 목표 예

하중	목표 성능	비고
장기 설계하중 시	압입 지지력 : 장기 허용 지지력 이하	단, 변위는 구조물의 안전성에 영향을 미치지 않는다고 판단할 수 있는 경우에는 이에 해당하지 않는다.
단기 설계하중 시	압입 지지력 : 단기 허용 지지력 이하 인발 지지력 : 단기 허용 지지력 이하 수평 저항력 : 단기 허용 수평 저항력 이하 수평 변위 : 말뚝 지름의 10% 이내	

재하시험에서 항복하중의 판정은 시험 결과의 하중과 변위량을 토대로 logP-LogS 곡선을 작성하여 그래프상에 나타나는 절점 발생 위치로 판단한다. 자세한 사항은 지반공학회의 '말뚝의 연직 재하시험 방법·동 해설'에 나와 있는 '시험 결과 정리'를 참고하기 바란다.

재하시험에서 극한 지지력의 압입 방향의 경우, 말뚝 외경 10% 상당의 침하량이 발생한 하중 또는 침하량 곡선의 기울기가 거의 제로가 되었을 경우 중 작은 값으로 한다.

한편 극한 지지력이나 최대 저항력까지 재하시험을 할 수 없는 경우에도 적어도 '항복하중 또는 단기 설계하중'의 1.5배(수평은 2.0배) 이상의 하중값까지 시험을 실시해서 그 하중 범위에서는 극한 지지력이나 최대 저항력에 이르지 않는 것을 확인할 필요가 있다.

(2) 압입 지지력의 검토

말뚝의 연직 방향력에 대해서는 다음과 같은 식을 만족하는지를 확인한다.

$$N_{cmax} \leq R_{ca}$$
식 (28)

여기서,

R_{ca} : 말뚝 1개당 허용 지지력(kN/개)

N_{cmax} : 말뚝 1개당 발생하는 최대 연직력(kN/개)

(3) 인발 지지력의 검토

인발력에 대해서는 다음과 같은 식을 만족하는지 확인한다.

$$N_{tmax} \leq R_{ta}$$
식 (29)

여기서,

R_{ta} : 말뚝 1개의 인발 저항력(kN/개)

N_{tmax} : 말뚝 1개에 발생하는 최대 인발력(kN/개)

(4) 수평 저항력의 검토

재하시험에 의존하지 않는 경우의 응력과 변형을 산정할 때는 선형 탄성 지반반력법(일양 지반 중의 탄성 지승 보)에 의한 평가식 등을 채택해서 계산한다. 또한 말뚝의 수평 변위가 설계 목표 변위를 넘지 않는지를 확인한다.

(5) 말뚝의 현지시험에서 주의할 점

① 조성이 계획되어 있는 경우, 말뚝 시험은 조성 후의 지반에서 실시한다.

② 시험은 지반 조사 결과로 예상되는 지반이 약한 지역이나 성토 지반에서 실시한다.

③ 말뚝시험 결과를 채택할 경우에는 **그림 18**과 같이 말뚝의 허용 지지력 개념을 충족하고 또한 변형과 침하가 일정 이하로 억제되어 있는 탄성거동 값을 채택한다

표 15. 말뚝의 허용 지지력 및 허용 수평 저항력의 설정 예

말뚝의 성능	압입 지지력	인발 지지력	수평 저항력
장기 허용 지지력	단기 허용 지지력의 1/2	–	–
단기 허용 지지력 단기 허용 수평 저항력	항복하중 또는 극한 지지력의 2/3	인발 방향의 항복하중과 최대 인발 저항력의 2/3 중 작은 값	수평 방향의 항복하중과 최대 수평 저항력의 1/2 중 작은 값
말뚝의 거동 이미지	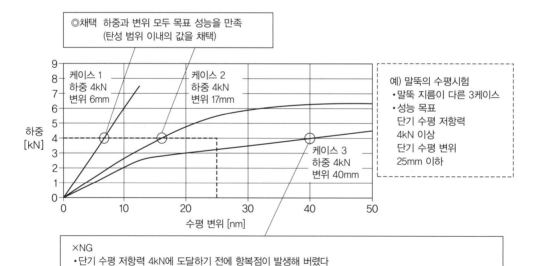		

그림 18. 말뚝의 시험 결과로부터 성능 판단 이미지

제4장

구조 계산의 예

여기서는 경량 형강으로 구성된 강철재 구조물의 구조계산서 예시를 제시한다. 다만 구조계산서의 내용을 쉽게 이해할 수 있도록 계산의 일부를 생략했다. 구체적으로는 하중 케이스는 풍하중 시로 한정하고, 부재 설계에서는 축력과의 조합을 일부 생략했다. 그 때문에 실제 구조계산서로는 부족한 점이 있다는 것을 유의하기 바란다.

1 구조 계획

1.1 구조물의 개요

(1) 설치 장소

현시***

(2) 모듈

***제품 1,954mm×982mm   두께 40mm   가로놓기

(3) 어레이 사양

5단 9열, 경사 각도 15°

모듈 하단의 최소 높이   424mm

(4) 구조상의 특징

• 본 구조물은 경량 형강을 이용한 강철재 구조물이다.

• 상부 구조는 X 방향은 V자 버팀대이고, Y 방향은 앞쪽의 주각이 강한 구조이다.

• 기초 구조는 스파이럴 말뚝을 채택하고, 현지 시험으로 안전성을 확인했다.

(5) 하중 조건

풍압하중

• 설계용 기준 풍속   30m/s

• 지표면 조도 구분   Ⅲ

• 용도계수   1.0

적설하중

• 설계용 수직 적설량   45cm

• 눈의 평균 단위 중량 $20N/cm/m^2$

• 적설지역   일반 지역

지진하중

• 설계용 수평 진도   0.5

• 지역계수   1.0

• 용도계수   1.0

(6) 강재의 방청 대책

두께 3.6mm 이하   SGMH400재   도금 사양 K35

| 두께 6.0mm 이상 | SS400재 | 용융 아연 도금 HDZ55 |
| 볼트 | 강도 구분 4.6 | 용융 아연 도금 HDZ35 |

(7) 동상 대책 깊이

불필요한 지역

(8) 구조물도(그림 1~3)

부재 단면

서까래 b1	C형강	C-75×45×15×2.3	(SGMH400)
윗보 G1	C형강	C-120×60×2×2.3	(SGMH400)
아랫보 G2	C형강	C-120×60×20×2.3	(SGMH400)
버팀대 P1	ㄷ형강	[-40×40×3.2	(SGMH400)
볼트	특기 사항이 없는 한	M12	(강도 구분 4.6)

1.2 구조 계산 방침

• 하중의 산정은 JIS C 8955 : 2017 태양전지 어레이용 지지물의 설계용 하중 산출 방법에 따른다.

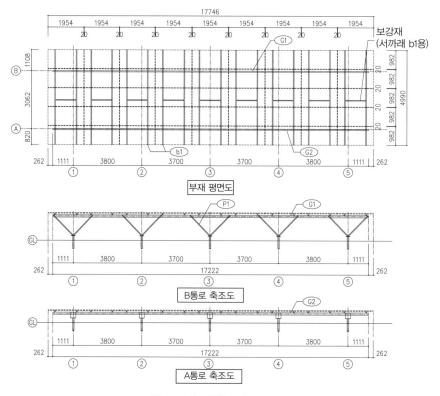

그림 1. 부재 평면도, 축조도

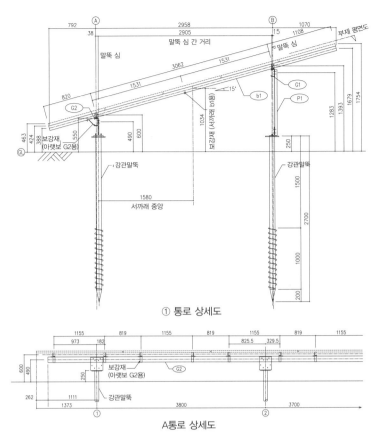

① 통로 상세도

A통로 상세도

그림 2. 상세도 1

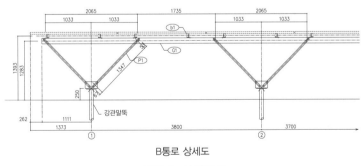

B통로 상세도

그림 3. 상세도 2

- 응력과 변형의 산정은 입체 골조 응력해석 프로그램으로 산정한다.

  프로그램 명칭 ＊＊＊＊
- 구조물 및 기초 설계는 허용 응력도 설계로 한다.
- 부재의 설계에는 '경강 구조설계 시공 지침·동 해설(일본건축학회)'을 준용한다.
- 허용 응력도의 산정에서는 좌굴의 영향을 고려한 평가식을 이용한다.
- 부재의 응력도 검정은 폭두께비와 돌출부의 공제를 고려한 유효 단면적을 이용한다.

• 기초 설계는 '건축 기초 구조 설계 지침(일본건축학회)'을 준용한다.

부재별 설계 방침

① 강재 중량

• 접합 철물 등을 고려하여 부재의 중량을 15% 증가시킨다.

② 서까래 b1, 윗보 G1, 아랫보 G2

• 모듈에 의한 서까래의 좌굴 방지 효과는 생각하지 않는다.

• 서까래, 아랫보에는 좌굴 방지로서 유효한 보강재를 설치한다.

• 서까래, 아랫보의 허용 굽힘 응력도 산정에 이용하는 지점 간 거리 l_b는 지점-보강재 간격을 채택한다.

• 스팬 도중에 보강재가 없는 윗보, 버팀대의 지점 간 거리 l_b는 지점-지점 간격을 채택한다.

• 보강재가 없는 캔틸레버부의 지점 간 거리 l_b는 튀어나온 길이의 2배로 한다.

• 최대 휨은 장기 1/200, 단기 1/100 이하로 한다.

• 윗보, 아랫보의 이음매는 강접합이 되게 한다.

③ 말뚝기초

• 말뚝의 허용 지지력은 말뚝의 재하시험에 의한 항복하중과 극한 지지력(최대 저항력)의 2/3 중 작은 쪽 값을 채택한다.

• 말뚝의 허용 수평 저항력은 말뚝의 재하시험에 의한 항복하중과 최대 저항력의 1/2 중 작은 쪽 값을 채택한다.

• 단기 시의 말뚝기초 플랜지 변위는 압입·인발 5mm 이하, 수평 25mm 이하로 한다.

1.3 사용하는 재료와 부위

사용하는 재료의 제원과 그 부위를 표 1, 2에 제시한다.

표 1. 사용 재료와 부위

재료 종별	적용	F값 (N/mm²)	종류	두께 (mm)	장기 허용 응력도 (N/mm²)	사용 부위
SS400 SSC400	●	235	인장재	t≦40	산정식에 의한다	접합부 철물 등 주각, 강관 말뚝 판두께 3.2mm를 넘는 재
			압축재		산정식에 의한다	
			굽힘재		산정식에 의한다	
			전단		F/(1.5√3)	
SGMH400	●	280	인장재	t≦9	산정식에 의한다	서까래, 윗보, 아랫보 보강재
			압축재		산정식에 의한다	
			굽힘재		산정식에 의한다	
			전단		F/(1.5√3)	

표 2. 사용 볼트

종류	적용	강도 구분	장기 허용 응력도 (나사부 단면적) (N/mm²)		사용 부위
			인장	전단	
볼트	●	4.6, 4.8	160	$160/\sqrt{3}$	접합부 전반
		5.6, 5.8	200	$200/\sqrt{3}$	
		6.8	280	$280/\sqrt{3}$	

2 하중 산정

2.1 하중 조건의 조합

하중의 조합을 **표 3**에 제시한다. 또한 지진하중 및 적설하중에 대해서는 계산 예를 생략한다.

2.2 고정하중

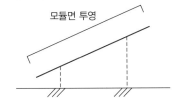

모듈면 투영

(1) 모듈

모듈면 투영 면적당 단위하중 γ_p는 다음과 같다.

$$\gamma_p = 45 \times 216/88.52 = 110 \text{N/mm}^2$$

모듈 수	5단×9열	→ 45매
모듈 중량	W_p=22kg/매	→216N/매
모듈면 투영 면적	A=17.74m×4.99m=88.52m²	
	(모듈 간의 틈새 포함)	

표 3. 하중의 조합

하중 케이스			적설지역 : 일반 지역		
【케이스 1】	장기	상시	G	하중 방향	
-생략-				X 방향	
-생략-	단기	지진 시	G + K	Y 방향	(정)
-생략-				Y 방향	(부)
【케이스 2】	단기	폭풍 시	G + W	Y 방향	(정)
【케이스 3】				Y 방향	(부)
-생략-	단기	적설 시	G + S	-	

G : 고정하중   W : 풍압하중   S : 적설하중   K : 지진하중

따라서 모듈면 투영 방향의 서까래 b1에 작용하는 모듈의 분포하중은 다음과 같다.

$$(1.95m+0.02m)/2\times110N/m^2=108N/m \rightarrow 110N/m/개$$

(2) 부재 자중(참고)

서까래 b1 : C-75×45×15×2.3   3.3kg/m → 32.3N/m

윗보 G1   : C-120×60×20×2.3   4.8kg/m → 47.0N/m

아랫보 G2 : C-120×60×20×2.3   4.8kg/m → 47.0N/m

버팀대 P1 : [-40×40×3.2   2.8kg/m → 27.4N/m

2.3 풍압하중

'JIS C 8955 태양전지 어레이용 지지물의 설계용 하중 산출 방법' 2016/11/21 의견 접수 공고 (JIS)에 따라 산정한다.

(1) 어레이면의 풍력계수 C_a

어레이면의 경사 각도 θ=15°에서,

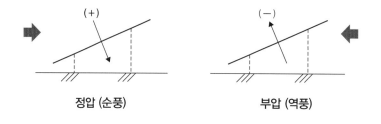

정압 (순풍)   부압 (역풍)

단부 어레이

    정압 $C_a(+)=0.35+0.055\times\theta-0.0005\times\theta^2$

                $=0.35+0.055\times15-0.0005\times15^2$

                $=1.06$

    부압 $C_a(-)=0.85+0.048\times\theta-0.0005\times\theta^2$

                $=0.85+0.048\times15-0.0005\times15^2$

                $=1.45$

중앙부 어레이

    단부 어레이 C_a의 0.6배로 한다.

    -계산 예에서는 생략-

(2) 설계용 속도압 q_p

$$q_p = 0.6 \times V^0_2 \times E \times I_w = 642 N/m^2$$

설계용 기준 풍속 $V_0 = 30m/s$

환경계수 $E = E_r^2 \times G_f = 1.19$

다만,

$E_r = 0.691$ $H \leq Z_b : E_r = 1.7 \times (Z_b/Z_G)^\alpha$

$H > Z_b : E_r = 1.7 \times (H/Z_G)^\alpha$

어레이면의 평균 지상고 $H = 0.46m + (1.75m - 0.46m)/2 = 1.11m$

가스트 영향계수 $G_f = 2.5$

지표면 조도 구분 Ⅲ→$Z_b = 5m$, $Z_G = 450m$, $\alpha = 0.20$

용도계수 $I_w = 1.0$

(3) 어레이면의 풍압하중

모듈면 투영 면적의 단위 면적당 풍압하중 $_\gamma W_a$는 다음과 같다.

단부 어레이

정압 $_\gamma W_a(+) = C_a(+) \times q_p = 1.06 \times 642 = 680 N/m^2$

부압 $_\gamma W_a(-) = C_a(-) \times q_p = 1.45 \times 642 = 930 N/m^2$

따라서 모듈면 투영 방향의 서까래 b1에 작용하는 풍압하중의 분포하중은 다음과 같다.

단부 어레이

정압 $(1.95m + 0.02m)/2 \times 680 N/m^2 = 669 N/m \rightarrow 670 N/m/$개

부압 $(1.95m + 0.02m)/2 \times 930 N/m^2 = 916 N/m \rightarrow 920 N/m/$개

(4) 지지물 구성재의 풍압하중

단체 부재의 풍압하중은 모듈면에 숨지 않고 부압 시에 직접 바람을 받는 B통로의 버팀대만 고려한다.

 홈형 단면(변장비 약 1:2) $C_b = 2.1$

버팀대의 단위 면적당 풍압하중 $_\gamma W_a$는 다음과 같다.

부압 $_\gamma W_a(-) = C_b \times q_p = 2.1 \times 642 N/m^2 = 1,348 N/m^2$

따라서 버팀대에 작용하는 풍압하중의 분포하중은 다음과 같다.

부압 $0.04m \times 1,348 N/m^2 = 53.9 N/m \rightarrow 60 N/m/$개

2.4 적설하중

- 계산 예에서는 생략 -

2.5 지진하중

- 계산 예에서는 생략 -

3 응력과 변형 산정

응력과 변형의 산정은 입체 골조 응력 해석 프로그램으로 한다.

3.1 입력 하중

- 모듈 하중 및 풍압하중은 모두 서까래에 미치는 분포하중으로 입력한다.
- 부재 자중은 해석 프로그램 내에서 자동 계산시킨다.
- 접합부 철물 등의 중량은 해석 프로그램 내에 부재 중량의 할증률로 해서 입력하고 자동 계산시킨다. 입력 하중의 내역은 **표 4**와 같다.

표 4. 입력 하중 일람

부위		부재		모듈 (어레이면)		버팀대 (단체 부재)
입력 방법		프로그램 내에서 자동 계산		서까래에 입력 (kN/m/개)		버팀대에 입력 (kN/m/개)
하중 종류	고정하중	•중량 : 자동 계산 •접합부 철물 등 : 할증률 •할증률 1.15	중량 0.11	–	–	–
	풍압하중	–	–	정압 0.67	부압 0.92	부압 0.06

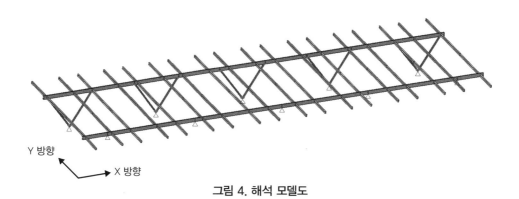

그림 4. 해석 모델도

3.2 해석 모델도

프로그램에 의한 해석 모델을 **그림 4**에 제시한다.

또한 모델링 범위는 A통로는 보 G2의 하단 위치, B통로는 주각 베이스 플레이트 하단 위치로 했다.

3.3 하중 입력도

고정하중을 **그림 5** (a)에, 풍압하중을 (b), (c)에 제시한다.

또한 부재 중량은 프로그램 내에서 자동 계산으로 하고 모듈 중량만 입력했다.

3.4 응력 해석 결과

각 하중 케이스의 응력 산정 결과는 다음과 같다.

(1) 굽힘 모멘트(**그림 6**)

(2) 전단력(**그림 7**)

(3) 축력(**그림 8**)

(4) 변위(**그림 9**)

(5) 지점 반력(**그림 10**)

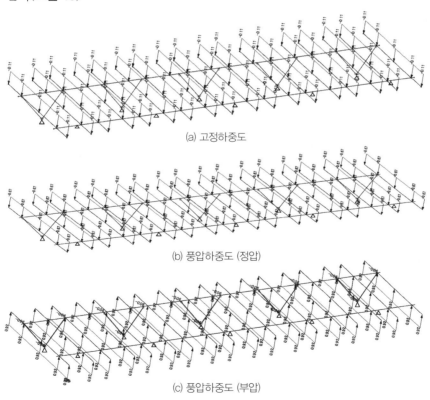

(a) 고정하중도

(b) 풍압하중도 (정압)

(c) 풍압하중도 (부압)

그림 5. 하중 입력도 (kN/m)

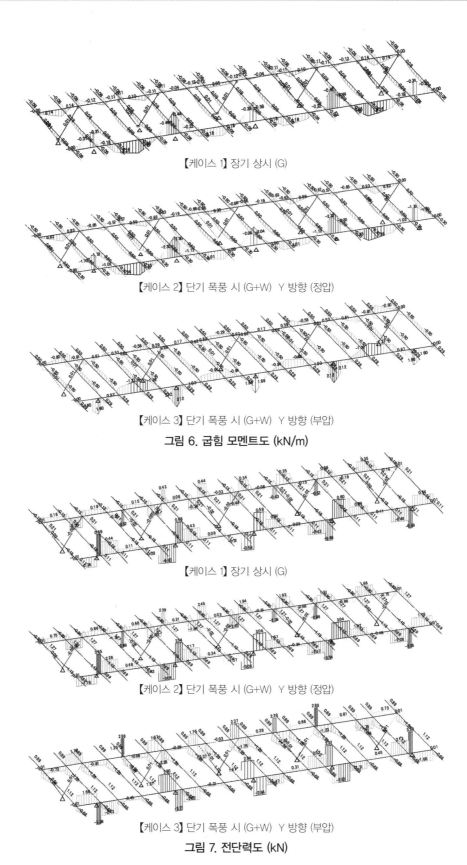

【케이스 1】 장기 상시 (G)

【케이스 2】 단기 폭풍 시 (G+W) Y 방향 (정압)

【케이스 3】 단기 폭풍 시 (G+W) Y 방향 (부압)

그림 6. 굽힘 모멘트도 (kN/m)

【케이스 1】 장기 상시 (G)

【케이스 2】 단기 폭풍 시 (G+W) Y 방향 (정압)

【케이스 3】 단기 폭풍 시 (G+W) Y 방향 (부압)

그림 7. 전단력도 (kN)

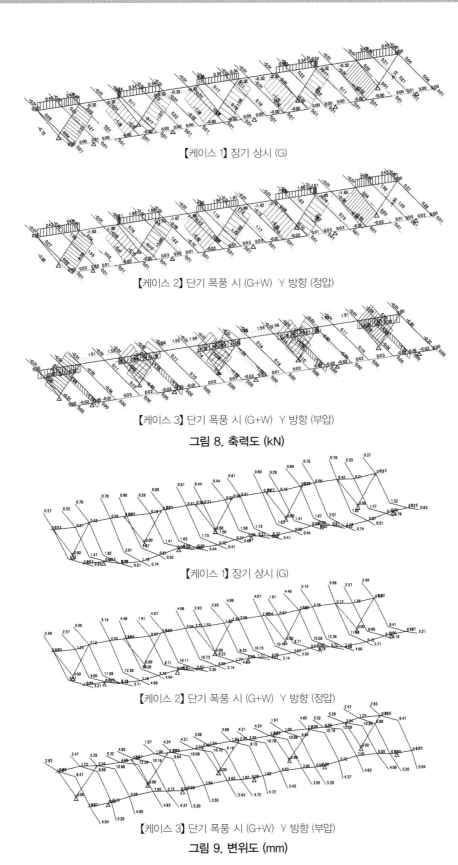

【케이스 1】장기 상시 (G)

【케이스 2】단기 폭풍 시 (G+W) Y 방향 (정압)

【케이스 3】단기 폭풍 시 (G+W) Y 방향 (부압)

그림 8. 축력도 (kN)

【케이스 1】장기 상시 (G)

【케이스 2】단기 폭풍 시 (G+W) Y 방향 (정압)

【케이스 3】단기 폭풍 시 (G+W) Y 방향 (부압)

그림 9. 변위도 (mm)

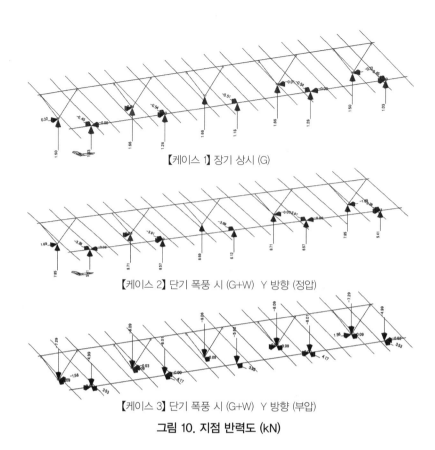

【케이스 1】 장기 상시 (G)

【케이스 2】 단기 폭풍 시 (G+W) Y 방향 (정압)

【케이스 3】 단기 폭풍 시 (G+W) Y 방향 (부압)

그림 10. 지점 반력도 (kN)

3.5 지점 반력 일람표

각 하중 케이스의 지점 반력 결과를 **표 5**와 **그림 11**에 제시한다.

표 5. 지점 반력 일람

(kN)

하중 케이스		A통로			B통로	
		R_{x1}	R_{y1}	R_{z1}	R_{x2}	R_{z2}
1	장기 상시 (G)	0.00	0.54	1.28	0.32	1.66
2	단기 폭풍 시 (G+W) Y 방향 (정압)	0.00	3.91	6.57	1.69	8.71
3	단기 폭풍 시 (G+W) Y 방향 (부압)	0.00	4.17	−6.01	1.56	−8.09

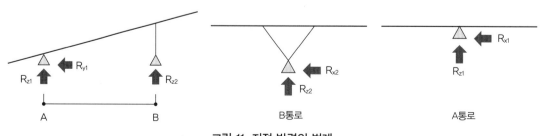

그림 11. 지점 반력의 범례

4 부재 설계

부재의 허용 응력도 산정 및 응력도 검정을 한다.

4.1 서까래 b1

그림 12에 서까래 b1을 제시한다.

(1) 부재의 제원

서까래 b1　C-75×45×15×2.3

　　$F=280N/mm^2$　　　：강재의 기준 강도(SGMH400)

　　$E=2.05×10^5N/mm^2$：강재의 영계수

　　$I_x=37.1×10^4mm^4$　：강축 방향의 단면 2차 모멘트

　　$Z_x=9.90×10^3mm^3$　：강축 방향의 단면계수

　　$i_y=16.9mm$　　　　：웨브에 평행인 축 회전 전단면의 단면 2차 반경

　　$I=3,062mm$　　　　：서까래 중앙 스팬의 보에 의한 지지 간격 길이

　　$I=1,108mm$　　　　：캔틸레버부의 최대 길이

(2) 허용 굽힘 응력도의 산정

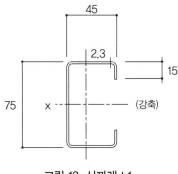

그림 12. 서까래 b1

1) 중앙 스팬

【강축 방향】

① 허용 응력도

　　압축 플랜지의 지점 간 거리 I_b

모듈에 의한 위아래 플랜지에 대한 보강 효과는 기대할 수 없다. 그 때문에 스팬 중앙에 서까래의 위아래 플랜지에 유효한 보강재를 마련하고, 지점-보강 간격을 지점 간 거리로 채택한다.

　　　　$I_b=3,062mm/2=1,531mm$

$$\lambda_y = I_b/i_y = 90.5 \quad C_b = 1.0 \quad 85\sqrt{C_b} = 85$$

따라서

$$\lambda_y > 85\sqrt{C_b} \rightarrow f_b = 1/3 \times [(\pi^2 \times E)/\lambda_y{}^2] \times C_b$$

장기 $f_{bx} = 1/3 \times [(3.14^2 \times 2.05 \times 10^5)/90.5^2] \times 1.0 = 82.2 N/mm^2$

단기 $f_{bx} = 82.2 \times 1.5 = 123 N/mm^2$

② 폭두께비의 검토

C형강의 플랜지부 폭두께비는 립부가 있기 때문에 두 쪽 가장자리 지지의 판(보강 가장자리 압축 플랜지)의 식을 채택한다.

플랜지 $1.6 \times \sqrt{(E/F)} = 43.2 \quad b/t = 19.5 \leqq 43.2 \quad$ 판정 OK

웨브 $\quad 2.4 \times \sqrt{(E/F)} = 64.9 \quad d/t = 32.6 \leqq 64.9 \quad$ 판정 OK

따라서 폭두께비로 인해 단면 성능이 떨어지지는 않는다.

③ 단면 결손을 고려한 단면 성능 산정

플랜지부의 모듈 설치용 볼트 구멍(지름 14mm)의 결손을 고려한다.

볼트 구멍의 결손부 단면 2차 모멘트 $\Delta I_x = 4.26 \times 10^4 mm^4$

유효 단면 2차 모멘트 $I_{xe} = I_x - \Delta I_x = 32.8 \times 10^4 mm^4$

유효 단면계수 $Z_{xe} = 32.8 \times 10^4/(75mm/2) = 87.4 \times 10^3 mm^3$

2) 캔틸레버 스팬

【강축 방향】

허용 응력도

압축 플랜지의 지점 간 거리 I_b

보강재를 두지 않은 캔틸레버 스팬이기 때문에 캔틸레버 스팬 길이의 2배를 채택한다.

$$I_b = 1,108mm \times 2 = 2,216mm$$

$$\lambda_y = I_b/i_y = 131 \quad C_b = 1.75 \quad 85\sqrt{C_b} = 112$$

따라서,

$$\lambda_y > 85\sqrt{C_b} \rightarrow f_b = 1/3 \times [(\pi^2 \times E)/\lambda_y{}^2] \times C_b$$

장기 $f_{bx} = 1/3 \times [(3.14^2 \times 2.05 \times 10^5)/131^2] \times 1.75 = 68.7 N/mm^2$

단기 $f_{bx} = 68.7 \times 1.5 = 103 N/mm^2$

(3) 응력도 검정

각 하중 케이스의 응력도와 휨의 검정 결과는 다음과 같다.

또한 검정에 이용하는 응력은 각 부재에 생기는 응력의 최댓값을 채택한다.

1) 중앙 스팬(**표 6, 7**)

2) 캔틸레버 스팬(**표 8, 9**)

178

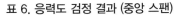

표 6. 응력도 검정 결과 (중앙 스팬)

응력도 검정 : 검정값이 1.0 이하라면 OK

$Z_{xe} = 8.74 \times 10^3 mm^3$ 장기 $f_{bx} = 82.2 N/mm^2$ 단기 $f_{bx} = 123 N/mm^2$

	하중 케이스	응력 (×10⁶Nmm)	응력도 (N/mm²)	검정값	판정
		M_x	$\sigma_{bx} = M_x/Z_{xe}$	σ_{bx}/f_{bx}	
1	장기(상시 G)	0.08	9.15	0.12	OK
2	단기(폭풍 시) Y 방향(정)	0.50	57.2	0.47	OK
3	단기(폭풍 시) Y 방향(부)	−0.50	−57.2	0.47	OK

표 7. 휨 검정 결과 (중앙 스팬)

휨 검정 : 검정값이 장기 1/200, 단기 1/000이라면 OK

l = 3,062mm

	하중 케이스	휨 (mm)	검정값	판정
		δ_x	$\delta_x/1$	
1	장기(상시 G)	2.01	1/1,523	OK
2	단기(폭풍 시 G+W) Y 방향(정)	12.3	1/248	OK
3	단기(폭풍 시 G+W) Y 방향(부)	12.2	1/250	OK

표 8. 응력도 검정 결과 (캔틸레버 스팬)

응력도 검정 : 검정값이 1.0 이하라면 OK

$Z_{xe} = 8.74 \times 10^3 mm^3$ 장기 $f_{bx} = 68.7 N/mm^2$ 단기 $f_{bx} = 103 N/mm^2$

	하중 케이스	응력 (× 10⁶Nmm)	응력도 (N/mm²)	검정값	판정
		M_x	$\sigma_{bx} = M_x/Z_{xe}$	σ_{bx}/f_{bx}	
1	장기 (상시 G)	− 0.08	− 9.15	0.14	OK
2	단기 (폭풍 시) Y 방향 (정)	− 0.50	− 57.2	0.56	OK
3	단기 (폭풍 시) Y 방향 (부)	0.50	57.2	0.56	OK

표 9. 휨 검정 결과 (캔틸레버 스팬)

휨 검정 : 검정값이 장기 1/200, 단기 1/00 이라면 OK

l = 1,108mm

	하중 케이스	휨 (mm)	검정값	판정
		δ_x	$\delta_x/1$	
1	장기 (상시 G)	0.78	1/1,420	OK
2	단기 (폭풍 시 G+W) Y 방향 (정)	5.15	1/215	OK
3	단기 (폭풍 시 G+W) Y 방향 (부)	5.32	1/208	OK

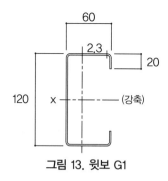

그림 13. 윗보 G1

4.2 윗보 G1

그림 13에 윗보 G1을 제시한다.

(1) 부재의 제원

윗보 G1   C-120×60×20×2.3

F=280N/mm²	:강재의 기준 강도(SGMH400)
E=2.05×10⁵N/mm²	:강재의 영계수
I_x=140×10⁴mm⁴	:강축 방향의 단면 2차 모멘트
Z_x=23.3×10³mm³	:강축 방향의 단면계수
i_y=22.7mm	:웨브에 평행한 축 회전 전단면의 단면 2차 반경
I=2,065mm	:버팀대에 의한 지지 간격의 최대 길이

(2) 허용 굽힘 응력도 산정

【강축 방향】

1) 허용 응력도

압축 플랜지의 지점 간 거리 I_b

위아래 플랜지에 대해 유효한 보강재를 설치하지 않았기 때문에 서까래 간격은 채택할 수 없다. 그 때문에 버팀대-버팀대 간격의 최대 스팬을 지점 간 거리로 채택한다.

버팀대 간격   2,065mm 및 1,735mm

따라서,

I_b=2,065mm

λ_y=I_b/i_y=90.9 C_b=1.0 $85\sqrt{C_b}$=85

따라서,

λ_y>$85\sqrt{C_b}$→f_b=1/3×[(π^2×E)/λ_y^2]×C_b

장기 f_{bx}=1/3×[(3.14²×2.05×10⁵)/90.9²]×10=81.5N/mm²

단기 f_{bx}=81.5×1.5=122N/mm²

180

2) 폭두께비의 검토

C형강 플랜지부의 폭두께비는 립부가 있기 때문에 두 쪽 가장자리 지지의 판(보강 가장자리 압축 플랜지)의 식을 채택한다.

$$플랜지 \quad 1.6 \times \sqrt{(E/F)} = 43.2 \quad b/t = 26.0 \leqq 43.2 \quad 판정 \; OK$$

$$웨브 \quad 2.4 \times \sqrt{(E/F)} = 64.9 \quad d/t = 52.1 \leqq 64.9 \quad 판정 \; OK$$

따라서 폭두께비로 인해 단면 성능이 떨어지지는 않는다.

3) 단면 결손을 고려한 단면 성능 산정

플랜지부의 서까래재 설치용 볼트 구멍(지름 14mm)의 결손을 고려한다.

볼트 구멍 결손부의 단면 2차 모멘트 $\quad \Delta_{Ix} = 25.0 \times 10^4 \, mm^4$

유효 단면 2차 모멘트 $\qquad\qquad\qquad I_{xe} = I_x - \Delta I_x = 115 \times 10^4 \, mm^4$

유효 단면계수 $\qquad\qquad\qquad\qquad Z_{xe} = 115 \times 10^4 / (120mm/2) = 19.1 \times 10^3 \, mm^3$

(3) 응력도 검정

각 하중 케이스의 응력도와 휨의 검정 결과를 **표 10, 11**에 제시한다.

한편 검정에 이용한 응력은 각 부재에 생기는 응력의 최대값을 채택했다.

표 10. 응력도 검정 결과

응력도 검정 : 검정값이 1.0 이하라면 OK

$\qquad Z_{xe} = 19.1 \times 10^3 \, mm^3 \quad$ 장기 $f_{bx} = 81.5 N/mm^2 \quad$ 단기 $f_{bx} = 122 N/mm^2$

	하중 케이스	응력 ($\times 10^6 Nmm$)	응력도 (N/mm^2)	검정값	판정
		M_x	$\sigma_{bx} = M_x / Z_{xe}$	σ_{bx} / f_{bx}	
1	장기(상시 G)	0.14	7.32	0.09	OK
2	단기(폭풍 시) Y 방향(정)	0.83	43.4	0.36	OK
3	단기(폭풍 시) Y 방향(부)	−0.81	−42.4	0.35	OK

표 11. 휨 검정 결과

휨 검정 : 검정값이 장기 1/200, 단기 1/00 이라면 OK

$\qquad l = 2,065 \, mm$

	하중 케이스	휨 (mm)	검정값	판정
		δ_x	δ_x / l	
1	장기(상시 G)	0.58	1/3,560	OK
2	단기(폭풍 시 G+W) Y 방향(정)	4.35	1/474	OK
3	단기(폭풍 시 G+W) Y 방향(부)	4.68	1/441	OK

4.3 아랫보 G2

그림 14에 아랫보 G₂를 제시한다.

(1) 부재의 제원

아랫보 G2   C-120×60×20×2.3

$F=280N/mm^2$: 강재의 기준 강도(SGMH400)

$E=2.05×10^5N/mm^2$: 강재의 영계수

$I_x=140×10^4mm^4$: 강축 방향의 단면 2차 모멘트

$Z_x=23.3×10^3mm^3$: 강축 방향의 단면계수

$i_y=22.7mm$: 웨브에 평행한 축 회전 전단면의 단면 2차 반경

$I=3,800mm$: 주각에 의한 지지 간격 최대 길이

$I=1,111mm$: 캔틸레버부의 최대 길이

(2) 허용 굽힘 응력도의 산정

1) 중앙 스팬

【강축 방향】

① 허용 응력도

　압축 플랜지의 지점 간 거리 I_b

서까래 위치에서 아랫보의 위아래 플랜지에 대해 유효한 보강재를 설치했다. 그 때문에 서까래-서까래 간격의 최대 스팬을 지점 간 거리로 채택한다.

서까래 간격   1,155mm 및 819mm

따라서,

　　$I_b=1,155mm$

　　$\lambda_y=I_b/i_y=50.8$ $C_b=1.0$ $85\sqrt{C_b}=85$

따라서,

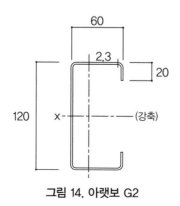

그림 14. 아랫보 G2

$$\lambda_y \leqq 85\sqrt{C_b} \rightarrow f_b = \{1.1-0.6\times[F/(\pi^2 \times E \times C_b)] \times \lambda_y{}^2]\} \times f_t \quad \text{또한 } f_b \leqq f_t$$

장기 $f_{bx} = \{1.1-0.6\times[280/(3.14^2 \times 2.05 \times 10^5 \times 1.0)] \times 50.8^2\} \times 186 = 164N/mm^2$

여기에,

$$f_t = F/3 = 280/1.5 = 186N/mm^2$$

단기 $f_{bx} = 164 \times 1.5 = 246N/mm^2$

② 폭두께비의 검토

윗보 G1과 같은 단면이므로 폭두께비로 인해 단면 성능이 떨어지지는 않는다.

③ 단면 결손을 고려한 단면 성능의 산정

플랜지부의 서까래 설치용 볼트 구멍(지름 14mm)의 결손을 고려한다.

볼트 구멍 결손부의 단면 2차 모멘트 $\quad \Delta I_x = 25.0 \times 10^4 mm^4$

유효 단면 2차 모멘트 $\qquad\qquad\qquad I_{xe} = I_x - \Delta I_x = 115 \times 10^4 mm^4$

유효 단면계수 $\qquad\qquad\qquad\qquad Z_{xe} = 115 \times 10^4/(120mm/2) = 19.1 \times 10^3 mm^3$

2) 캔틸레버 스팬

【강축 방향】

허용 응력도

압축 플랜지의 지점 간 거리 I_b

캔틸레버 스팬이지만 캔틸레버부 아랫보의 위아래 플랜지에 대해 유효한 보강재를 설치했다. 때문에 서까래-주각 간격을 지점 간 거리로 채택한다.

$$I_b = 973mm$$

$$\lambda_y = I_b/i_y = 973/22.7 = 42.8 \quad C_b = 1.75 \quad 85\sqrt{C_b} = 112$$

따라서,

$$\lambda_y \leqq 85\sqrt{C_b} \rightarrow f_b = \{1.1-0.6\times[F/(\pi^2 \times E \times C_b)] \times \lambda_y{}^2]\} \times f_t \quad \text{또한 } f_b \leqq f_t$$

장기 $f_{bx} = \{1.1-0.6\times[280/(3.14^2 \times 2.05 \times 10^5 \times 1.75)] \times 42.8^2\} \times 186 = 188N/mm^2 \rightarrow 186N/mm^2$

여기에,

$$f_t = F/3 = 280/1.5 = 186N/mm^2$$

단기 $f_{bx} = 186 \times 1.5 = 280N/mm^2$

(3) 응력도 검정

각 하중 케이스의 응력도와 휨의 검정 결과를 다음에 제시한다.

또한 검정에 이용한 응력은 각 부재에 생긴 응력의 최댓값을 채택했다.

1) 중간 스팬(**표 12, 13**)

2) 캔틸레버 스팬(**표 14, 15**)

표 12. 응력도 검정 결과 (중앙 스팬)

응력도 검정 : 검정값이 1.0 이하라면 OK

$Z_{xe} = 19.1 \times 10^3 \, mm^3$　장기 $f_{bx} = 164 \, N/mm^2$　단기 $f_{bx} = 246 \, N/mm^2$

	하중 케이스	응력 (×10⁶Nmm) M_x	응력도 (N/mm²) $\sigma_{bx} = M_x / Z_{xe}$	검정값 σ_{bx}/f_{bx}	판정
1	장기(상시 G)	−0.44	−23.0	0.15	OK
2	단기(폭풍 시) Y 방향(정)	−2.30	−120	0.49	OK
3	단기(폭풍 시) Y 방향(부)	2.12	110	0.45	OK

표 13. 휨 검정 결과 (중앙 스팬)

휨 검정 : 검정값이 장기 1/200, 단기 1/00 이라면 OK

$l = 3,700 \, mm$

	하중 케이스	휨 (mm) δ_x	검정값 δ_x/l	판정
1	장기(상시 G)	1.19	1/3,109	OK
2	단기(폭풍 시 G+W) Y 방향(정)	7.10	1/521	OK
3	단기(폭풍 시 G+W) Y 방향(부)	7.05	1/524	OK

표 14. 응력도 검정 결과 (캔틸레버 스팬)

응력도 검정 : 검정값이 1.0 이하라면 OK

$Z_{xe} = 19.1 \times 10^3 \, mm^3$　장기 $f_{bx} = 186 \, N/mm^2$　단기 $f_{bx} = 280 \, N/mm^2$

	하중 케이스	응력 (kNm) M_x	응력도 (N/mm²) $\sigma_{bx} = M_x / Z_{xe}$	검정값 σ_{bx}/f_{bx}	판정
1	장기(상시 G)	−0.31	−16.2	0.09	OK
2	단기(폭풍 시) Y 방향(정)	−1.70	−89.0	0.32	OK
3	단기(폭풍 시) Y 방향(부)	1.60	83.7	0.30	OK

표 15. 휨 검정 결과 (캔틸레버 스팬)

휨 검정 : 검정값이 장기 1/200, 단기 1/000이라면 OK

$l = 1,111 \, mm$

	하중 케이스	휨 (mm) δ_x	검정값 δ_x/l	판정
1	장기(상시 G)	0.15	1/7,406	OK
2	단기(폭풍 시 G+W) Y 방향(정)	1.07	1/1,038	OK
3	단기(폭풍 시 G+W) Y 방향(부)	1.33	1/835	OK

4.4 버팀대 P1

그림 15에 버팀대 P1을 제시했다.

(1) 부재의 제원

버팀대 P1 [−40×40×3.2

$F=280N/mm^2$:강재의 기준 강도(SGMH400)

$E=2.05×10^5N/mm^2$:강재의 영계수

$A=350mm^2$:전단면적

$Z_y=2.3×10^3mm^3$:강축 방향의 단면계수

$i_y=12.8mm$:웨브에 평행한 축 회전 전단면의 단면 2차 반경

$I_k=1,347mm$:좌굴 길이

또한 버팀대의 단체 부재로서 고압하중은 버팀대의 약축 단면 방향으로 작용한다. 그 때문에 굽힘 응력에 대한 검토는 버팀대의 약축 방향의 단면에 대해 실시한다.

(2) 허용 인장 응력도의 산정

1) 허용 응력도

장기 $f_t=F/1.5=186N/mm^2$

단기 $f_t=186×1.5=280N/mm^2$

2) 유효 단면적

돌출부의 무효 부분 및 버팀대 설치용 볼트 구멍(지름 14mm)의 결손을 고려한다.

유효 단면적 $A_e=A-\Delta A_1-\Delta A_2=126mm^2$

돌출각의 무효 부분 $\Delta A_1=28mm×3.2mm×2=179mm^2$

여기에,

볼트 2-M12에서 돌출각의 무효 길이 $h_n=0.7h=0.7×40mm=28mm$

볼트 결손 부분 $\Delta A_2=14mm×3.2mm=44.8mm^2$

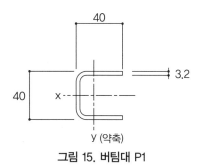

그림 15. 버팀대 P1

(3) 허용 굽힘 응력도의 산정

【약축 방향】

1) 허용 응력도

$$f_b = f_t$$

장기 $f_{by} = f_t = 186N/mm^2$

단기 $f_{by} = 186 \times 1.5 = 280N/mm^2$

2) 폭두께비의 검토

경량 홈형강 플랜지부의 폭두께비는 한쪽 가장자리 지지 다른 쪽 가장자리 자유의 판돌출 부분의 식을 채택한다.

플랜지 $0.53 \times \sqrt{(E/F)} = 14.3$ b/t=12.5≦14.3 판정 OK

웨브 $1.6 \times \sqrt{(E/F)} = 43.2$ d/t=12.5≦43.2 판정 OK

따라서 폭두께비로 인해 단면계수가 떨어지지는 않는다.

(4) 허용 압축 응력도의 산정

1) 허용 응력도

$$\lambda_y = I_k / i_y = 1,347mm / 12.8mm = 105$$

$$\Lambda = \sqrt{[3.14^2 \times 2.05 \times 10^5) / (0.6 \times 280)]} = 109$$

따라서,

$$\lambda_y \leq \Lambda \rightarrow f_c = \{[1 - 0.4 \times (\lambda / \Lambda)^2] / \nu\} \times F$$

장기 $f_c = \{[1 - 0.4 \times (105/109)^2] / 2.11\} \times 280 = 83.4N/mm^2$

여기에,

$$\nu = 3/2 + 2/3 \times (105/109)^2 = 2.11$$

단기 $f_c = 83.4 \times 1.5 = 125N/mm^2$

2) 폭두께비의 검토

ㄷ형강의 플랜지부 폭두께비는 한쪽 가장자리 지지 다른 쪽 가장자리 자유의 판돌출 부분의 식을 채택한다.

플랜지 $0.53 \times \sqrt{(E/F)} = 14.3$ b/t=12.5≦14.3 판정 OK

웨브 $1.6 \times \sqrt{(E/F)} = 43.2$ d/t=12.5≦43.2 판정 OK

따라서 폭두께비로 인해 단면적이 줄지는 않는다.

(5) 응력도 검정

각 하중 케이스의 응력도와 휨의 검정 결과는 다음과 같다.

또한 검정에 이용하는 응력은 각 부재에 생기는 응력의 최댓값을 채택했다.

1) 축력(**표 16**)

2) 굽힘(**표 17**)

3) 조합(축력＋굽힘)(**표 18**)

4.5 보 이음매

보 이음매는 존재 응력의 최댓값에 대해서 허용 응력도를 설계한다.

표 16. 응력도 검정 결과

응력도 검정 : 검정값이 1.0 이하라면 OK

$A_e=126mm^2$ 　장기 $f_t=186N/mm^2$ 　단기 $f_t=280N/mm^2$
$A=350mm^2$ 　장기 $f_c=83N/mm^2$ 　단기 $f_c=124N/mm^2$

하중 케이스	축력 $(\times 10^3N)$		응력도 (N/mm^2)		검정값		판정
	N_c	N_t	σ_c $=N_c/A$	σ_t $=N_t/A_e$	σ_c/f_c	σ_t/f_t	
1 　장기(상시 G)	−1.21	−	−3.45	−	0.05	−	OK
2 　단기(폭풍 시) Y 방향(정)	−6.39	−	−18.2	−	0.15	−	OK
3 　단기(폭풍 시) Y 방향(부)	−	5.99	−	47.5	−	0.17	OK

표 17. 응력도 검정 결과

응력도 검정 : 검정값이 1.0 이하라면 OK

$Z_y=2.3\times 10^3 mm^3$ 　장기 $f_{bx}=186N/mm^2$ 　단기 $f_{bx}=280N/mm^2$

하중 케이스	굽힘 응력 $(\times 10^6Nmm)$	응력도 (N/mm^2)	검정값	판정
	M_y	σ_{by} $=M_y/Z_y$	σ_{by}/f_{by}	
1 　장기(상시 G)	−	−	−	−
2 　단기(폭풍 시) Y 방향(정)	−	−	−	−
3 　단기(폭풍 시) Y 방향(부)	0.02	8.69	0.04	OK

표 18. 응력도 검정 결과

응력도 검정 : 검정값이 1.0 이하라면 OK

하중 케이스	검정값					판정
	축력		굽힘	축력+굽힘		
	σ_c/f_c	σ_t/f_t	σ_{by}/f_{by}	$\sigma_c/f_c+\sigma_{by}/f_{by}$	$\sigma_t/f_t+\sigma_{by}/f_{by}$	
1 　장기 (당시 G)	0.05	−	−	0.05	−	OK
2 　단기(폭풍 시) Y 방향(정)	0.15	−	−	0.15	−	OK
3 　단기(폭풍 시) Y 방향(부)	−	0.17	0.04	−	0.21	OK

(1) 보 이음매(윗보 G1, 아랫보 G2)

그림 16에 보 이음매를 제시한다.

1) 보 이음매의 제원

보   C-120×60×20×2.3

중 볼트 (강도 구분 4.6)   플랜지 : 2-M12

                                          웨브 : 2-M12

스플라이스 플레이트 (SS400) 플랜지 : PL-260×45×3.2

                                          웨브 : PL-260×100×3.2

2) 보에 생기는 응력

[케이스 2]단기 폭풍 시(G+W) Y 방향(정압)

최대 굽힘 모멘트 M=−2.30×10⁶Nmm

[케이스 2]단기 폭풍 시(G+W) Y 방향(정압)

최대 전단력   Q=3.65×10³N

3) 볼트 검토

볼트가 부담하는 응력은 굽힘 모멘트는 플랜지 볼트가, 전단력은 웨브 볼트가 부담하도록 한다.

① 플랜지 볼트

　　볼트에 생기는 전단력 Q_1=M/h/n_1=2.30×10⁶/120/2=9.58×10³N개

　　보 높이   h=120mm

　　한쪽 볼트 개수 n_1=2개

　　볼트에 생기는 전단 응력도

　　　　τ =Q_1/A_e=9.58×10³/84 = 114N/mm²

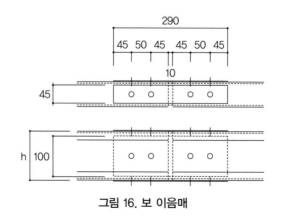

그림 16. 보 이음매

여기에,

$A_e = A \times 0.75 = 84mm^2$ 볼트의 나사부 단면적

볼트 축부 면적 $A = 113mm^2$

중 볼트의 단기 허용 전단 응력도

$$f_s = f_t \sqrt{3} \times 1.5 = 138N/mm^2$$

여기에,

장기 허용 인장 응력도 $f_t = 160N/mm^2$

응력도 검정

$\tau / f_s = 114/138 = 0.83 \leq 1.0$ 판정 OK

② 웨브 볼트

볼트에 생기는 전단력 $Q_2 = Q/n_2 = 3.65 \times 10^3/2 = 1.82 \times 10^3N/개$

한쪽 볼트 개수 $n_2 = 2$개

볼트에 생기는 전단 응력도 τ

$$\tau = Q_2/A_e = 1.82 \times 10^3/84 = 21.6N/mm^2$$

여기에,

볼트의 나사부 단면적 $A_e = A \times 0.75 = 84mm^2$

볼트 축부 면적 $A = 113mm^2$

중 볼트의 단기 허용 전단 응력도 f_s

$$fs = f_t/\sqrt{3} \times 1.5 = 138N/mm^2$$

여기에,

장기 허용 인장 응력도 $f_t = 160N/mm^2$ (강도 구분 4.6)

응력도 검정

$\tau / f_s = 21.6/138 = 0.16 \leq 1.0$ 판정 OK

③ 플랜지 측 스플라이스 플레이트

스플라이스 플레이트에 생기는 인장력

$$T_1 = M/h = 2.30 \times 10^6/120 = 19.1 \times 10^3N$$

스플라이스 플레이트에 생기는 인장 응력도

$$\sigma_t = T_1/A_e = 19.1 \times 10^3/99 = 192N/mm^2$$

여기에,

플레이트의 유효 단면적 $A_e = A - \Delta A = 99mm^2$

플레이트 단면적 $A = 45 \times 3.2 = 144mm^2$

볼트 구멍(14ϕ) 단면 $\triangle A = 14 \times 3.2 = 45mm^2$

스플라이스 플레이트의 단기 허용 인장 응력도

$$f_t = F = 235N/mm^2 (SS400재)$$

응력도 검정

$$\sigma_t/f_t = 192/235 = 0.82 \leqq 1.0 \quad 판정 \ OK$$

④ 웨브 측 스플라이스 플레이트

플레이트에 생기는 전단력 $Q = 3.65 \times 10^3 N$

스플라이스 플레이트에 생기는 전단 응력도

$$\tau = Q/A_e = 3.65 \times 10^3/275 = 13.2 N/mm^2$$

여기에,

플레이트의 유효 단면적 $\quad A_e = A - \Delta A = 275 mm^2$

플레이트 단면적 $\quad\quad\quad A = 100 \times 3.2 = 320 mm^2$

볼트 구멍(14ϕ)단면 $\quad\quad \Delta A = 14 \times 3.2 \times 1 개 = 44.8 mm^2$

스플라이스 플레이트의 단기 허용 전단 응력도

$$f_s = F/\sqrt{3} = 135 N/mm^2 (SS400재)$$

응력도 검정

$$\tau/f_s = 13.2/135 = 0.1 \leqq 1.0 \quad 판정 \ OK$$

4.6 주각

주각(column base)은 존재 응력의 최대값에 대해서 허용 응력도를 설계한다.

⑴ A 통로 주각

주각 철물의 개요는 **그림 17**과 같다. 또한 베이스 플레이트 끝단과 앵커 볼트로 지지를 받는 캔틸레버재로 설계한다.

1) 제원

주각 철물(SS400)

판두께 $\quad\quad\quad\quad\quad$ t=12mm

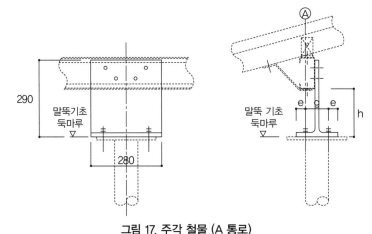

그림 17. 주각 철물 (A 통로)

주각 폭　　　　　　　　B=280mm

앵커 볼트 개수　　　　　n=4개

가로 홀 거리　　　　　　e=40mm

게이지　　　　　　　　　g=90mm

수평력 작용 높이　　　　h=90mm

앵커 볼트　　　　　　　4-M12(강도 구분 4.6)

2) 지점 반력

[케이스 2] 단기 폭풍 시(G+W) Y 방향(정압)

　　수평 방향　　　R_{y1}=3.91×10³N

　　연직 방향　　　R_{z1}=6.57×10³N

[케이스 3]단기 폭풍 시(G+W) Y 방향(부압)

　　수평 방향　　　R_{y1}=4.17×10³N

　　연직 방향　　　R_{z1}=6.01×10³N

3-1) 입식 플레이트

입식 플레이트에 생기는 굽힘 응력　　　$M=R_{y1}×h$=4.17×10³×190mm=7.92×10⁵Nmm

입식 플레이트에 생기는 굽힘 응력도　　σ_b=M/Z=7.92×10⁵/6,720=117N/mm²

여기에,

　　　　입식 플레이트의 단면계수　　　Z=(280mm×12²mm)/6=6,720mm³

입식 플레이트의 단기 허용 굽힘 응력도

　　　　f_b=f_t×1.5= 235N/mm²

여기에,

　　　　장기 허용 인장 응력도 f_t=F/1.5N/mm²(SS400　F=235N/mm²)

응력도 검정

　　　　σ_b/f_b=117/235=0.50≦1.0　판정 OK

3-2) 앵커 볼트

조합하중에 의해 가장 조건이 까다로워지는 [케이스 3] 단기 폭풍 시(G+W) Y 방향(부압)으로 검토한다.

　　볼트에 생기는 축력(인장)　N=R_{z1}/n+M/g/(n/2)

　　　　　　　　　　　　　　=6.01×10³/4개+7.92×10⁵/90mm/(4개/2)

　　　　　　　　　　　　　　=5.90×10³N/개

　　볼트에 생기는 전단력　　　Q=R_{y1}/n=4.17×10³/4개=1.04×10³N/

　　볼트에 생기는 인장 응력도 σ_t=N/A_e=5.90×10³/84=70.2N/mm²

　　볼트에 생기는 전단 응력도 τ=Q/A_e=1.04×10³/84=12.3N/mm²

여기에,

　　　　볼트의 나사부 단면적　　$A_e = A \times 0.75 = 84 \text{mm}^2$

　　　　볼트 축부 면적　　　　　　$A = 113 \text{mm}^2$

전단을 동시에 받는 중 볼트의 단기 허용 인장 응력도

　　　　$f_{ts} = (1.4 \times f_{t0} - 1.6 \times \tau) \times 1.5 = 110 \text{N/mm}^2$

여기에,

　　　　장기 허용 인장 응력도　　$f_{t0} = f_t = 160 \text{N/mm}^2$ (강도 구분 4.6)

　　　　장기 허용 전단 응력도　　$\tau = f_s = f_t / \sqrt{3} = 94 \text{N/mm}^2$

중 볼트의 단기 허용 전단 응력도

　　　　$f_s = f_t / \sqrt{3} \times 1.5 = 138 \text{N/mm}^2$

여기에,

　　　　장기 허용 인장 응력도 $f_t = 160 \text{N/mm}^2$ (강도 구분 4.6)

응력도 검정

　　　　$\sigma_t / f_{ts} = 70.2 / 110 = 0.64 \leqq 1.0$　판정 OK

　　　　$\tau / f_s = 12.3 / 138 = 0.09 \leqq 1.0$　판정 OK

3-3) 베이스 플레이트

베이스 플레이트에 생기는 굽힘 응력　$M = (N \times n/2) \times (g/2)$

　　　　　　　　　　　　　　　　　　$= (5.90 \times 10^3 \times 4개/2) \times (90 \text{mm}/2)$

　　　　　　　　　　　　　　　　　　$= 5.31 \times 10^5 \text{Nmm}$

베이스 플레이트에 생기는 굽힘 응력도 $\sigma_b = M/Z = 79.0 \text{N/mm}^2$

여기에,

　　　　베이스 플레이트의 단면계수 $Z = (280 \text{mm} \times 12^2 \text{mm})/6 = 6,720 \text{mm}^3$

　　　　베이스 플레이트의 단기 허용 굽힘 응력도

　　　　$f_b = f_t \times 1.5 = 235 \text{N/mm}^2$

여기에,

　　　　장기 허용 인장 응력도　$f_t = F/1.5 \text{N/mm}^2$ (SS400　F = 235 N/mm²)

응력도 검정

　　　　$\sigma_b / f_b = 79.0 / 235 = 0.34 \leqq 1.0$　판정 OK

(2) B 통로 주각

　주각 철물의 개요는 **그림 18**과 같다. 또한 베이스 플레이트 끝단과 앵커 볼트로 지지를 받는 캔틸레버재로 설계한다.

　1) 제원

　주각 철물(SS400)

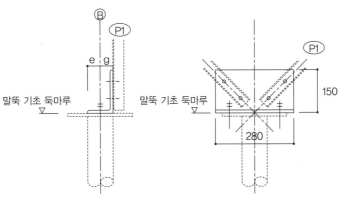

그림 18. 주각 철물 (B 통로)

판두께	t=9mm
주각 폭	B=280mm
앵커 볼트 개수	n=2개
가로 홀 거리	e=45mm
게이지	g=45mm
앵커 볼트	2-M12(강도 구분 4.6)

2) 지점 반력

[케이스 3] 단기 폭풍 시(G+W) Y 방향(정압)

수평 방향　　　R_{y2}=1.56×10³N

연직 방향　　　R_{z2}=−8.09×10³N

3-1) 앵커 볼트

볼트에 생기는 축력　　　$N=\{R_{z2}\times(1+g/e)\}/n$=8.09×10³N/개

볼트에 생기는 전단력　　　$Q=R_{y2}/n$=0.78×10³N/개

볼트에 생기는 인장 응력도　　　$\sigma_t=N/A_e$=8.09×10³/84=96.3N/mm²

볼트에 생기는 전단 응력도　　　$\tau=Q/A_e$=0.78×10³/84=9.28N/mm²

여기에,

볼트의 나사부 단면적　　　$A_e=A\times0.75$=84mm²

볼트 축부 면적　　　A=113mm²

전단을 동시에 받는 중 볼트의 단기 허용 인장 응력도

$f_{ts}=(1.4\times f_{t0}-1.6\times\tau)\times1.5$=110N/mm²

여기에,

장기 허용 인장 응력도　　　$f_{t0}=f_t$=160N/mm² (강도 구분 4.6)

장기 허용 전단 응력도　　　$\tau=f_s=f_t/\sqrt{3}$=94N/mm²

중 볼트의 단기 허용 전단 응력도

$$f_s = f_t / \sqrt{3} \times 1.5 = 138 \text{N/mm}^2$$

여기에,

장기 허용 인장 응력도　$f_t = 160 \text{N/mm}^2$ (강도 구분 4.6)

응력도 검정

$\sigma_t / f_{ts} = 96.3/110 = 0.88 \leqq 1.0$　판정　OK

$\tau / f_s = 9.28/138 = 0.07 \leqq 1.0$　　판정　OK

3-2) 베이스 플레이트

베이스 플레이트에 생기는 굽힘 응력　　$M = R_{z2} \times g = 3.64 \times 10^5 \text{Nmm}$

베이스 플레이트에 생기는 굽힘 응력도　$\sigma_b = M/Z_e = 3.64 \times 10^5 / 3{,}321 = 109 \text{N/mm}^2$

여기에,

베이스 플레이트의 유효 단면계수　　　　$Z_e = Z - \Delta Z = 3{,}321 \text{mm}^3$

베이스 플레이트의 단면계수　　　　　　$Z = (280 \text{mm} \times 9^2 \text{mm})/6 = 3{,}780 \text{mm}^3$

앵커 볼트 구멍부(17ϕ)의 단면계수　　　$\Delta Z = 459 \text{mm}^3$

베이스 플레이트의 단기 허용 굽힘 응력도

$$f_b = f_t \times 1.5 = 235 \text{N/mm}^2$$

여기에,

장기 허용 인장 응력도　$f_t = F/1.5 \text{N/mm}^2$ (SS400　F = 235 \text{N/mm}^2)

응력도 검정

$\sigma_b / f_b = 109/235 = 0.47 \leqq 1.0$　판정　OK

5 기초 설계

5.1 설계 방침 (말뚝기초)

사용하는 스파이럴 말뚝(강관말뚝)은 제3자 기관으로부터 지지력 산정 등에 대한 기술 평가를 받지 않았다. 그러므로 해당 부지에서 말뚝 재하시험을 해서 본 설계의 허용 지지력과 저항력을 설정한다.

5.2 말뚝 사양 및 시험 개요

말뚝의 개요는 **표 19** 및 **그림 19**와 같다.

5.3 허용 지지력의 설정

⑴ 압입 지지력

연직 재하시험 결과는 **그림 20**과 같다.

• 시험 결과, 최대 시험 하중(항복하중의 1.5배)에서는 커다란 소성 변형(고체 재료의 가소성을

표 19. 말뚝의 사양 (mm)

재질	말뚝 축 지름	강관 두께	말뚝 전체 길이	땅속 말뚝 길이
SS 400	ϕ 89.0	4.0	2,700	2,450

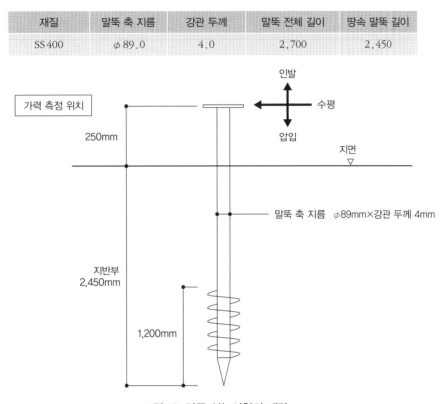

그림 19. 말뚝 성능시험의 개략

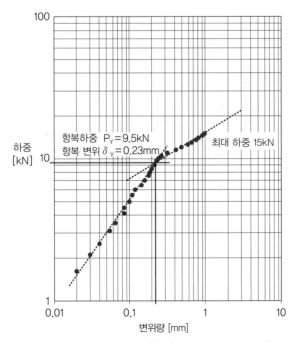

그림 20. 연직 재하시험 결과 logP〜logS 곡선도

이용해서 누르거나 두들겨서 모양을 바꾸는 일)이 확인되지 않았다. 그 때문에 극한 지지력에는 아직 이르지 않았다고 판단해 최대 시험 하중 15kN을 극한 지지력으로 했다.

- 항복하중은 탄성거동으로 간주할 수 있는 1차 강성 상한 9.5kN로 하고, 변위도 0.23mm<5.0mm로 문제가 없다.
- 단기 허용 압입 지지력은 항복하중과 극한 지지력 2/3의 최솟값 9.5kN로 했다.

〈압입 지지력의 설정〉

극한 지지력　　　　＝　　15kN

극한 지지력×2/3　＝　　10kN

항복하중　　　　　＝　　9.5kN

↓

단기 허용 압입 지지력＝9.5kN

(2) 인발 지지력

인발 재하시험 결과는 **그림 21**과 같다.

- 시험 결과, 최대 시험 하중(항복하중의 1.5배)에서는 커다란 소성 변형이 확인되지 않았다. 그 때문에 최대 인발 저항력에는 못 미친다고 판단해 최대 시험 하중 15kN을 최대 인발 저항력으로 했다.

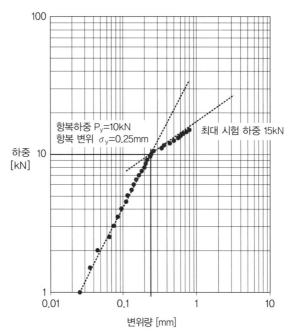

그림 21. 인발 재하시험 결과

- 항복하중은 탄성거동으로 간주할 수 있는 1차 강성 상한 10kN으로 하고, 변위도 0.25mm< 5.0mm로 문제가 없다.
- 단기 허용 인발 지지력은 항복하중과 최대 인발 저항력 2/3의 최솟값 10kN로 했다.

〈인발 지지력의 설정〉

최대 인발 저항력　　　＝15kN

최대 인발 저항력 2/3＝10kN

항복하중　　　　　　＝10kN

$\downarrow$

단기허용 인발 지지력　10kN

(3) 수평 저항력

수평 재하시험 결과는 **그림 22**와 같다.

- 시험 결과, 최대 시험 하중(항복하중의 2.0배)에서는 커다란 소성 변형이 확인되지 않았다. 그 때문에 최대 수평 저항력에는 못 미친다고 판단해 최대 시험 하중 10.0kN을 최대 수평 저항력으로 했다.
- 항복하중은 탄성거동으로 간주할 수 있는 1차 강성 상한 3.6kN으로 했다. 말뚝 머리의 수평 변위량도 20mm<25mm로 문제가 없다.
- 단기 허용 수평 저항력은 항복하중과 최대 수평 저항력 1/2의 최솟값 4.9kN로 했다.

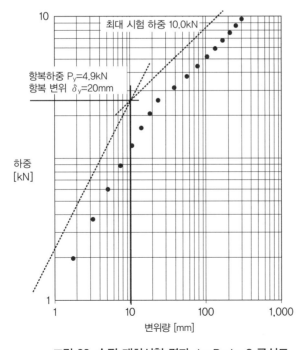

그림 22. 수평 재하시험 결과　logP∼logS 곡선도

표 20. 허용 지지력 목록

장기			단기		
압입	인발	수평	압입	인발	수평
4.8	5.0	2.5	9.5	10.0	4.9

표 21. 검정 결과 (장기)

장기 하중 시

①지점 반력 (kN)			②허용 지지력 (kN)			①/②검정값			판정		
압입	인발	수평	압입	인발	수평	압입	인발	수평	압입	인발	수평
1.66	–	0.54	4.8		2.5	0.35		0.22	OK		OK

표 22. 검정 결과 (단기)

단기(폭풍 시)

①지점 반력 (kN)			②허용 지지력 (kN)			①/②검정값			판정		
압입	인발	수평	압입	인발	수평	압입	인발	수평	압입	인발	수평
8.71	8.09	4.17	9.5	10	4.9	0.92	0.81	0.86	OK	OK	OK

〈수평 저항력의 설정〉

최대 수평 저항력　　　＝10.0kN

최대 수평 저항력 ×1/2＝5.0kN

항복하중　　　　　　　＝4.9kN

↓

단기 허용 수평 저항력　4.9kN

(4) 허용 지지력의 정리

말뚝의 허용 지지력은 **표 20**과 같다.

5.4 검정 결과

말뚝의 검정 결과는 **표 21** 및 **표 22**와 같다.

단기 하중 시의 말뚝기초 플랜지 수평 변위량 20mm≦25mm 판정 OK

제5장

구조계산서의
체크 포인트

태양광발전 설비(PV 설비) 구조계산서는 정해진 포맷이 없기 때문에 설계자(설계회사)에 따라 서식이 다르지만, 기재해야 할 항목은 기본적으로 크게 다르지 않다. 이 장에서는 태양광발전 설비의 구조물과 기초에 요구되는 구조 성능과 일반적인 지상설치형 태양광발전 설비의 구조계산서에 구비해야 할 항목을 제시한다. 또한 구조 설계 전문가가 아닌 사람이 구조계산서의 내용 중 확인해야 할 요점에 대해서 설명한다.

1 설계 방침과 설계 조건

1.1 어떤 기준에 따라 설계하였는가

태양광발전 설비는 '야외형'이라 불리는 지상설치형과 주택이나 빌딩 옥상에 설치하는 지붕설치형으로 크게 나눌 수 있는데, 설치하는 환경에 따라 규제를 받은 법령이 다르다. **그림 1**은 설치형태와 적용되는 구조 관련 법령의 개략을 모은 것이다. 태양광발전 설비는 포괄적으로 전기사업법의 규제를 받지만, 지붕설치형 태양광발전 설비의 경우는 건축기준법의 규제도 받는다. 또한 지반 조성을 수반하는 경사지 설치형 태양광발전 설비는 사방3법(사방법, 산사태 등 방지법, 급경사지 붕괴에 의한 재해 방지에 관한 법률), 택지 조성 등 규제법(약칭 : 택지조성법)과 삼림법 등의 규제를 받기도 한다. 또한 농지에 설치하는 영농형 태양광발전 설비는 농지법의 규제를 받는다. 최근 증가 추세에 있는 수상형 태양광발전 설비는 2020년 6월 전기 설비 기술 기준의 해석(약칭 : 전기해석)이 개정되면서 계류용 앵커 요구가 추가되었다.

건축기준법의 규제를 받지 않는 지상설치형과 영농형, 수상형 태양광발전 설비의 경우, 기초 및 구조물 설계 시에 구조 계산을 잘하는 유자격자가 설계할 것을 요구하지는 않기 때문에 구조 강도에 문제가 있는 태양광발전 설비가 적지 않다.

1.2 전기사업법에서 요구하는 구조 관련 요구

태양광발전 설비를 건설할 때는 전기사업 관련 법령(전기사업법, 시행령, 시행 규칙)의 요구 사항을 준수해야 한다. 태양광발전 설비의 구조 관련 요구는 전기사업법 제1조에 '…전기사업의 건전한 발달을 도모하는 동시에 전기공작물의 공사, 유지 및 운용을 규제하여 공공의 안전을 확보하고 환경 보전을 도모하는 것을 목적으로 한다'고 되어 있다. 제39조 제1항에는 '사업용 전기공작물을 설치하는 자는 사업용 전기공작물을 주무 기관이 정한 기술 기준에 적합하도록 유지해야

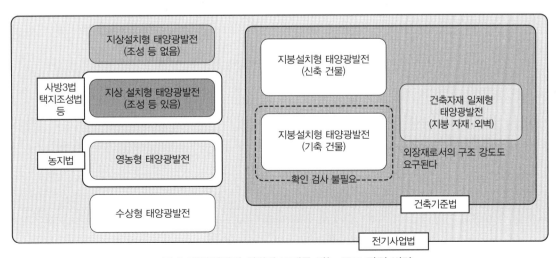

그림 1. 태양광발전 설비가 규제를 받는 구조 관련 법령

한다'고 하여, 전기 설비에 관한 기술 기준을 정하는 법령(통칭 : 전기 설비 기술 기준, 약칭 : 전기)에 적합해야 함을 요구하고 있다.

전기 관련해서는 제4조에서 '전기 설비는 감전, 화재 기타 인체에 위해를 끼치거나 물건에 손상을 줄 우려가 없도록 시설해야 한다'고 되어 있지만 구체적인 요구 성능은 명시되어 있지 않다. 그 때문에 전기 해석 제46조 제2항에 다음과 같은 7항목이 구체적으로 제시되어 있다.

1. JIS C 8955(2017)의 설계하중 및 해당 설치 환경에서 상정되는 하중에 대해 안정된 구조의 지지물
2. 앞 항목의 하중에 대한 허용 응력도 설계
3. 안정적인 품질의 재료
4. 태양광발전 모듈에서 기초·앵커까지 각 부재에 생기는 응력을 확실히 전달하는 접합부
5.(가) 상부 구조의 하중에 대해서 상부 구조에 지장을 초래하는 침하, 분리(들뜸), 가로 방향 이동이 생기지 않는 기초 또는 앵커
　(나) 말뚝기초, RC(철근 콘크리트) 구조의 직접기초, 이와 동등 이상의 지지력이 있는 지상설치형 태양광발전 설비 기초
6. 부식, 노후, 열화하지 않는 재료 또는 부식 방지, 열화 방지를 위한 적절한 조치를 취한 재료 사용
7. 최고 높이가 9m를 넘는 지상설치형 태양광발전 설비에 대한 건축기준법의 공작물에 관한 구조 강도 규정의 적합

여기서 제1호에 제시된 JIS C 8955는 태양광발전 설비의 설계하중을 산정하기 위한 규정인데, 2004년 제정된 후 2011년 부분적 개정을 거쳐서 2017년에 대폭 개정되었다.

이 대폭 개정에 따라 풍압하중이나 적설하중이 대폭 증가하여 풍압하중은 2배를 넘는 경우도 있다는 점에 주의해야 한다. 또한 이 개정은 부족한 설계하중의 적정화이지, 구조 강도의 여유도를 높이기 위한 개정이 아니라는 것도 알아두기 바란다. 더구나 2017년판 JIS C 8955가 전기 해석에 인용된 것은 2018년 10월이라서 그 이전에 건설된 태양광발전 설비는 구조 강도가 부족한 것이 적잖이 존재한다.

또한 제1호에서는 해당 설치 환경에서 상정되는 하중에 대해 안정적인 구조의 지지물일 것을 요구하고 있다. 여기서 '해당 설치 환경에서 상정되는 하중'은 최근 태양광발전 설비의 설치 환경이 다양화되면서 2020년 6월에 추가된 요구로, 경사지의 풍속 증가 영향이나 해상의 파력(동요) 등도 포함된다.

'안정적인 구조'란 설계하중 같은 큰 하중이 작용한 상태에서 안정되어 있다는 것을 의미한다. '평온한 상태에서 구조물의 모양이 유지되기 때문에 안정적인 구조'라고 하는 잘못된 인식도 적지 않으므로 주의가 필요하다. 이 내용은 칼럼에서 자세히 설명한다.

제2호의 허용 응력도 설계란 태양광발전 설비에 설계하중이 작용한 상태에서 구조물이나 기초

의 각 부재가 허용 응력도의 범위 내에 있도록 설계하는 것을 말한다.

바꾸어 말하면, 설계하중이 작용한 후에도 기초나 구조물이 무손상일 것이 요구되고 있기 때문에 설계하중 작용 시에 파손되거나 원래대로 돌아가지 않는 변형(소성 변형)이 생기는 경우에는 허용 응력도 설계가 되지 않았다고 할 수 있다.

제3호의 안정적인 품질의 재료란 강재(철), 알루미늄합금, 콘크리트 등과 같이 일본산업규격(JIS)이나 일본농림규격(JAS) 등의 규격에 의해 성분이나 강도 범위 등이 정해져 있어 제조 공정에서 일정한 품질이 확보된 재료를 의미한다. JIS에 규정된 재료는 소재뿐만 아니라 형강(H형강, ㄱ형강), 나사처럼 일정한 모양으로 가공된 제품도 포함된다. 건축물의 경우, 주요 구조부(구조 내력상 주요 부분)에는 '지정 건축 재료'를 이용할 것을 요구하고 있으며, 일본산업규격이나 일본농림규격으로 인증된 재료 외에 국토교통대신이 인정하는 재료도 포함된다. 태양광발전 설비에도 이와 같은 재료를 사용하는 것이 바람직하지만 명확하게 요구하는 것은 아니다. 해외에서 수입한 부재를 사용하는 경우도 있는데, 사용하는 부재는 그 사양이 명확하고 강도나 모양에 큰 차이가 없는 것이 요구되므로 ISO나 각국의 규격에 적합한 재료를 이용하는 것이 바람직하다(경제산업성에서 검사로 확인하기도 한다).

제4호에서는 각 부재에 작용하는 힘을 확실하게 전달할 수 있는 접합부를 요구하고 있다. 다시 말하면 부재 간 접합부에서 파손시키지 않는 것을 의미한다. 그런데 접합부가 제대로 구조 계산이 되어 있는 사례는 적고, 접합에서 파손된 사고 사례도 많이 볼 수 있다.

제5호에서는 기초에 관한 요구로 수상형 태양광발전 설비의 계류용 앵커에 대해서도 언급하고 있다. 침하 및 분리뿐만 아니라 가로 방향으로도 이동하지 않는 것을 요구하고 있으므로 상하좌우 방향에 대한 저항력도 설계(확인)할 필요가 있다.

제6항에서는 태양광발전 설비의 공용 기간(사용에 제공하는 기간)에 부식이나 노후로 인한 열화(현저한 구조 내력의 저하)가 없을 것을 요구하고 있다. 구조물 부재의 부식이나 노후는 공용 기간 중 유지보수를 통해 보수가 가능하지만 금속재 말뚝기초는 보수가 어렵기 때문에 부식에 따른

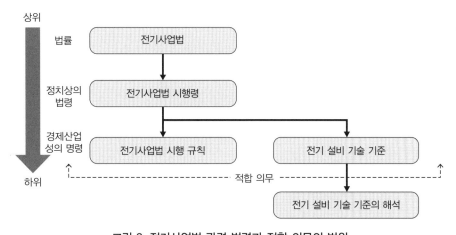

그림 2. 전기사업법 관련 법령과 적합 의무의 범위

감육(벽 두께가 얇아지는 현상)으로 강도가 크게 저하되지 않도록 부식 여유(감육을 감안한 판 두께)를 확보해 둘 필요가 있다.

제7호에서는 지상설치형 태양광발전 설비의 최고 높이가 9m를 초과하는 경우에 건축기준법의 각종 구조 관련 규정의 적합을 요구하고 있다. 또한 JIS C 8955에서는 높이 9m까지의 태양광발전 설비를 대상으로 하기 때문에 설계하중은 별도로 검토해야 한다.

전기 해석은 원래 전기(부령)의 요구를 충족시키기 위한 해석 중 하나이기 때문에 반드시 이러한 요건을 만족시킬 의무는 없다(**그림 2**).[*] 하지만 '물건에 손상을 줄 우려가 없도록 시설해야 한다'는 전기의 요구를 만족시키기 위해서는 모든 자연현상에 견딜 수 있는 설비를 구축할 필요가 있다.

전기 해석에 제시된 각종 요구 사항을 만족시켜야 부령 (전기)에 적합한 것으로 판단, 설계상의 면책 범위가 설정되므로 설계자를 보호하기 위해 마련된 문서라고 할 수 있다. "전기 해석에 대한 적합은 의무는 아니죠?"라고 묻는 질문을 종종 받는다. 그런데 전기 해석을 지키지 않을 경우에는 설계자가 스스로 설계 조건의 타당성을 설명할 의무가 있으므로 이 점을 잘 이해해야 한다.

또한 2020년 2월에 추가된 전기 해석 제46조 제4항에서는 토사 유출·붕괴 방지 조치를 요구하고 있으므로 경사지 태양광발전 발전소의 지반 안정성에 대해서도 충분히 고려하여 설계·시공할 필요가 있다.

1.3 건축기준법의 태양광발전 설비 취급

2011년 국토교통성 고시 제1002호 시행에 따라 보통 지상에 설치하는 태양광발전 설비는 건축기준법의 적용을 받지 않게 되었다. 다만 다음 조건을 만족시키지 않는 경우는 건축기준법의 적용을 받으므로 주의해야 한다

- 구조물 아래 공간을 실내적 용도로 사용하지 않을 것
- 전기사업법에 적합한 설비일 것

여기서 실내 용도란 거주, 실무, 작업(태양광발전 설비 자체의 유지보수는 제외), 오락, 물품의 진열, 보관 또는 저장 용도로 쓰지 않는 것을 말한다. 예를 들면 구조물 아래를 주차장으로 이용하는 경우에는 건축기준법의 건축물(자동차 차고)에 해당하게 된다. 이 경우 건축기준법 시행령 제136조 9에 규정하는 '간이 구조의 건축물'에 해당하므로 건축 확인이 필요하다.

한편 건축물 위에 설치한 태양광발전 설비에서 해당 건축물에 전력을 공급하는 경우는 '건축기준법' 제2조 제3항의 건축 설비에 해당하므로 건축기준법 관련 규정에 적합해야 한다. 건축 설비의 구조 강도에 대해서는 건축기준법 시행령 제129조 2의 4에 규정되어 있으며 건축물의 규모 등에 따라 요구되는 구조 강도가 다르다. 2000년 건설성 고시 제1388호, 1389호에 구체적으로 규정

주) 전기 해석 제46조 제2항은 '발전용 태양전지 설비의 기술 기준'으로서 부령 수준으로 격상될 예정이다(2021년 3월 집필 시점). 자세한 내용은 제1장의 4.4를 참조하기 바란다.

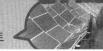

되어 있다.

또한 건축물의 지붕재나 외벽재를 겸한 건축마감 일체형(BIPV)의 태양광발전 모듈을 사용하는 경우는 건축물의 외장재로서의 구조 강도가 요구된다. 예를 들어 지붕재나 외벽(장벽)의 풍압에 대한 구조 성능은 건축기준법 시행령 제82조의 4에 규정되어 있고, 그 구조 계산 방법은 2000년 건설성 고시 1458호에 제시되어 있다. 동 고시의 풍압하중은 JIS C 8955의 풍압하중과 다르다는 점에 주의할 필요가 있다.

한편 기존 건축물 위에 구조물를 세워 설치하는 태양광발전 설비로, 유지관리 이외의 목적으로 구조물 아래에 사람이 들어가지 않거나 실내적 용도로 쓰지 않는 것은 건축설비로서의 구조 성능은 요구되지만 건축 확인은 할 필요가 없다.

1.4 농지법의 영농형 태양광발전 설비 취급

농지에 버팀대를 세워 설치하는 태양광발전 설비(영농형 태양광발전 설비)의 경우 전기사업법 외에 농지법의 제약도 받는다. 태양광발전 농지에 영농 목적 이외의 버팀대를 세울 경우에는 그 버팀대 면적만큼의 농지를 일시 전용해야 하며, 일시 전용이기 때문에 항구적인 태양광발전 설비는 인정되지 않는다. 이 때문에 2018년 5월에 고시된 30 농진 제78호 '버팀대를 세우고 영농을 계속하는 태양광발전 설비 등에 대한 농지 전용 허가 제도상의 취급에 대하여'에서는 영농형 태양광발전 설비를 설치하는 경우의 조건을 다음과 같이 규정했다.

- 전용 기간이 규정 기간 내(10년 또는 3년)이며, 구조물 밑의 농지에서 영농을 계속한다는 전제일 것
- 간단한 구조로 쉽게 철거할 수 있는 버팀대여야 하며, 버팀대가 차지하는 면적이 필요 최소한으로 적정할 것
- 농작물의 생육에 적합한 일조량을 확보할 수 있는 패널(태양광발전 모듈)의 각도, 간격일 것
- 효율적인 농업기계 등의 이용이 가능한 버팀대(구조물)의 높이(최저 지상고가 대략 2m 이상)와 간격이 확보되어 있을 것
- 구조물 밑의 농지에서 수확하는 생산량의 감소가 예년의 대략 20% 이하일 것
- 태양광발전 설비의 철거에 필요한 경제적인 능력과 신용이 있을 것

농지법상의 영농형 태양광발전 설비는 어디까지나 일시적인 설비이기 때문에 '간단한 구조로 쉽게 철거할 수 있는 버팀대'가 요구된다. 반면 전기사업법에서는 장기 사용을 목적으로 한 구조 성능을 요구하기 때문에 영농형 태양광발전 설비는 이러한 상반된 요구를 양립시켜야 한다. 게다가 효율적인 농작업을 방해하지 않는 구조물의 높이와 버팀대 간격의 확보도 요구되고 있으므로 일반적인 지상설치형 태양광발전 설비에 비해 상당히 난이도 높은 구조 설계가 필요하다는 것은 쉽게 상상할 수 있을 것이다.

1.5 지역에 따라 크게 다른 설계 조건

JIS C 8955에 의해 산출되는 풍압하중이나 적설하중은 태양광발전 설비가 건설되는 장소의 재현 기간 50년의 값이다. 여기서 재현 기간이란 일정 강도의 자연현상이 발생하는 평균적인 기간으로, 재현 기간 50년의 값이란 50년에 한 번 정도 발생하는 자연현상의 강도를 의미한다. 강풍이나 적설은 지역에 따라 크게 다른 것은 당연하지만, 어느 정도 차이가 있는지 풍압하중과 적설하중을 예로 비교해 보자.

풍압하중을 산정하기 위한 설계 풍속은 **그림** 3과 같이 기준 풍속 V_0라 불리는 지역마다 설정되어 있는 풍속을 바탕으로 산출한다. 이 기준 풍속은 태풍의 직격탄을 맞는 오키나와나 규슈·시코쿠 등 태평양 해안 지역에는 큰 값이 주어지고, 주고쿠 지역부터 동쪽 내륙에는 작은 값이 주어진다. 예를 들어 오키나와현은 $V_0=46m/s$, 나가노현은 $V_0=30m/s$로 설정되어 있다. 풍압하중은 풍속의 제곱에 비례하므로 $(46/30)^2=2.35$배의 차이가 있음을 알 수 있다.

또한 지표면 조도 구분(지표면상의 건축물이나 나무 등의 크기나 밀도에 의한 조도 구분)에 따라 설계 풍속의 산출 결과에 차이가 발생하기 때문에 그 차이는 더욱 커진다.

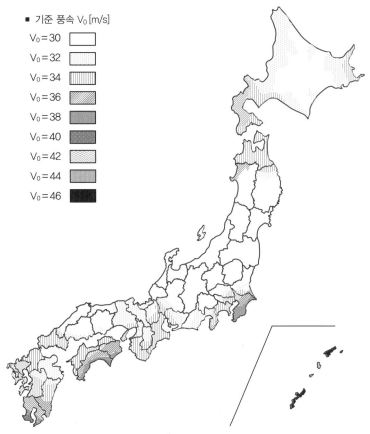

그림 3. 기준 풍속 V_0의 분포

한편 적설하중에서는 오키나와현처럼 적설이 없는(적설하중이 0) 지역이 있는가 하면 니가타현의 산간지역처럼 수직 지상 적설량이 300cm(1m²당 9,000=918kgf)를 넘는 지역도 있어 풍압하중 이상으로 지역차가 커진다.

태양광발전 설비 어레이면의 경사각은 발전 효율뿐만 아니라 풍압하중이나 적설하중의 지역성도 고려하여 설정하는 경우가 많아 풍압하중이 큰 지역에서는 하중을 낮추기 위해 경사각을 작게 하고(수평에 가깝게), 적설하중이 큰 지역에서는 눈이 떨어지기 쉽게 경사각을 크게 하고 있다.

1.6 구조계산서의 설계 방침과 설계 조건

전기 해석에서는 태양광발전 설비의 구조물 및 기초에 요구되는 성능이 제시되어 있지만, 그들을 만족시키기 위해 어떤 규준에 따라 구조 설계를 하는지 설계 방침을 명확히 해두어야 설계의 타당성에 대한 객관적인 판단을 할 수 있다. 또한 앞서 언급한 바와 같이 설계하중은 건설되는 지역에 따라 크게 다르기 때문에 구조계산서에 기재되어 있는 설계 조건을 반드시 확인해야 한다. 이 조건에 오류가 있다면 그 후의 구조 계산이 의미가 없게 된다.

구조계산서에 기재되는 설계 방침의 예시는 다음과 같다.

[설계 방침]
① 적용하는 설계법
② 설계하중의 규준
③ 사용하는 구조 계산의 규준·지침 등
④ 기타 구조 계산을 하는 데 필요한 방침

일반적인 태양광발전 설비는 전기 해석(제46조 제2항)에서 허용 응력도 설계가 요구되므로 ①의 설계법은 허용 응력도 설계법을 이용하는 경우가 대부분이라고 생각한다. 그렇기는 하지만 설계 방침에 대해 명기해 두는 것이 중요하다.

또한 한계 상태 설계법이라는 설계법도 있는데, 사용 한계 상태와 종국 한계 상태 등을 고려하여 각 상태에 대한 안전성을 검토하는 설계법이기 때문에 보다 합리적인 설계가 가능하다. 하지만 고차원적인 검토가 필요해 태양광발전 설비에 적용하는 사례는 극히 드물다(필자는 본 적이 없다).

②의 설계하중 규준에는 전기 해석에 규정되어 있는 JIS C 8955가 사용되는 경우가 대부분이다. 여기서 주의할 점은 해당 태양광발전 설비가 설계된 시기에 따라 적용해야 할 JIS의 연도가 다르다는 것이다. 앞서 언급한 바와 같이 동 JIS는 2017년에 대폭 개정되어 풍압하중과 적설하중이 증가했다. 전기 해석에 2017년판 JIS가 인용된 것은 2018년 10월이므로 그 이전에 설계된 (엄밀하게는 착공된) 발전소의 태양광발전 설비는 2004년판(혹은 2011년판) JIS, 그 이후의 것은 2017년판 JIS를 적용해야 한다. 또한 2018년 10월 이전에 착공한 발전소라도 2018년 10월 이후에 전면적인 개수 공사나 추가 공사로 태양광발전 설비를 추가한 경우에는 2017년판 JIS의 적용이 요구된

다는 점에 주의할 필요가 있다.

③의 구조 계산 규준·지침으로는 건축계의 설계 규준과 지침을 이용하는 경우가 많다. 예를 들면 다음과 같은 것을 들 수 있다.

- 강구조 허용 응력도 설계 규준(일본건축학회)[1]
- 경강 구조 설계 시공 지침·동 해설(일본건축학회)[2]
- 알루미늄합금 건축 구조 설계 시공 규준·동 해설(알루미늄건축구조협의회)[3]
- 건축 기초 구조 설계 지침(일본건축학회)[4]
- 소규모 건축물 기초 설계 지침(일본건축학회)[5]

④에 대해서는 설계하중 산정이나 응력 산정에서 특별히 고려한 사항 등을 기재한다.

다음으로 구조계산서의 설계 조건으로 기재하는 항목 예시는 다음과 같다.

[설계 조건]

① 발전소 건설지 정보

② 어레이의 구성, 높이, 경사 각도

③ 설계하중의 산출 조건

④ 기초·구조물의 개요

⑤ 기타 구조 계산상의 특기 사항

①의 발전소 건설장소 정보로는 지번(혹은 주거 표시)뿐만 아니라 도시계획 구역의 안과 밖, 표고, 지형의 상황(평탄지나 경사지)에 대한 정보가 있으면 설계하중 산출 조건의 타당성을 판단하는 데 도움이 된다.

②도 설계하중 산출 조건의 타당성을 판단하기 위한 정보이며, 특히 어레이의 높이나 경사 각도는 풍압하중이나 적설하중에 큰 영향을 미친다.

③의 경우는 ①, ②의 정보와 일치하는지를 확인할 필요가 있다. 예를 들면 다음과 같은 조건을 확인하는 것이 좋다.

- 풍압하중 조건:설계용 기준 풍속, 지표면 조도 구분, 어레이면의 평균 높이, 용도계수

  예)   설계용 기준 풍속 V_0 : 32m/s

        지표면 조도 구분   : II

        어레이면 지상 평균 높이 H : GL+1.8m

        용도계수 I_w : 일반적인 시스템 1.0

- 적설하중의 조건: 일반 지역·다설지역, 수직 적설량, 평균 단위 하중

  예)   구역   : 다설지역

        지상 수직 적설량 Z_s : 100cm

        눈의 평균 단위 중량 P : 30N/m^2/cm

- 지진하중의 조건 : 수평 진도, 용도계수

  예) 수평 진도 Kp : 구조물 부분 0.3, 기초 부분 0.3(땅속 부분 0.1)

      지진 지역계수 Z : 1.0

      용도계수 I_k : 일반적인 시스템 1.0

이러한 수치는 JIS C 8955를 바탕으로 설정되는데 동 JIS는 2017년에 대폭 개정되었다는 점에 주의할 필요가 있다. 특히 풍압하중의 지표면 조도 구분에 대해서는 구분 Ⅱ의 적용 범위가 넓어졌다는(풍압하중이 증가) 점에 주의해야 한다.

④의 기초 개요의 경우는 직접기초(콘크리트재의 기초)나 말뚝기초 등의 종류, 구조물의 개요에 대해서는 제조회사나 사용 재료(강재, 알루미늄합금 등)의 기재가 있으면 적용하는 설계 규준·지침이 명확해진다. 또한 성능평가기관 등에서 심사를 받은 인증품이라면 그 인증번호 등을 기재해 두는 것이 좋다. 기초·구조물의 모양 등 세부 사항(도면 등)의 경우는 다음과 같은 구조물·기초의 사양으로 기재한다.

⑤는 설계하중의 설정과 구조 계산을 할 때에 특별히 고려한 사항을 기재한다. 예를 들어 설치하는 태양광발전 설비의 경우 설계풍속의 할증 방법을 기재하고, 수입 부재를 이용했을 경우는 특기 사항 등을 기재하면 설계 조건이 보다 명확해진다.

2 구조물과 기초의 사양

2.1 모든 구조물·기초의 사양

발전소 한 곳에 설치하는 태양광발전 설비는 한 종류로 한정되지 않는다. 대규모 발전소의 경우에는 여러 업체의 구조물을 도입하는 경우가 많다. 또한 같은 업체라도 1 어레이의 태양광발전 모듈 개수가 다른 경우가 있는가 하면 경사지에 설치하는 경우에는 구조물의 높이와 기둥의 간격이 다를 수 있다. 게다가 지반의 상태에 따라 이용되는 기초가 다른 경우도 있다. 당연히 모든 구조물·기초에 대한 안전성을 확인할 필요가 있으므로 모든 사양이 제시되어야 한다.

여기서는 지상설치형 태양광발전 시스템의 설계 가이드라인(2019년판)[7]의 강제 구조물 설계 예[8]를 바탕으로 구체적인 내용에 대해서 해설한다. 또한 이 강제 구조물은 전기 해석 제6조 제3항에 제시된 표준 사양 구조물로서 인용되어 있다.

● 과거의 경험

"과거에 여러 번 지진과 태풍을 겪었지만 피해를 입은 적은 한 번도 없었으니까 괜찮습니다!"

구조물 설계자나 제조업체로부터 자주 듣는 말이다. 여기서 과거란 언제부터를 말하는 것일까. 많은 태양광발전 설비는 2012년 고정가격 매입제도(FIT) 도입 이후에 도입한 것이므로 과거라는 것은 아마 7~8년 정도라고 볼 수 있다. 그런데 전기 해석에서 상정하는 설계하중(JIS C 8955에 규정)은 50년에 한 번이라는 자연현상을 대상으로 하기 때문에 '과거의 경험'이라고 하는 말을 어디까지 믿어야 할지 잘 생각해 볼 필요가 있다. 예를 들어 과거에 있었던 강풍 피해는 2012년 이후 일본에 상륙한 태풍으로, 상륙시의 풍속이 설계풍속을 명확히 초과한 것은 긴키 지역에 막대한 피해를 준 2018년의 태풍 21호(제비) 정도다. 2019년 간토 지역에 상륙한 태풍 15호(파사이)는 설계풍속이거나 그 이하였던 것으로 알려져 있다.[6]

덧붙여 말하면 건축물의 경우에는 긴 역사 속에서 많은 피해를 경험한다. 그때마다 개선을 거듭하여 현재와 같은 안전성이 확보되었다. 물론 거기에는 경제성과의 균형도 고려되었다. 역사가 짧고 경제성을 우선해서 발전해 온 태양광발전 업계는 그 안전성에 대해 반성할 시기를 맞이했다고 할 수 있다.

● 피해 발생 후의 보수·보강의 필요성

앞서 언급한 것처럼 과거의 태양광발전 설비의 구조 피해 대부분은 설계 조건 이하의 자연 현상으로 발생했다고 볼 수 있다. 하지만 상세한 원인 조사가 진행되지 않고 원상 회복시키는 경우가 대부분이다. 손해보험 청구 관계상 이런 조치를 취하는 것 같다. 설계 조건 이하의 자연현상으로 피해가 발생한 태양광발전 설비는 피해가 재발할 위험이 매우 높기 때문에 그 후의 보험료가 증가할 뿐 아니라, 앞으로 사고력이 있는 발전소는 보험 가입이 거부될 수도 있다. 또한 최근 증가 경향에 있는 태양광발전소의 세컨더리 매매에서도 조건적으로 불리하다는 것은 쉽게 상상할 수 있다. 그러므로 사고 원인에 대해서는 상세히 조사하고 필요한 보수·보강을 하는 것이 바람직하다.

● 태양광발전 설비의 공용 기간에 대해서(얼마나 오래 사용하는가?)

일반적인 태양광발전소 설비의 공용 기간은 고정가격 매입제도(FIT) 기간인 20년을 상정하는 경우가 많다. 한편 일본의 에너지 정책은 신재생에너지의 주력 전원화를 위해 움직이기 시작했다. 태양광발전 설비도 장기의 안정적인 전력 공급을 위해 보다 긴 공용 기간을 상정할 필요가 있다. 공용 기간의 장기화에 따라 더 심한 자연현상에 맞닥뜨릴 확률도 높아지므로 태양광발전 설비 설계도 이를 고려하는 것이 바람직하다.

아래의 그림은 공용 기간 중에 강풍에 의해 태양광발전 설비가 파손될 확률을 검토한 예이다. 태양광발전 구조물이나 기초를 제대로 허용 응력도로 설계했을 경우에는 설계 하중에 대한 파괴까지의 여유(여기서는 안전율로 표현했다)가 1.5배 정도는 확보된다. 태양광발전 시설의 공용 기간을 고정가격 매입제도(FIT) 기간의 20년으로 가정한 경우에는 파손 확률이 약 5%가 된다. 공용 기간을 2배로 해 40년으로 한 경우에는 파손 확률은 약간 증가해 약 8%가 된다. 이때 공용 기간 40년의 파괴 확률을 5%로 유지하기 위해서는 태양광발전 설비의 강도를 약 11% 증가시키면 가능하므로 구조물과 기초의 비용 증가도 그다지 크지 않다는 것을 알 수 있다.

한편 2004년판이나 2011년판 JIS C 8955의 설계하중을 사용하여 설계한 태양광발전 설비의 경우는 풍압하중을 2017년판 JIS의 1/1.5~1/2.3 정도로 설정한 경우가 있다. 이러한 설비의 파손 확률은 그림 속의 안전율 1.0~0.67의 범위에서 파손 확률이 높다는 것을 알 수 있다. 안타깝게도 이런 태양광발전 설비를 이미 많이 도입했기 때문에 조속히 태양광발전 설비의 보강을 검토하는 것이 바람직하다.

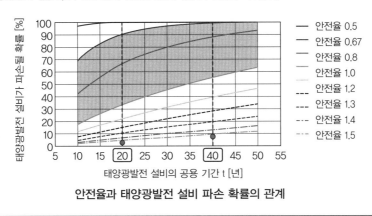

안전율과 태양광발전 설비 파손 확률의 관계

2.2 모든 부재의 모양·재질을 알 수 있는 구조도와 부재 목록

그림 4는 구조물 및 기초 구조도와 부재 목록이다. 구조도에는 골조(버팀대나 보 등으로 짜인 구조)의 전체 모양을 알 수 있도록 평면도와 각 방향의 입면도가 제시되어 있어야 한다. 구체적으로는 다음과 같은 내용이 명시되어 있는 것이 바람직하다.

① 어레이 전체의 평면도 및 각 방향의 입면도

② 어레이면의 최하부 및 최후부의 치수, 경사 각도

③ 부재의 개략 치수(길이)와 접합부 위치

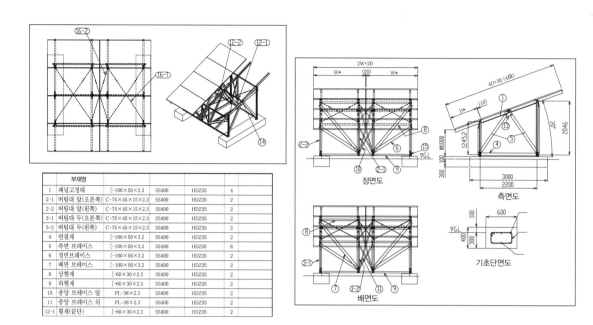

	부재명				
1	패널고정대	[-100×50×2.3	SS400	HDZ35	4
2-1	버팀대 앞(오른쪽)	C-75×45×15×2.3	SS400	HDZ35	2
2-2	버팀대 앞(왼쪽)	C-75×45×15×2.3	SS400	HDZ35	2
3-1	버팀대 두(오른쪽)	C-75×45×15×2.3	SS400	HDZ35	2
3-2	버팀대 두(왼쪽)	C-75×45×15×2.3	SS400	HDZ35	2
4	연결재	[-100×50×3.2	SS400	HDZ35	2
5	측면 브레이스	[-100×50×3.2	SS400	HDZ35	8
6	정면브레이스	[-100×50×3.2	SS400	HDZ35	2
7	배면 브레이스	[-100×50×3.2	SS400	HDZ35	2
8	상현재	[-60×30×2.3	SS400	HDZ35	2
9	하현재	[-60×30×2.3	SS400	HDZ35	2
10	중앙 브레이스 앞	PL-38×2.3	SS400	HDZ35	2
11	중앙 브레이스 뒤	PL-38×2.3	SS400	HDZ35	2
12-1	횡재(끝단)	[-60×30×2.3	SS400	HDZ35	2

그림 4. 구조물 및 기초의 구조도 및 부재 목록 예시[8]

④ 기초의 모양·치수

⑤ 부재의 명칭 및 식별번호

여기서 ①의 입면도에는 측면도(보통은 동쪽 또는 서쪽 입면)뿐만 아니라 정면도(남쪽)나 배면도(북쪽)도 나타낼 필요가 있으나, 정면도나 배면도가 제시되어 있지 않은 경우가 적지 않다. 이것은 뒤에서 언급하는 구조물의 구조 안정성을 판단하는 데는 반드시 필요하다.

②는 설계하중을 산출하는 데 이용하는 정보이며, 반드시 명시해 두어야 할 사항이다. ③과 ④는 구조 계산을 할 때에 입력하는 중요한 정보이다. ⑤는 구조계산서의 내용을 쉽게 이해하는 데 중요한 정보이지만, 명시되어 있지 않은 경우도 볼 수 있다. 또한 부재 목록에는 상기 ⑤의 모든 부재에 대한 개요가 명시되어 있어야 하며, 부재의 단면 모양, 치수, 재질, 수량뿐만 아니라 부식 방지를 위해 표면처리를 한 경우에는 그 사양을 표시해 두어야 한다.

2.3 접합부 상세 확인

태양광발전 설비의 구조 사고에서는 접합부가 파손되는 경우가 많다. 그런 점에서 구조계산서에 접합부의 모양이 상세하게 나와 있어야 하지만, 그런 경우는 많지 않다. **그림 5**는 접합부 모양이 표시된 그림 예시이다.

구조물과 기초의 구조도만으로는 접합부의 상세 모양을 알 수 없는 경우가 많은데, 접합부에 사용된 나사의 개수나 나사 구멍 모양(긴 구멍이 사용되었는지의 여부)은 구조계산서를 확인하는 데 중요한 항목이다. 3D 그림일 필요는 없으나 접합부의 상세한 내용을 알 수 있도록 그림으로 표

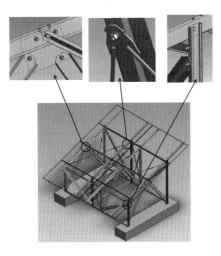

그림 5. 접합부 상세도 예시[8]

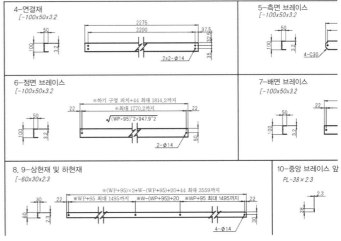

그림 6 부품도 예시[8]

시하는 것이 바람직하다. 또한 **그림 6**과 같은 부품도도 나타내면 나사 구멍의 세로 홀 거리(부재 단부로부터의 거리)를 확인할 수도 있다. 또한 알루미늄합금재 구조물은 누름쇠에 의한 접합이나 T형 홈과 슬롯을 이용한 접합(**그림 7**)과 같이 힘의 전달이 복잡한 접합부로 되어 있는 경우가 많기 때문에 접합부의 상세도나 부품도가 표시되어 있어야 한다.

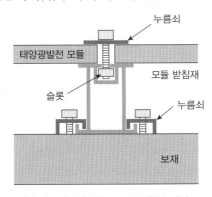

(a) 알루미늄합금재 구조물 접합부 예시

(b) 슬롯 접합부의 파손 사례

그림 7. 알루미늄합금재 구조물 접합부 예시와 파손 사례

3 설계하중과 부재의 단면 성능

3.1 상정해야 할 하중이란?

옥외에 설치하는 태양광발전 설비는 그 자체의 중량(자중) 외에 바람, 눈, 지진과 같은 자연현상에 따른 하중이 작용한다. 앞서 언급한 바와 같이 태양광발전 설비의 설계하중은 JIS C 8955에 제시되어 있고, 고정하중 G, 풍압하중 W, 적설하중 S 및 지진하중 K도 설정되어 있다. 또한 태양광발전 설비의 설계하중으로는 **표 1**과 같은 하중의 조합을 요구하고 있다.

표 1. JIS C 8955의 설계하중 조합

하중 조건		구분	
		일반 지방	다설지역
장기	상시	G	G
	적설 시		G + 0.7S
단기	적설 시	G + S	G + S
	폭풍 시	G + W	G + W
			G + 0.35S + W
	지진 시	G + K	G + 0.35S + K

G : 고정하중 S : 적설하중 W : 풍압하중 K : 지진하중

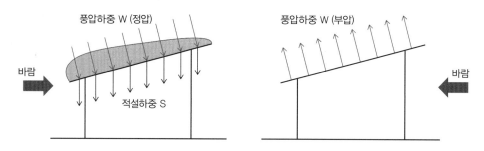

그림 8. 풍압하중과 적설하중의 조합

여기서 장기란 장시간에 걸쳐서 작용하는 하중(장기 하중)을 의미하는데, 자중이나 다설지역의 설하중이 이에 해당한다. 다설지역은 수직 적설량이 1m 이상 또는 적설의 초종간 일수(눈이 쌓이기 시작할 때부터 녹을 때까지의 기간)가 30일 이상인 지역이라고 정의하고 있다. 한편 단기란 풍압하중, 지진하중이나 일반 지방(다설지역이 아닌 지방)의 적설하중 등 단기적으로 작용하는 하중(단기 하중)을 의미한다.

장기 하중은 설비 자체의 고정하중 G를 기본으로 하고, 다설지역의 경우에는 적설하중 S의 70%를 더한 값을 이용해 산정한다. 고정하중 G는 태양광발전 모듈이나 구조물의 중량 외에 구조물에 PCS(파워컨디셔너)나 케이블이 장착되어 있는 경우에는 그러한 중량도 부가되어 있는지 확인해 둘 필요가 있다.

단기 하중도 설비의 고정하중 G를 기본으로 하고, 적설 시, 폭풍 시, 지진 시의 각 하중(적설하중 S, 풍압하중 W, 지진하중 K)을 더한 값을 이용해 산정한다. 또한 다설지역의 폭풍 시와 지진 시 하중을 구할 때는 여기에 적설하중 S의 35퍼센트를 더한 값을 이용한다. 또한 폭풍 시의 경우에 G+W와 G+0.35S+W의 2가지를 설정하는 것은 풍압하중 W가 정압(어레이면을 위에서부터 누르는 방향의 압력)과 부압(어레이면을 위에서 당기는 방향의 압력)의 설정이 있기 때문으로, 적설하중 S는 주로 정압 시에 고려한다(**그림 8**). 다만 어레이의 경사 각도가 큰 경우에는 풍압하중과 적설하중의 작용 방향이 크게 달라지므로 부압 시에도 G+0.35S+W로 검토하는 것이 바람직하다.

3.2 설계하중 산정 결과

(1) 고정하중

고정하중은 태양광발전 어레이의 중량으로부터 산출되므로 주로 태양광발전 모듈과 구조물의 중량으로 구할 수 있다. 태양광발전 모듈의 중량은 크기에 따라 다르지만 일반적인 60셀 모듈(1.5~1.7m² 정도의 크기)이 20kg 정도이므로 m²당 중량은 13kg 정도이다.

구조물의 중량은 사용하는 소재(강재, 알루미늄), 골조 형식, 구조물의 높이에 따라 다르지만, 평면적 1m²당 중량은 5~10kg 정도가 된다. 둘을 합하면 태양전지 어레이의 1m²당 중량은 20~30kg 정도가 된다. 고정하중은 중량에 중력가속도(9.8m/s²)를 곱한 값이므로 어레이의 평면적 1m²당 고정하중은 약 200~300N/m²가 기준이 될 것이다.

● 하중의 작용 방향을 생각한다

JIS C 8955에 나와 있는 설계하중은 고정하중 G, 풍압하중 W, 적설하중 S 및 지진하중 K를 조합해야 얻을 수 있는데, 각 하중의 작용 방향을 알아둘 필요가 있다. 고정하중 G나 적설하중 S는 중력에 의해 작용하므로 하중의 방향은 연직 하향이 된다.

지진하중 K는 좌우 흔들림을 대상으로 하므로 하중의 방향은 수평 방향이 되며, N(북)-S(남) 방향뿐만 아니라, E(동)-W(서) 방향으로도 작용한다. 구조 계산을 할 때 E-W 방향에 대해서는 검토하지 않는 경우가 많으므로 주의해야 한다. 풍압하중 W는 풍압이 작용하는 면에 대해서 수직 방향으로 작용하므로, 어레이면의 각도에 따라 하중의 작용 방향이 다르다. 또 구조물의 각 부재에 작용하는 풍압하중은 동 JIS의 산정식에서 바람을 맞는 면적을 연직 투영 면적으로 하므로 풍하 측에 대한 수평 방향 하중으로 해야 한다는 것을 알 수 있다.

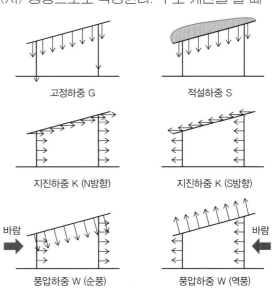

표 2는 고정하중을 산정한 예이다. 이 예는 알루미늄합금재 구조물의 태양광발전 어레이지만, 비교적 부재 개수가 많은 구조물이므로 알루미늄합금 구조물에서는 고정하중이 큰 값이 되어 있는 것 같다. 이 표의 맨 밑에 제시되어 있는 고정하중에는 297.2 N/m²으로 되어 있는 곳을 350N/m²로 하고 있으며, 주요 부재 외에 체결재 등(볼트나 턴 버클 등의 부품)의 중량 증가분을 더한 것임을 알 수 있다.

　　또한 **그림 9**와 같이 구조물에 분산형 PCS나 접속함이 고정된 경우에는 이들의 중량도 고정하중에 산입할 필요가 있다. 분산형 PCS는 소형이라도 중량이 수십 킬로그램이나 되고, 고정하중이 구조물의 일부에 집중적으로 작용하기 때문에 이들 하중을 무시하면 구조물의 안전성을 해칠 수 있다.

표 2. 고정하중 산정 예 [8]

4.1 고정하중

모듈:	28kg/장								
모듈 사이즈:	2000mm×1000mm								
모듈 면적:	2.00m²								
중력 단위:	9.80665m/s²								
단위 중량:	28/2×9.80665=137.3N/m³								

구조물 중량:

	단위 중량		길이		부재 개수		중량	
패널고정대	단위 중량:	3.47kg/m	길이:	4.03m	부재 개수:	4개	중량:	55.94kg
버팀대 앞	단위 중량:	3.25kg/m	길이:	1.25m	부재 개수:	4개	중량:	16.19kg
버팀대 뒤	단위 중량:	3.25kg/m	길이:	2.05m	부재 개수:	4개	중량:	26.60kg
연결재	단위 중량:	4.76kg/m	길이:	2.20m	부재 개수:	2개	중량:	20.94kg
측면 브레이스	단위 중량:	4.76kg/m	길이:	1.74m	부재 개수:	8개	중량:	60.08kg
정면 브레이스	단위 중량:	4.76kg/m	길이:	1.77m	부재 개수:	2개	중량:	16.85kg
배면 브레이스	단위 중량:	4.76kg/m	길이:	2.32m	부재 개수:	2개	중량:	22.10kg
상현재	단위 중량:	2.03kg/m	길이:	3.52m	부재 개수:	2개	중량:	14.27kg
하현재	단위 중량:	2.03kg/m	길이:	3.52m	부재 개수:	2개	중량:	14.27kg
중앙 브레이스 앞	단위 중량:	0.69kg/m	길이:	1.08m	부재 개수:	2개	중량:	1.49kg
중앙 브레이스 뒤	단위 중량:	0.69kg/m	길이:	1.85m	부재 개수:	2개	중량:	2.54kg
횡재	단위 중량:	2.03kg/m	길이:	3.40m	부재 개수:	1개	중량:	6.89kg

합계 264.16kg → 2590.5N

단위 면적당 2590.5/(4.03×4.02)=159.9N/m²

고정하중：G=137.3+159.9=297.2N/m² → 350N/m²　　　　　※턴 버클 등은 포함되는 것으로 한다.

그림 9. 구조물에 분산형 PCS가 설치된 사례

(2) 풍압하중

풍압하중은 어레이면에 작용하는 하중뿐만 아니라 구조물의 부재에 작용하는 하중을 고려할 필요가 있다. 또한 풍압하중은 풍향에 따라서도 하중의 크기나 방향이 다르므로(칼럼 2 참조), 올바르게 계산되어 있는지 확인해야 한다. **표 3**은 풍압하중을 산정한 예이다. 이 예에서 어레이면은 단위 면적당 하중(어레이면의 면적 $1m^2$당 하중)으로, 부재는 단위 길이당 하중(부재 길이 $1m$당 하중)으로 산출하였으므로 어레이면의 수풍면적이나 부재의 연직 투영면적(정확하게는 연직 투영 길이)은 곱하지 않았다. 여기서 특히 주의해야 할 확인 항목은 다음과 같다.

① 설계용 기준 풍속 V_0 : 건설 지점의 수치가 올바르게 인용되어 있는가
② 지표면 조도 구분 : 건설 지점 구분이 제대로 적용되어 있는가
③ 어레이면의 경사 각도 : 남북 방향의 경사각뿐만 아니라 동서 방향의 경사도 고려되었는가
④ 부재의 풍압하중이 제시되어 있는가

①의 설계용 기준 풍속은 JIS C 8355에 시읍면마다 표시되어 있으므로 건설지의 수치가 정확하게 인용되어 있는지 확인한다. 시읍면이 합병되어 지명이 바뀐 경우는 옛 지명(2000년 당시)의 수치를 적용한다.

②의 지표면 조도 구분의 적용에 관해서는 JIS C 8955가 2017년 개정으로 인해 변경되었다는 점에 주의해야 한다. 이렇게 개정됨에 따라 구분 Ⅲ의 적용 지역이 대폭 좁아지고, 구분 Ⅱ의 적용 지역이 대폭 확대되었다(**그림 10**). 구분 Ⅲ과 Ⅱ에서는 풍압하중이 1.5배나 커지기 때문에 2017년 이후에 설계된 발전소에 대해서는 2017년판 JIS에 따른 지표면 조도 구분이 적용되어 있는지 확인하기 바란다.

③ 어레이면의 경사 각도는 특히 경사지에 설치하는 어레이의 경우에 주의가 필요하다. 어레이

표 3. 풍압하중 산정 예[8]

설계용 기준 풍속:	$V_o =$	34 m/s
지표면 조도 구분:	Ⅲ	
용도계수:	$I =$	1.0
어레이면의 경사 각도:	20.0 ° (X 방향)	0.0 ° (Y 방향)
어레이면의 최고 높이:	2.478 m	
어레이면의 최저 높이:	1.100 m	
어레이면의 평균 지상 높이:	$H =$ 1.789 m	(5m 이하)

조도 구분에 의한 값: $Z_b =$ 5 m $Z_G =$ 450 m $\alpha =$ 0.20

평균 풍속의 높이 방향 분포계수: $Er =$ 0.691 $H \leqq Z_b$ 의 경우 $Er = 1.7(Z_b/Z_G)^\alpha$ $H > Z_b$ 의 경우 $\cdot = 1.7(H/Z_G)^\alpha$

가스트 영향계수: $Gf =$ 2.5

속도압 계산계수: $E =$ 1.194 $E = Er^2 Gf$

속도압: $qp =$ 828 N/m² $qp = 0.6 Vo^2 EI$

풍력계수:X방향

Ca 정 = 1.25 정압 Ca = $0.35 + 0.055\theta - 0.0005\theta^2$

Ca 부 = -1.61 부압 Ca = $0.85 + 0.048\theta - 0.0005\theta^2$

Ca정×qp = W+ = 828 × 1.25 × 1 = 1035 N/m² → 1100 N/m²

Ca부×qp = W- = 828 × -1.61 × 1 = -1333 N/m² → -1400 N/m²

풍력계수:X 방향

Ca 정 = 0.35 정압 Ca = $0.35 + 0.055\theta - 0.0005\theta^2$

Ca 부 = -0.85 부압 Ca = $0.85 + 0.048\theta - 0.0005\theta^2$

Ca정×qp = W+ = 828 × 0.35 × 1 = 290 N/m² → 300 N/m²

Ca부×qp = W- = 828 × -0.85 × 1 = -704 N/m² → -800 N/m²

부재의 종류	모양	Cb	qp (N/m²)	수풍폭 (mm)	풍압하중 (N/m)	채용값 (N/m)
[-60×30×2.3	→⌐	2.10	828	60	104	110
	→⌐	1.80	828	60	89	90
	→⌐	1.40	828	30	35	40
[-100×50×2.3 [-100×50×3.2	→⌐	2.10	828	100	174	180
	→⌐	1.80	828	100	149	150
	→⌐	1.40	828	50	58	60
C-75×45×15×2.3	→⌐	2.10	828	75	130	140
	→⌐	1.80	828	75	112	120
	→⌐	1.40	828	45	52	60
PL-38×2.3	→│	2.00	828	38	63	70

면은 일반적으로 남쪽 아래 방향으로 기울어져 있지만, 경사지에 설치하는 어레이의 경우는 동서 방향으로 기운 경우가 있어 동서 방향의 경사각에 대해서도 풍압하중을 설정할 필요가 있다.

④ 부재의 풍압하중에 대해서는 고려하지 않는 경우가 많으나 구조물의 높이가 높은 경우에는 구조물의 풍압하중이 커지므로 구조안전성이 확보되지 않는다는 점을 생각해야 한다. 특히 영농형 태양광발전 설비에서는 구조물의 높이가 높고 어레이면의 면적이 작기 때문에 구조물의 풍압하중이 산입되어 있지 않은 경우에는 설계용 풍압하중이 크게 부족할 우려가 있다. 또한 구조물

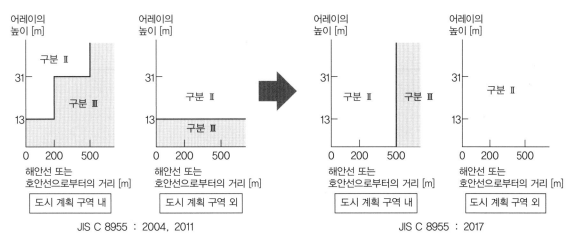

그림 10. 지표면 조도 구분의 적용

에 설치되어 있는 PCS나 접속함 등에도 풍압하중이 작용하므로 그들도 산입되어 있는 것이 바람직하다.

(3) 적설하중

적설하중은 발전소 건설지가 일반 지역인지 다설지역인지에 따라 설계하중이 크게 다르므로 건설지의 지상 수직 적설량을 확인해야 한다. 지상 적설량은 건설지 지방자치단체 홈페이지에 나와 있다. JIS C 8955에는 지상 수직 적설량 산정식이 제시되어 있는데, 그 산정식은 원래 특정행정청이 지상 수직 적설량을 설정하기 위한 것이지, 설계자가 직접 설정하기 위해 제공하는 것은 아니다. JIS에 제시된 계산식으로 지상 수직 적설량이 설정되어 있는 경우에는 지방자치단체가 제공하는 수치 이상인지 확인해야 한다. 또한 지상 수직 적설량이 100cm 이상인 경우에도 다설지역이므로 눈의 평균 단위 하중은 일반 지역 20N/m²/cm(적설량 1cm당 20N/m²)의 1.5배인 30N/m²/cm이 된다. **표 4**는 적설하중을 산정한 예이다. 이 예에서는 단위 면적당 하중(적설면적 1m²당 하중)으로 산출하므로 적설면적(어레이면의 수평 투영면적)은 곱하지 않았다.

표 4. 적설하중 산정 예[8]

적설하중 S_p
• 구역 :   일반 지역
• 경사계수 C_s :   1.0
• 눈의 평균 단위 중량 P :   적설 1cm당 20N/m²
• 지상 수직 적설량 Z_s :   0.5m
$S_P = C_s \times P \times Z_s \times 100 = 1.0 \times 20 \times 0.5 \times 100 = 1000 N/m^2$

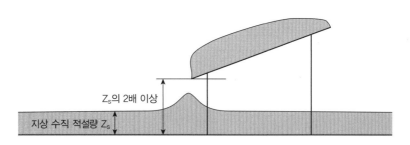

그림 11. 어레이면의 적설을 확실히 떨어뜨릴 수 있는 어레이면 높이 기준

이 예에서는 어레이면의 경사 각도를 20°로 하고 있으나 경사계수 Cs는 1.0으로 하고 있으며, 경사계수의 계산식(Cs=$\sqrt{Cos\theta}$: θ는 어레이의 경사각)에 의해 저감하지 않았음을 알 수 있다. 경사계수로 인한 적설하중의 저감은 2004년판 및 2011년판의 JIS C 8955에서는 모든 태양광발전 설비에서 확인됐으나, 2017년판부터는 어레이면에 쌓인 눈이 떨어져 내리는 것을 확실하게 보장할 수 있는 경우에만 확인되고 있다. 그 때문에 2017년판 JIS로 설계하중을 산정하고 있으며, 경사계수로 인한 저감(Cs<1.0)을 적용할 경우에는 어레이면의 높이가 충분히 높은지 확인할 필요가 있다. 어레이면의 적설을 확실히 떨어뜨릴 수 있는 어레이면 최하부의 높이는 지상 수직 적설량의 약 2배가 된다(**그림 11**).[9]

(4) 지진하중

건축물에 비해 경량인 태양광발전 설비는 지진 피해가 비교적 적고 다른 하중에 비해 지진하중도 작은 값이다. 하지만 다설지역에서는 적설에 의한 중량이 부가되므로 지진하중도 커진다. **표5**는 지진하중을 산정한 예이다.

이와 같이 다설지역의 지진하중은 고정하중에 적설하중(의 0.35배)을 더한 값에 설계용 수평진도를 곱해서 구한다. 이 값은 일반 지역의 지진하중에 비해 몇 배(이 예에서는 약 5배)나 되므로 태양광발전 설비를 다설지역에 설치할 경우는 지진하중에 적설하중을 더했는지 확인해야 한다. 또한 지진하중은 수평 방향으로 작용하는 것으로 상정하고 있으나, 남북 방향뿐 아니라 동서

표 5. 지진하중을 산정한 예

지진하중 k_p
- 수평 진도 K_H: $k_H = 0.3$ (구조물·기초)
- 지진 지역계수: $Z=0.9$
- 용도계수: $I_K=1.0$
- 설계용 수평진도 K_P: $k_p = k_H \times Z \times I_K = 0.27$
- 고정하중 G: $300N/㎡$
- 적설하중 S: $3600N/㎡$ (적설량 120cm : 다설지역)

$K_p = k_p \times (G+0.35S) = 0.27 \times (300+0.35 \times 3600) = 421.2N/㎡$ → $430N/㎡$

방향으로도 작용한다. 구조계산서를 작성할 때 동서 방향의 지진하중에 대해 검토하지 않는 경우가 많으므로 주의해야 한다.

이상과 같이 설계하중(고정하중, 풍압하중, 적설하중, 지진하중)이 제대로 설정되어 있는지 여부를 확인하는 일은 구조계산서를 확인하는 데 매우 중요한 작업이다. 만약 이러한 설계하중이 너무 적은 값이거나 하중의 작용 방향에 오류가 있는 경우에는 나중에 구조 계산 결과가 나와도 의미가 없으므로 충분히 확인해야 한다.

3.3 부재의 단면 성능과 허용 응력도

같은 소재의 부재라도 부재의 단면적이 크면 하중에 대한 강도가 커지는 것은 당연하다. 하지만 같은 단면적의 부재라도 그 단면 모양이 다르면 그 강도가 크게 달라진다. 예를 들어 **그림 12**처럼 같은 단면적의 부재라도 아래 방향의 하중에 대하여 높이가 높은 부재 A가 변형이 작고 강도도 높아진다. 이렇게 부재의 단면 모양이 가진 강도 성능을 단면 성능이라고 한다. 단면 성능은 단면적, 단면계수, 단면 2차 모멘트 등으로 나타낼 수 있는데, 구조계산서에는 구조물에 사용되는 모든 부재의 단면 성능을 표시해야 한다.

한편 허용 응력도는 '구조물의 구조 요소를 구성하는 각 재료가 외력에 대한 안전성 확보를 목적으로 설계상 각부에 발생하는 응력도가 넘지 않도록 정한 한계 응력도'[3]라고 정의할 수 있다. 허용 응력도를 설계할 때는 설계하중이 작용한 경우라도 부재가 탄성 범위 내(설계하중이 작용해도 원래 상태로 돌아가는 범위 내)에 있어야 한다.

앞서 언급한 바와 같이 전기 해석 제46조 제2항에는 태양광발전 설비의 구조물 및 기초를 허용 응력도로 설계해야 한다는 내용이 명기되어 있다. 그러므로 구조계산서에는 구조물이나 기초에 사용되는 모든 재료의 허용 응력도가 표시되어 있어야 한다. 또한 부재의 허용 응력도를 산출할 때도 그 재료의 기준 강도(F값) 및 영계수와 같은 재료 상수를 명확하게 표시해 두어야 한다.

구조물 및 기초에 널리 사용되는 강재나 알루미늄합금재의 단면 성능 및 재료 상수는 강구조 설계 규준,[1] 경강 구조 설계 시공 지침·동 해설[2] 알루미늄 건축 구조 설계 기준·동 해설[3] 등에 제시되어 있다. 이러한 자료가 수중에 없는 경우에도 구조물 등에 사용되는 일반적인 재료는 JIS

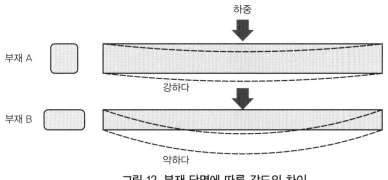

그림 12. 부재 단면에 따른 강도의 차이

에 규정되어 있으므로 아래의 웹페이지에서 확인할 수 있다.

일본산업표준조사회 홈페이지 https://www.jisc.go.jp/app/jis/general/GnrJlSSearch.html

대표적인 강재 및 알루미늄합금재의 JIS 규격은 다음과 같다.

강재 : JIS G3101 일반 구조용 압연 강재 → SS400, SS490 등

　　　 JIS G 3136 건축 구조용 압연 강재→ SN400 등

형강 : JIS G 3192 열간 압연 형강의 모양, 치수, 질량 및 그 허용차

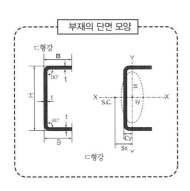

부재의 단면 모양	허용 응력도의 산정식

허용 응력도의 산정식

ft:	장기 허용 인장 응력도	F/1.5
fs:	장기 허용 전단 응력도	F/√3/1.5
fc:	장기 허용 압축 응력도	
	λ≦Λ 의 경우	$(1-0.4(\lambda/\Lambda)^2)/\nu \times F$
	λ＞Λ 의 경우	$0.277/(\lambda/\Lambda)^2 \times F$
fb:	장기 허용 굽힘 응력도	
	λy≦85√Cb 의 경우	$(1.1-0.6(F/(\pi^2 \times E \times Cb)) \times \lambda y^2) \times ft$
	λy＞85√Cb 의 경우	$1/3(\pi^2 \times E/\lambda y^2) \times Cb$
Cb:	모멘트 분포에 의한 보정 계수	
	$1.75-1.05(M2/M1)+0.3(M2/M1)^2$	다만, 2.3 이하
ν:	좌굴안전율	
	$3/2+2/3 \times (\lambda/\Lambda)^2$	
	※단기는 장기의 1.5배로 한다.	

표 5.2 ㄷ형강　　　　※빨강 굵은 글씨는 '강구조 설계 기준에서 발췌

부재번호			1	1	4	5	6	7	8	9	
부재			패널고정대 (중앙부)	패널고정대 (캔틸레버부)	연결재	측면 브레이스	정면 브레이스	배면 브레이스	상현재	하현재	
단면			[−100×50× 2.3	[−100×50× 2.3	[−100×50× 3.2	[−100×50× 3.2	[−100×50× 3.2	[−100×50× 3.2	[−60×30×2.3	[−60×30×2.3	
항복점 강도	F	(N/mm²)	235	235	235	235	235	235	235	235	재료 상수
인장강도	σu	(N/mm²)	400	400	400	400	400	400	400	400	
영계수	E	(N/mm²)	205000	205000	205000	205000	205000	205000	205000	205000	
높이	H	(mm)	100	100	100	100	100	100	60	60	부재 치수
폭	B	(mm)	50	50	50	50	50	50	30	30	
두께	t	(mm)	2.3	2.3	3.2	3.2	3.2	3.2	2.3	2.3	
코너(안쪽1tr)	r	(mm)	2.3	2.3	3.2	3.2	3.2	3.2	2.3	2.3	
부재 길이	L	(mm)	4030.0	4030.0	2200.0	1979.0	1855.0	2465.0	3395.0	3395.0	
좌굴 길이	lkx	(mm)	1171.0	1689.0	2200.0	1979.0	1855.0	2465.0	1375.0	1375.0	
	lky	(mm)	1171.0	1689.0	2200.0	1979.0	1855.0	2465.0	1375.0	1375.0	
축부 단면적	A	(cm²)	4.426	4.426	6.063	6.063	6.063	6.063	2.586	2.586	단면 성능
중심까지의 거리	Cx	(cm)	0.00	0.00	0.00	0.00	0.00	0.00	0.00	0.00	
	Cy	(cm)	1.36	1.36	1.40	1.40	1.40	1.40	0.86	0.86	
단면 2차 모멘트	Ix	(cm⁴)	69.9	69.9	93.6	93.6	93.6	93.6	14.2	14.2	
	Iy	(cm⁴)	11.1	11.1	14.9	14.9	14.9	14.9	2.27	2.27	
단면계수	Zx	(cm³)	14.0	14.0	18.7	18.7	18.7	18.7	4.72	4.72	
	Zy	(cm³)	3.04	3.04	4.15	4.15	4.15	4.15	1.06	1.06	
단면 2차 반경	ix	(cm)	3.97	3.97	3.93	3.93	3.93	3.93	2.34	2.34	
	iy	(cm)	1.58	1.58	1.57	1.57	1.57	1.57	0.94	0.94	
세장비	λx		29.5	42.5	56.0	50.4	47.2	62.7	58.8	58.8	허용 응력도 를 산출하기 위한 수치
	λy		74.1	106.9	140.1	126.1	118.2	157.0	146.3	146.3	
	λ		74.1	106.9	140.1	126.1	118.2	157.0	146.3	146.3	
한계 세장비	Λ		119.8	119.8	119.8	119.8	119.8	119.8	119.8	119.8	
좌굴안전율	ν		1.8	2.0	2.4	2.2	2.1	2.6	2.5	2.5	
모멘트 분포에 따른 보정계수	Cb		1.0	1.0	1.0	1.0	1.0	1.0	1.0	1.0	
허용 인장 응력도	ft	(N/mm²)	156.0	156.0	156.0	156.0	156.0	156.0	156.0	156.0	허용 응력도
허용 전단 응력도	fs	(N/mm²)	90.4	90.4	90.4	90.4	90.4	90.4	90.4	90.4	
허용 압축 응력도	fc	(N/mm²)	113.4	78.9	47.6	58.8	66.8	37.9	43.7	43.7	
허용 굽힘 응력도	fbx	(N/mm²)	111.9	59.0	34.3	42.4	48.3	27.4	31.5	31.5	
허용 굽힘 응력도	fby	(N/mm²)	156.0	156.0	156.0	156.0	156.0	156.0	156.0	156.0	

그림 13. 부재의 재료 상수, 단면 성능, 허용 응력도 예시[8]

222

　　　　　→ ㄱ형강, 홈형강, H형강 등
　경량 형강 : JIS G3350 일반 구조용 경량 형강 → ㄷ형강, Z형강, C형강 등
　알루미늄합금재　JIS H4100 알루미늄 및 알루미늄합금 압출형재
　　　　　　　　→ A6063-T5 등

부재의 단면 성능, 재료 상수, 허용 응력도 예시는 **그림 13**과 같다. 여기서 재료 상수의 기준 강도(F값)는 '항복점 강도 F'로 제시되어 있다. 위에서 언급한 JIS에서도 '내력'이나 '항복점 강도'로 기재되어 있다.[주] 부재의 단면 성능을 여기서는 강구조 설계 규준에서 인용했으나 JIS G 3350에서 검토할 수도 있다. 그림 맨 아래에 표시된 각 부재의 '허용 응력도'는 '재료 상수'와 '허용 응력도를 산출하기 위한 수치'를 사용하여 '허용 응력도 계산식'으로 산출했다. 전문적인 내용이기 때문에 구조계산서를 확인하는 사람의 수준에 따라서는 모든 것을 이해할 필요는 없지만, 확인해야 할 요점은 다음의 3가지를 들 수 있다.

① 허용 인장 응력도가 재료 기준 강도 F(그림에서는 항복점 강도)의 1/1.5 값으로 되어 있는가
② 허용 전단 응력도가 허용 인장 응력도의 $1/\sqrt{3}$ 값으로 되어 있는가
③ 가늘고 긴 부재의 허용 압축 응력도 및 허용 굽힘 응력도가 허용 인장 응력도에서 저감되어 있는가

여기서 ③의 허용 압축 응력도나 허용 굽힘 응력도에 대해서는 부재의 모양(길이나 단면 모양)에 따라 적절히 저감시킬 필요가 있다. 예를 들어 가늘고 긴 부재나 두께가 얇은 부재 등은 압축력이나 굽힘 모멘트가 작용하면 좌굴(압축좌굴, 횡좌굴, 국부좌굴)이 생기기 때문에 허용 응력도의 저감이 필요하다. 허용 응력도의 저감에 대해서는 구조 계산에서 사용하는 지침이나 규준에 따라 계산하게 된다. 하지만 자세히 모를 경우에도 구조계산서에 이런 사항이 고려되어 있는지를 확인할 필요가 있다. 또한 태양광발전 설비의 구조물에 사용되는 대부분의 부재는 가늘고 길며 부재의 두께가 얇으므로 좌굴을 고려해서 허용 응력도를 저감해야 한다.

최근 도입된 알루미늄합금재 구조물은 수입제품이 많아 해외 규격 재료가 이용된 경우도 있다. 이 경우도 재료 상수나 부재의 단면 성능이 명시되어 있는 것이 바람직하다. 단면 성능이 명시되어 있지 않은 경우에는 구조물 업체에 데이터 제시를 요구해야 한다. 만약 제시가 없는 경우에는 재하시험(인장시험 등) 등을 실시하여 재료 특성을 명확히 규정해야 한다. 이 경우, 여러 시험체(최소한 3개)에 대한 재하시험을 실시하여 재료 강도의 편차도 평가해야 한다.

주) 기준 강도(F값)는 본래 설계에 이용되는 규준에 제시된 값을 확인해야 하는데, 그 설계 규준을 구할 수 없는 경우에는 JIS에 제시되어 있는 값을 참고해도 된다.

4 부재에 작용하는 힘의 계산 결과

설계하중이 결정되면 구조물의 각 부재에 작용하는 힘(부재 응력)이나 기초에 작용하는 힘(지점반력)을 계산하게 된다. 이들 계산에는 일반적으로 프레임 응력 해석 소프트웨어를 이용하는데, 해석 모델(구조물의 골조와 각 부재 간의 접합 조건)이나 하중의 입력 조건 중 어느 하나라도 틀리면 부재 응력이나 지점 반력이 크게 다른 결과가 되는 경우가 있다.

● 장기 하중·단기 하중과 허용 응력도의 관계

부재의 허용 응력도는 장기적으로 작용하는 하중(장기 하중)에 대한 값(장기 허용 응력도)과 단기적으로 작용하는 하중(단기 하중)에 대한 값(단기 허용 응력도)이 다르다. 재료의 기준 강도(F값)는 단기 하중에 대한 값이므로 장기 허용 응력도는 F값의 1/1.5로 한 값을 토대로 산출된다. 즉, 다설지역의 적설하중과 같이 장기적으로 큰 하중이 작용하는 경우에는 F값보다 낮은 응력도로 소성변형(원래로 돌아가지 않는 변형)이나 붕괴 가능성이 있다는 점에 주의할 필요가 있다. 반면 단기 허용 응력도는 풍압하중이나 지진하중 등 순간적으로 작용하는 큰 하중이 작용했을 때에 생기는 부재응력과 대조하여 검토하게 된다.

4.1 해석 모델

그림 14는 해석 모델 예를 든 것이다. 해석 모델은 측면 쪽(동쪽 또는 서쪽)의 프레임(골조)뿐 아니라 정면 쪽(남쪽)과 후면 쪽(북쪽) 프레임도 입력할 필요가 있다. 동서 방향의 하중을 설정하지 않은 경우가 많기 때문에 정면이나 후면의 프레임에 대해 해석하지 않는 경우가 적지 않다. 각 프레임의 입력 항목에서 확인해 두어야 할 내용은 다음과 같다.

① 프레임의 모양 　　　　　→ 실물과 같은 프레임 형태로 되어 있는가
　　　　　　　　　　　　　→ 절점(접합부)의 위치는 모두 입력되어 있는가
② 각 부재의 치수 　　　　　→ 치수가 실물 그대로 바르게 입력되어 있는가
③ 절점, 지점의 접합 조건 　→ 강접합, 핀 접합(혹은 반강접합) 등의 접합 조건이 바르게 입력
　　　　　　　　　　　　　　 되어 있는가

①의 실물 프레임과 다른 모양으로 입력되어 있는 경우란 예를 들어 보강재(브레이스)의 절점(구조물 골조 부재의 접합점)이 기둥의 도중에 접합되어 있음에도 불구하고 기둥-보의 절점 혹은 기둥-기초의 지점에 설정되어 있는 경우가 비교적 많다(**그림 15**). 또한 절점의 위치가 모두 입력되어 있지 않은 예로는 높이를 조정하기 위해 버팀대를 대거나 긴 들보재를 도중에 연결하는 경우

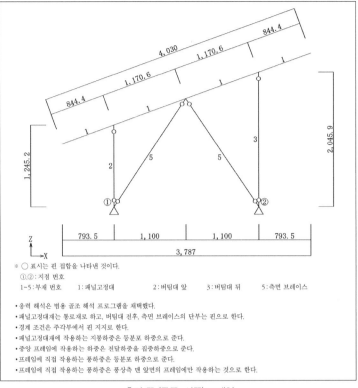

※ ○ 표시는 핀 접합을 나타낸 것이다.
　①,②:지점 번호
　1~5:부재 번호　　1:패널고정대　　　2:버팀대 앞　　3:버팀대 뒤　　5:측면 브레이스

• 응력 해석은 범용 골조 해석 프로그램을 채택했다.
• 패널고정대재는 통로재로 하고, 버팀대 전후, 측면 브레이스의 단부는 핀으로 한다.
• 경계 조건은 주각부에서 핀 지지로 한다.
• 패널고정대재에 작용하는 지붕하중은 등분포 하중으로 준다.
• 중앙 프레임에 작용하는 하중은 전달하중을 집중하중으로 준다.
• 프레임에 직접 작용하는 풍하중은 등분포 하중으로 준다.
• 프레임에 직접 작용하는 풍하중은 풍상측 맨 앞면의 프레임에만 작용하는 것으로 한다.

측면 쪽 (동쪽·서쪽) 프레임

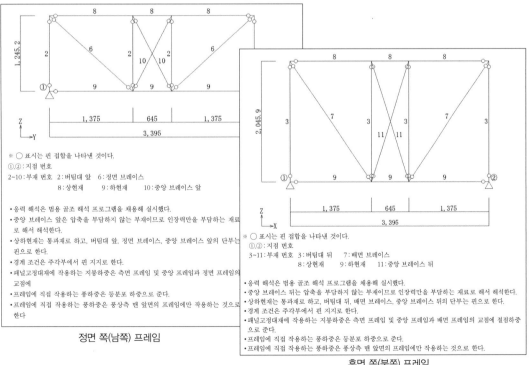

※ ○ 표시는 핀 접합을 나타낸 것이다.
①,②:지점 번호
2~10:부재 번호　2:버팀대 앞　6:정면 브레이스
　　　　　　　8:상현재　　9:하현재　　10:중앙 브레이스 앞

• 응력 해석은 범용 골조 해석 프로그램을 채용해 실시했다.
• 중앙 브레이스 앞은 압축을 부담하지 않는 부재이므로 인장력만을 부담하는 재료로 해서 해석한다.
• 상하현재는 통과재로 하고, 버팀대 앞, 정면 브레이스, 중앙 브레이스 앞의 단부는 핀으로 한다.
• 경계 조건은 주각부에서 핀 지지로 한다.
• 패널고정대재에 작용하는 지붕하중은 측면 프레임 및 중앙 프레임과 정면 프레임의 교점에
• 프레임에 직접 작용하는 풍하중은 등분포 하중으로 준다.
• 프레임에 직접 작용하는 풍하중은 풍상측 맨 앞면의 프레임에만 작용하는 것으로 한다

정면 쪽(남쪽) 프레임

※ ○ 표시는 핀 접합을 나타낸 것이다.
　①,②:지점 번호
　3~11:부재 번호　3:버팀대 뒤　7:배면 브레이스
　　　　　　　8:상현재　　9:하현재　　11:중앙 브레이스 뒤

• 응력 해석은 범용 골조 해석 프로그램을 채용해 실시했다.
• 중앙 브레이스 뒤는 압축을 부담하지 않는 부재이므로 인장력만을 부담하는 재료로 해서 해석한다.
• 상하현재는 통과재로 하고, 버팀대 뒤, 배면 브레이스, 중앙 브레이스 뒤의 단부는 핀으로 한다.
• 경계 조건은 주각부에서 핀 지지로 한다.
• 패널고정대재에 작용하는 지붕하중은 측면 프레임 및 중앙 프레임과 배면 프레임의 교점에 절점하중으로 준다.
• 프레임에 직접 작용하는 풍하중은 등분포 하중으로 준다.
• 프레임에 직접 작용하는 풍하중은 풍상측 맨 앞면의 프레임에만 작용하는 것으로 한다.

후면 쪽(북쪽) 프레임

그림 14. 프레임 응력 해석 소프트웨어의 해석 모델 예시[8]

가 있다. 이 접합이 모든 하중 방향(연직, 수평, 비틀림 방향)으로 강접합인 경우에는 문제가 없으나 하중의 방향에 따라서는 강접합으로 되어 있지 않은 경우가 있다.

②의 각 부재의 치수의 경우, 단관재로 만들어진 구조물 등과 같이 절점의 위치를 자유자재로 조정할 수 있는 것은 실물 프레임이 해석 모델(설계 도면)대로 조립되어 있지 않을 수도 있다.

③의 절점, 지점의 접합 조건은 핀 접합(혹은 반강접합)으로 판단할 수 있는 접합부를 강접합으

● 안정 구조와 불안정 구조

전기 해석에서는 '안정된 구조'를 구조상의 요구로 제시하고 있다. 안정되어 있지 않은 구조, 이른바 '불안정 구조'의 경우는 강풍이나 지진 등의 하중이 작용하면 구조물이 붕괴할 우려가 있으므로 태양광발전 설비의 지지물은 안정 구조여야 한다. 원래 불안정 구조의 경우에는 프레임 응력 해석 소프트웨어에서 오류가 발생하여 해석할 수 없다. 그런데 접합부(절점)의 입력 조건이 잘못된 경우에는 불안정 구조의 구조물이 안정 구조로 판정되는 경우가 있다.

다음 그림은 접합부를 모델링한 예이다. 절점을 강접합으로 했을 경우, 대부분의 구조물은 안정 구조가 되지만 실제 태양광발전 설비의 구조물은 강접합으로 되어 있는 케이스가 적다. 강접합의 경우에는 모멘트(그림 속의 원형 화살표)도 확실히 전달할 수 있어야 하므로 설계하중과 같은 큰 하중이 작용한 경우에 부재 간의 접합 각도가 크게 변화하지 않을 것(그림에서는 90°)이 요구된다. 한편 지점(기둥과 기초의 접합부)에는 말뚝기초의 설치 정밀도(오차) 관계로 접합 부재에 장공(긴 구멍)이 사용되는 경우가 있다. 이 경우 장공 방향으로 향하는 힘이 커지면 장공 부분에서 미끄러짐이 발생하므로 롤러 지점이라고 판단하는 편이 적절하다고 생각한다.

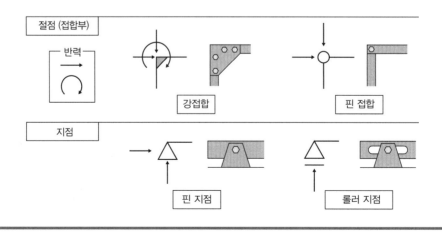

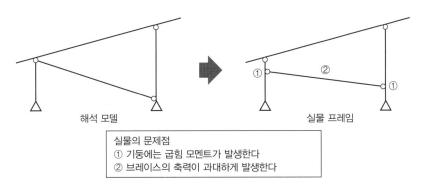

실물의 문제점
① 기둥에는 굽힘 모멘트가 발생한다
② 브레이스의 축력이 과대하게 발생한다

그림 15. 해석 모델과 실물 프레임의 차이에 따른 문제점 예시

로 입력하는 사례가 많다. 이 경우, 원래 불안정 구조인 것이 안정 구조(정정 구조 혹은 부정정 구조)가 되어 잘못된 계산 결과가 나올 수 있다(칼럼 4 참조).

이 외에도 부재의 재질 특성(재료 상수), 단면 성능 등 입력 조건도 있지만, 해석 모델의 그림에는 표시되어 있지 않기 때문에 자세하게는 확인할 수 없다.

4.2 설계하중의 입력 조건

제대로 모델링된 프레임에 대해 각종 설계하중을 정확하게 입력하면 각 부재에 작용하는 응력을 정확하게 설정할 수 있다. 고정하중, 풍압하중, 적설하중 및 지진하중은 각각 작용 방향뿐만 아니라 하중을 주는 방법(등분포 하중, 집중 하중이나 작용시키는 부재)도 바르게 설정되어 있어야 한다.

그림 16은 연직 하향으로 작용하는 고정하중 및 적설하중을 입력한 예이다. 보(경사재)에 대하

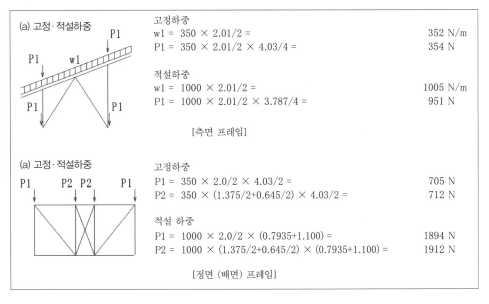

그림 16. 고정하중·적설하중 입력 예시[8]

여는 등분포 하중 w1로 주어진다. 이 예에서는 고정하중의 단위 면적당 하중 350N/m²에 보의 부담폭 2.01/2(=1.005m:여기서는 태양광발전 모듈 폭의 절반)을 곱하여 352N/m로 한다.

또한 기둥의 상부와 하부의 집중하중 P1은 단위 면적당 하중 350N/m²에 기둥 1개당 부담 면적 2.01/2×4.03/4(=1.013m²)을 곱하여 354N이 되었다. 여기서는 구조물의 각 부재에 대해 고정하중이 입력되어 있는 것처럼 보이지 않지만, 단위 면적당 고정하중 350N/m²에는 태양광발전 모듈에 구조물의 중량이 가산되어 있으며, 안전 측 또는 입력 단순화를 위해 보(모듈면)에 작용시키

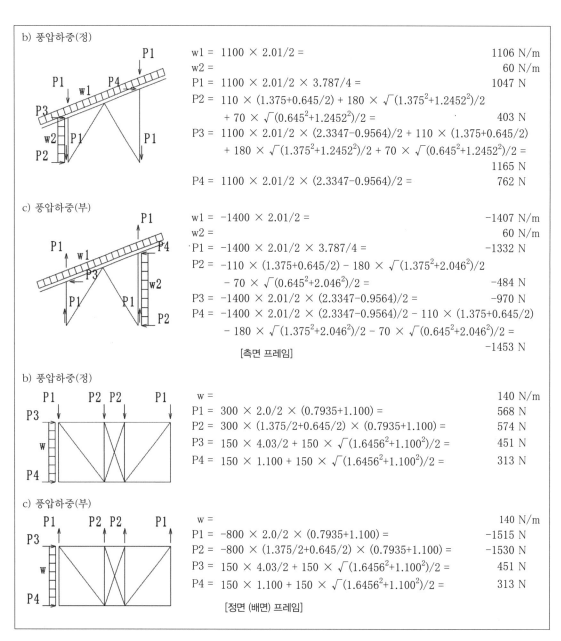

그림 17. 풍압하중을 입력한 예⁽⁸⁾

b) 풍압하중(정)

$w1 = 1100 \times 2.01/2 = \hspace{3cm} 1106\ \text{N/m}$

$w2 = \hspace{6cm} 60\ \text{N/m}$

$P1 = 1100 \times 2.01/2 \times 3.787/4 = \hspace{2cm} 1047\ \text{N}$

$P2 = 110 \times (1.375+0.645/2) + 180 \times \sqrt{(1.375^2+1.2452^2)}/2$

$\hspace{2cm} + 70 \times \sqrt{(0.645^2+1.2452^2)}/2 = \hspace{2cm} 403\ \text{N}$

$P3 = 1100 \times 2.01/2 \times (2.3347-0.9564)/2 + 110 \times (1.375+0.645/2)$

$\hspace{2cm} + 180 \times \sqrt{(1.375^2+1.2452^2)}/2 + 70 \times \sqrt{(0.645^2+1.2452^2)}/2 =$

$\hspace{10cm} 1165\ \text{N}$

$P4 = 1100 \times 2.01/2 \times (2.3347-0.9564)/2 = \hspace{2cm} 762\ \text{N}$

c) 풍압하중(부)

$w1 = -1400 \times 2.01/2 = \hspace{3cm} -1407\ \text{N/m}$

$w2 = \hspace{6cm} 60\ \text{N/m}$

$P1 = -1400 \times 2.01/2 \times 3.787/4 = \hspace{2cm} -1332\ \text{N}$

$P2 = -110 \times (1.375+0.645/2) - 180 \times \sqrt{(1.375^2+2.046^2)}/2$

$\hspace{2cm} - 70 \times \sqrt{(0.645^2+2.046^2)}/2 = \hspace{2cm} -484\ \text{N}$

$P3 = -1400 \times 2.01/2 \times (2.3347-0.9564)/2 = \hspace{2cm} -970\ \text{N}$

$P4 = -1400 \times 2.01/2 \times (2.3347-0.9564)/2 - 110 \times (1.375+0.645/2)$

$\hspace{2cm} - 180 \times \sqrt{(1.375^2+2.046^2)}/2 - 70 \times \sqrt{(0.645^2+2.046^2)}/2 =$

$\hspace{10cm} -1453\ \text{N}$

[측면 프레임]

b) 풍압하중(정)

$w = \hspace{8cm} 140\ \text{N/m}$

$P1 = 300 \times 2.0/2 \times (0.7935+1.100) = \hspace{2cm} 568\ \text{N}$

$P2 = 300 \times (1.375/2+0.645/2) \times (0.7935+1.100) = \hspace{1cm} 574\ \text{N}$

$P3 = 150 \times 4.03/2 + 150 \times \sqrt{(1.6456^2+1.100^2)}/2 = \hspace{1cm} 451\ \text{N}$

$P4 = 150 \times 1.100 + 150 \times \sqrt{(1.6456^2+1.100^2)}/2 = \hspace{1cm} 313\ \text{N}$

c) 풍압하중(부)

$w = \hspace{8cm} 140\ \text{N/m}$

$P1 = -800 \times 2.0/2 \times (0.7935+1.100) = \hspace{2cm} -1515\ \text{N}$

$P2 = -800 \times (1.375/2+0.645/2) \times (0.7935+1.100) = \hspace{1cm} -1530\ \text{N}$

$P3 = 150 \times 4.03/2 + 150 \times \sqrt{(1.6456^2+1.100^2)}/2 = \hspace{1cm} 451\ \text{N}$

$P4 = 150 \times 1.100 + 150 \times \sqrt{(1.6456^2+1.100^2)}/2 = \hspace{1cm} 313\ \text{N}$

[정면 (배면) 프레임]

고 있다. 이러한 하중 입력의 간략화는 일반적으로 이루어지며 그 적정에 대해서는 전문가가 아니면 단정하기 어려운 경우가 있다. 하지만 상정되는 하중이 모두 포함되어 있는지 어떤지는 비교적 간단하게 확인할 수 있으므로 주의 깊게 보는 것이 중요하다. 또 실제 구조계산서에는 정면·배면 프레임에 대해 표시되어 있지 않은 경우도 볼 수 있으므로 이들 프레임에 대한 하중의 입력 조건도 확인해 두어야 한다. 이 예에서 정면 프레임 주두부(기둥의 상부)의 절점에 집중하중 P로 작용시키는 것은 측면 프레임의 경사 보를 주두부로 지지하고 있기 때문이다.

적설하중은 고정하중과 마찬가지로 연직 하향으로 작용하여 모듈면(보)에 작용한다는 것을 알 수 있다. 여기서 단위 면적당 적설하중은 $1,000N/m^2$로 하고 있으며, 부담 폭이나 부담 면적의 설정은 고정하중과 같다는 것을 알 수 있다.

그림 17은 풍압하중을 입력한 예이다. 풍압하중은 정압(순풍)과 부압(역풍) 양쪽에 대해서 검토하고 있는지 확인한다. 이때 모듈면뿐만 아니라 구조물에 작용하는 하중이 입력되어 있는지도 확인한다. 구조계산서의 대부분은 태양광발전 모듈의 경사가 있는 측면 프레임(남-북 방향)의 하중에 대해 검토하고 있으나 동쪽이나 서쪽 풍향의 경우에 대해서는 검토하고 있지 않다. 이것은 일반적인 태양광발전 설비에서는 태양광발전 모듈의 동-서 방향에 대한 경사가 없기 때문이라고 추측된다.

하지만 동쪽과 서쪽 입면의 각 부재에도 풍압하중은 작용한다. 이들의 하중은 비교적 작은 값이 되지만, 동-서 방향의 하중에 대해서도 검토하는 것이 바람직하다. 한편 경사지에 설치한 태양광발전 설비에서는 태양광발전 모듈면이 동서 방향으로도 기울어져 있는 경우가 있다. 이 경우 태양광발전 모듈면의 풍압하중은 동-서 방향으로도 작용하므로 동-서 방향의 하중에 대해 입력되어 있는지도 확인해야 한다.

또한 풍압하중이나 적설하중을 입력하는 곳에는 각 부재가 부담하는 면적이 적절하게 설정되어 있는지 잘 확인해야 한다. **그림 18**은 부재의 부담 폭 개념의 예이다. 이 경우, 보 3개의 부담 면적은 각기 다르다. 일반적으로 중앙부의 보 ②의 부담 면적이 가장 크지만, 보의 돌출 폭(L_1, L_2)이

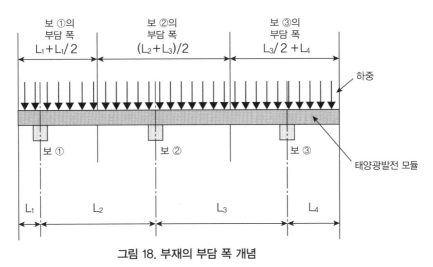

그림 18. 부재의 부담 폭 개념

큰 경우에는 단부 보의 부담 폭이 커지는 경우도 있다. 부담 폭 설정에서 흔히 볼 수 있는 오류는 다음과 같다.

   (a) 돌출 폭이 포함되어 있지 않다

      →단부 보의 부담 폭이 작아진다. 설비 전체의 부담 면적이 작아진다.

   (b) 부재 수로 등분되어 있다

      →중앙 보의 부담 폭이 작아진다.

   (c) 3개 이상의 보가 나열되는(연속 스팬의) 경우에 보 간격 L의 절반(L/2)으로 설정되어 있다

      →중앙 보의 부담 폭이 작아진다. 보가 등간격으로 배치되어 있는 경우는 중앙부의 부담 폭이 절반으로 줄어든다.

이러한 경우에는 부재의 부담 면적이 작게 주어지므로 결과적으로 구조물나 기초의 설계하중은 부분적 혹은 전체적으로 부족하게 된다.

그림 19는 지진하중을 입력한 예이다. 지진하중은 수평 방향으로 작용하여 남-북 방향(측면 프레임)뿐만 아니라 동-서 방향(전면·후면 프레임)에도 작용하므로 각 방향이 설정되어 있는지 확인해야 한다. 이 예에서는 어느 방향이나 보 부분에 하중을 작용시킨다. 이것은 구조물에 작용하는 하중도 포함한 단위 면적당 하중($150N/m^2$)으로 하고 있으므로 고정하중의 경우와 마찬가지로 안전측 또는 간략화해서 주고 있다.

4.3 부재에 작용하는 힘과 기초에 요구되는 반력의 계산 결과

해석 모델과 하중의 입력 조건이 바르게 설정되어 있어야 부재에 작용하는 힘이 바르게 산출된다. 부재에 작용하는 힘은 **그림 20**에 제시한 축력(축 방향으로 작용하는 압축력, 인장력), 전단력(부재 내의 면을 어긋나게 하는 힘), 굽힘 모멘트(부재를 구부리는 힘)가 있는데, 이들 힘의 크기는 프레임 내 부재의 위치뿐만 아니라 절점(접합부)에서의 접합 조건에 따라 달라진다. 또한 부재

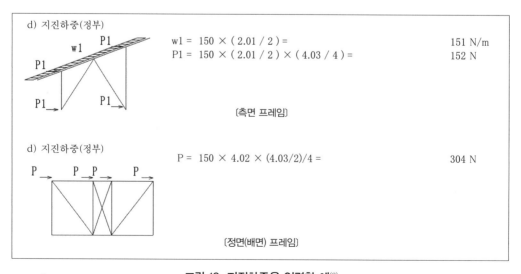

그림 19. 지진하중을 입력한 예[8]

에 작용하는 힘을 알면 기초에 요구되는 저항력(지점 반력)도 명확해진다. 이 계산은 표 1과 같이 하중 조건별로 계산할 필요가 있다.

그림 21은 풍압하중의 정압이 작용한 경우를 계산한 결과다. 축력도에서는 압축력을 부, 인장력을 정의 값으로 나타낸다. 이 예에서는 정압(그림 17의 b)인 경우의 계산 결과이므로 기둥이 압축(부의 값)으로 되어 있다. 또한 기둥의 기부와 보의 중앙부를 연결하는 보강재(브레이스) 중 바람이 불어오는 방향(풍상 쪽)은 인장, 바람이 불어 가는 방향(풍하 쪽)은 압축으로 되어 있어 그림의 왼쪽에서 불어오는 바람으로 구조물이 오른쪽으로 변형될 때의 힘이 전달되는 방법을 알 수 있다. 이와 같이 구조계산서를 확인할 때에 하중의 방향과 힘 전달 방법의 이미지가 중요하다. 계산 결과에 위화감이 있는 경우에는 전문가에게 확인하는 것이 좋다. 그 밖에 전단력도, 굽힘 모멘트도, 지점 반력도를 확인하는 요점은 다음과 같다.

① 전단력도 : 집중하중의 작용점과 절점에서 계단 모양으로 변화했는가

등분포하중을 가하고 있는 부재는 삼각형 분포로 되어 있는가

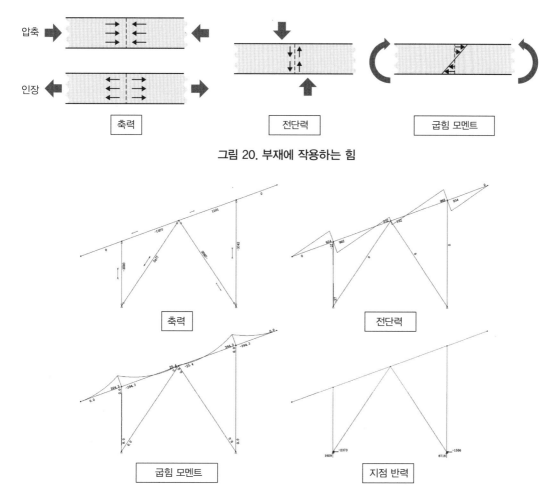

그림 20. 부재에 작용하는 힘

그림 21. 프레임 응력 해석 프로그램에 의한 계산 결과 예시(풍압하중 : 정압)[8]

② 굽힘 모멘트도 : 핀 접합 절점이나 돌출부 끝단(자유단)에서 0으로 되어 있는가

　　강접합 절점에서는 각 부재에 모멘트가 표시되어 있는가

③ 지점 반력도 : 지점의 반력은 적절한가. 핀 지점에서 모멘트의 반력이 제시되지 않았는가

　　수직 방향, 수평 방향의 반력 합계가 설계하중과 대응되어 있는가

4.4 부재 응력의 정리

　프레임 응력 해석은 각 하중 조건(고정하중, 풍압하중, 적설하중 등)에 대하여 실시하기 때문에 구조물의 각 부재에 작용하는 응력은 하중 조건에 따라 다르다. 이들 중 어느 하중 조건에서도 각 부재에 따른 강도가 요구되므로 각 부재의 응력이 정리된 일람표가 있으면 구조 계산의 타당성을 확인하는 데 매우 편리하다. 일람표는 설계자가 직접 확인할 때도 이용하지만 발전사업자나 제3자가 확인할 때도 필요하다. 또한 보수나 보강 시에 검토할 때도 유용하다.

　표 6은 그 일례로 각 부재의 축력, 굽힘 모멘트 및 전단력을 하중 조건별로 제시했다. 이 표의 모든 값을 확인하기는 힘들므로 대표적인 부재에 대해 특히 큰 값에 주목하여 프레임 응력 해석 결과(그림 21) 값이 제대로 인용되어 있는지 확인한다.

　부재 응력 일람표와 마찬가지로 구조물의 지점 반력에 대하여 정리한 일람표가 있으면 매우 편리하다. **표 7**은 지점 반력을 정리한 일람표 예이다. 이들 결과를 바탕으로 기초 설계가 이루어 진다.

표 6. 부재 응력의 일람표 예[8]

표 8.1.1 측면 프레임 지지 골조의 응력 일람

부재 번호	부재	단면	응력의 종류	고정하중 (N , N·mm)	적설하중 (N , N·mm)	풍압하중(X) (정) (N , N·mm)	풍압하중(X) (부) (N , N·mm)	지진하중 (N , N·mm)
1	패널고정대 (중앙부)	[-100×50×2.3	축력(압축)	-106	-283	-1970	-2491	-479
			축력(인장)	106	283	1501	1910	479
			굽힘(강축)	117900	316400	394300	501600	18400
			전단력(Web)	290	778	962	1224	44
1	패널고정대 (캔틸레버)	[-100×50×2.3	축력(압축)	-102	-273			-120
			축력(인장)	102	273			120
			굽힘(강축)	117900	316400	394300	501600	18400
			전단력(Web)	279	749	934	1188	44
2-1	버팀대 앞 (오른쪽)	C-75×45× 15×2.3	축력(압축)	-961	-2576	-3504		-148
			축력(인장)				4251	148
			굽힘(강축)			11600		
			전단력(Web)			37		
3-1	버팀대 뒤 (오른쪽)	C-75×45× 15×2.3	축력(압축)	-961	-2576	-3342		-148
			축력(인장)				4450	
			굽힘(강축)			31400		
			전단력(Web)			61		
5	측면 브레이스	[-100×50×3.2	축력(압축)	-124	-334	-2800	-4408	-642
			축력(인장)			3477	3554	999
			굽힘(강축)					

표 7. 지점 반력의 일람표 예[8]

표 8.1.2 측면 프레임의 반력 일람

위치	고정 하중 (N)	적설 하중 (N)	풍압하중(X) (정) (N)	풍압하중(X) (부) (N)	지진 하중 (N)
R_{Z1}	1419	3805	1659	-1917	-683
R_{Z2}	1419	3805	6718	-8735	683
R_{X1}	69	186	-2373	2450	-707
R_{X2}	-69	-186	-1556	2520	-509

5 부재의 안전성 검토

5.1 부재의 단면 검정

부재에 작용하는 힘에 대해서, 그 부재의 단면으로 저항할 수 있는지를 판정하는 것을 단면 검정이라고 한다. 단면 검정은 다음과 같은 순서로 실시한다.

① 부재에 작용하는 힘으로 부재 단면의 응력도를 산출한다

② ①의 응력도를 그 부재의 허용 응력도로 나눈 값(검정비)을 구한다

③ 검정비가 1.0 미만인지 확인한다

표 8은 단면 검정을 계산한 예이다. 단면 검정은 장기 및 단기 하중에 대해 각각 축력(압축·인장), 전단력, 굽힘 모멘트 및 조합(축력+굽힘)의 응력도를 검사하지만, 부재에 따라서는 작용하지 않는 응력도 있으므로 모든 내용을 검토할 필요는 없다. 여기서 확인해야 할 내용은 다음과 같다.

① 장기 및 단기 응력이 바르게 인용되어 있는가

② 그 응력도가 바르게 계산되어 있는가

③ 허용 응력도가 제대로 인용되고 검정비가 바르게 계산되어 있는가

모든 부재에 대해 확인하는 것은 어려우므로 우선은 검정비가 큰 부재부터 확인하는 것이 좋다.

표 8. 단면 검정의 계산 예[8]

표 9.2 단면 검정 결과 일람

부재 번호	부재	단면	응력의 종류		장기 응력 (G)	적설 시	단기 응력 폭풍 시 (WX정)	〈WX부〉	〈WY정〉	〈WY부〉	지진 시 (KX정)	〈KX부〉	〈KY정〉	〈KY부〉	채용값 응력	케이스	단면 검정 장기 응력도	검정비	판정	단기 응력도	검정비	판정
1	패널 고정대 (중앙부)	[-100×50× 2.3	압축	Nc (N)	106	283	1970	2491				479	479		2597.0		0.3	0.00	OK	6.8	0.04	OK
			인장	Nt (N)	106	283	1501	1910				479	479		2016.0		0.6	0.00	OK	10.6	0.05	OK
			전단	Qw (N)	290	778	962	1224				43.6	43.6		1514.0		1.3	0.01	OK	6.6	0.00	OK
			전단	Qf (N)					88	88					87.8		0.0	0.00	OK	0.4	0.00	OK
			굽힘(강축)	Mx (N·mm)	117900	316400	394300	501600				18400	18400		619500.0		10.6	0.09	OK	55.8	0.33	OK
			굽힘(약축)	My (N·mm)					25700	25700					25700.0		0.0	0.00	OK	14.0	0.06	OK
			조합	축력+굽힘														0.10	OK		0.38	OK
1	패널 고정대 (캔틸레버 부)	[-100×50× 2.3	압축	Nc (N)	102	273						120	120		375.0	G+S	0.3	0.00	OK	1.0	0.01	OK
			인장	Nt (N)	102	273						120	120		375.0	G+S	0.5	0.00	OK	2.0	0.01	OK
			전단	Qw (N)	279	749	934	1188				44	44		1467.0		1.2	0.01	OK	6.4	0.05	OK
			전단	Qf (N)					127	127					126.8		0.0	0.00	OK	0.6	0.00	OK
			굽힘(강축)	Mx (N·mm)	117900	316400	394300	501600				18400	18400		619500.0		10.6	0.18	OK	55.8	0.63	OK
			굽힘(약축)	My (N·mm)					53600	53600					53600.0		0.0	0.00	OK	29.2	0.12	OK
			조합	축력+굽힘														0.18	OK		0.64	OK
2-1 2-2	버팀대 앞(우) 버팀대 앞(좌)	C-75×45× 15×2.3	압축	Nc (N)	1415	3800	3504		2100			148		449	449	5215.0	G+S	3.4	0.03	OK	12.6	0.07	OK
			인장	Nt (N)				4251		3619			148	449	449	4251.0		0.0	0.00	OK	33.6	0.14	OK
			전단	Qw (N)			37									37.0		0.0	0.00	OK	0.2	0.00	OK
			전단	Qf (N)					87	87					87.0		0.0	0.00	OK	0.4	0.00	OK
			굽힘(강축)	Mx (N·mm)			11600								11600.0		0.0	0.00	OK	1.2	0.01	OK

5.2 접합부의 내력 확인

태양광발전 설비의 강풍, 적설 등에 의한 피해 중에는 접합부 파손 사례도 볼 수 있으므로 접합부의 강도 확인에 대해서도 충분히 검토해야 한다. 그런데 구조계산서에서 접합부를 검토하지 않은 경우도 비교적 많은 듯하다.

표 9는 접합부에 이용되는 볼트를 검정한 결과이다. 이 예에서는 모두 스테인리스강재 볼트가 사용되었다. 부재를 접합하는 볼트는 일반적으로 전단력 또는 인장력에 저항하기 위해 사용하므로 그들의 허용 내력에 대한 검정을 실시했다. 여기서 'No.1 패널고정대'에 사용된 M8 볼트의 인장력에 대해 검토한 것은 태양광발전 모듈(패널)의 프레임을 아래에서 고정하기 위한 것으로, 풍압하중 부압 시에 인장 방향으로 작용하기 때문이다. 이처럼 사용되는 부위에 따라 볼트에 작용하는 힘의 방향이 다르다는 점에 주의하여 확인할 필요가 있다.

표 9. 볼트의 검정 결과 예[8]

표 10.2 체결부 볼트 검정 결과																*인장은 풍압 시〈WX부〉의 가력 시를 산출			
		전단력										인장력				검정비			
		장기 응력		단기 응력								부담 폭	부담 길이	단기 응력		전단		인장	판정
사용 부위	사용 볼트	상시	적설 시	폭풍 시				지진 시		지진 시				하중	인장	장기	단기	단기	
		(G)	(S)	〈WX정〉	〈WX부〉	〈WY정〉	〈WY부〉	〈KX정〉	〈KX부〉	〈KY정〉	〈KY부〉								<1.0
		(N)	(N)	(N)	(N)	(N)	(N)	(N)	(N)	(N)	(N)	(mm)	(mm)	(N/m²)	(N)				
1 패널고정대	1-M8	396	1061	2932	3715	0	0	523	523	0	0	1000	500	−1400	700	0.112	0.778	0.077	OK
2 버팀대 앞	1-M12	1415	3800	3541	4251	2100	3619	148	148	449	449	−	−	−	−	0.179	0.478	−	OK
3 버팀대 뒤	1-M12	1415	3801	3342	4511	2264	3781	148	148	740	740	−	−	−	−	0.179	0.499	−	OK
4 연결재	1-M12	0	0	0	0	0	0	0	0	0	0	−	−	−	−	0.000	0.000	−	OK
5 측면 브레이스	1-M12	124	334	3477	4408	0	0	999	999	0	0	−	−	−	−	0.016	0.382	−	OK
6 정면 브레이스	1-M12	1056	2835	0	0	1718	2848	0	0	673	673	−	−	−	−	0.134	0.329	−	OK
7 배면 브레이스	1-M12	854	2294	0	0	1590	2500	0	0	898	898	−	−	−	−	0.108	0.283	−	OK
8 상현재	1-M12	785	2106	0	0	1384	1677	0	0	222	222	−	−	−	−	0.099	0.244	−	OK
9 하현재	1-M12	636	1707	0	0	836	1628	0	0	658	658	−	−	−	−	0.080	0.197	−	OK
10 중앙 브레이스 앞	1-M12	0	0	0	0	200	349	0	0	476	476	−	−	−	−	0.000	0.040	−	OK
11 중앙 브레이스 뒤	1-M12	0	0	0	0	333	452	0	0	712	712	−	−	−	−	0.000	0.060	−	OK

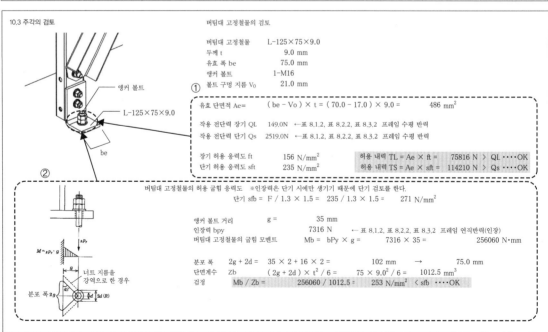

10.3 주각의 검토

버팀대 고정철물의 검토

버팀대 고정철물	L-125×75×9.0
두께 t	9.0 mm
유효 폭 be	75.0 mm
앵커 볼트	1-M16
① 볼트 구멍 지름 V_0	21.0 mm

유효 단면적 $Ae = (be - V_0) \times t = (70.0 - 17.0) \times 9.0 = 486$ mm²

작용 전단력 장기 QL 149.0N ←표 8.1.2, 표 8.2.2, 표 8.3.2 프레임 수평 반력

작용 전단력 단기 Qs 2519.0N ←표 8.1.2, 표 8.2.2, 표 8.3.2 프레임 수평 반력

장기 허용 응력도 ft 156 N/mm²

단기 허용 응력도 sft 235 N/mm²

허용 내력 $TL = Ae \times ft = 75816$ N > QL ····OK

허용 내력 $TS = Ae \times sft = 114210$ N > Qs ····OK

버팀대 고정철물의 허용 굽힘 응력도 ※인장력은 단기 시에만 생기기 때문에 단기 검토를 한다.

단기 sfb = F / 1.3 × 1.5 = 235 / 1.3 × 1.5 = 271 N/mm²

앵커 볼트 거리 g = 35 mm

인장력 bpy 7316 N ← 표 8.1.2, 표 8.2.2, 표 8.3.2 프레임 연직반력(인장)

버팀대 고정철물의 굽힘 모멘트 Mb = bPy × g = 7316 × 35 = 256060 N·mm

분포 폭 2g + 2d = 35 × 2 + 16 × 2 = 102 mm → 75.0 mm

단면계수 Zb (2g + 2d) × t² / 6 = 75 × 9.0² / 6 = 1012.5 mm³

검정 Mb / Zb = 256060 / 1012.5 = 253 N/mm² < sfb ····OK

② 너트 지름을 강역으로 한 경우

$M = _s P_y \cdot g$

분포 폭 $2g$ / $\frac{1}{2}d$ / $2d$ (R) / 45°

그림 22. 주각부 접합 부재의 검토 예[8]

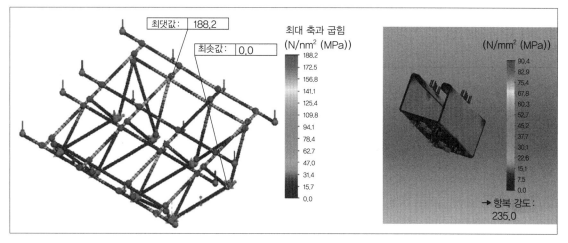

그림 23. 유한요소법 해석 결과 예시

접합부를 검정할 때는 볼트뿐만 아니라 접합 부재의 강도에 대해서도 확인할 필요가 있다. **그림 22**는 기둥과 기초 접합부(주각부)에 사용되는 L형 접합 부재(L-125×75×9.0)를 검토한 예이다. 이 예에서는 수평 방향으로 힘이 작용했을 경우의 접합 부재와 기초의 접합 내력(그림 중 ①) 및 기둥이 연직 상향으로 끌어올려졌을 경우의 접합 부재의 굽힘 내력(그림 중 ②)을 검토했다. 이들의 자세한 내용을 이해하려면 전문적인 지식이 필요하지만, 상정하는 힘은 구조계산서의 어느 값이 인용되었는지, 어느 부분의 단면을 상정했는지 등이 파악되면 검토의 개요 정도는 이해할 수 있다. 가능한 범위에서 확인해 보면 좋을 것이다.

5.3 유한요소법 해석의 타당성 확인

구조물 전체 혹은 부재의 응력 산정에 유한요소법(Finite Element Method, FEM)을 이용하여 수치 해석을 하는 경우가 있다. **그림 23**은 유한요소법(FEM)을 이용하여 해석한 예이다. 유한요소법을 이용하여 해석을 해보면 응력 분포나 부재 변형의 모습을 상세하고 시각적으로 파악할 수 있다. 단, 유한요소법을 이용해 해석하기 위해서는 많은 분석 조건을 입력해야 하며, 정확한 결과를 얻기 위해서도 해석 대상물을 제대로 모델링하고 각종 입력 조건도 적절하게 설정해야 한다. 또한 해석 결과의 타당성을 판단하기 위해서는 구조 설계에 대해서도 잘 알고 있어야 한다. 유한요소법 해석 결과를 구조계산서에 제시하기도 하지만, 그 대부분은 입력 조건이 명확하지 않아 잘못된 결과(현실적으로는 생각할 수 없는 응력 분포)를 제시한 것도 가끔 볼 수 있다. 시각적으로 알기 쉽다고 해서 반드시 올바른 결과라고는 할 수 없으므로 주의 깊게 확인할 필요가 있다.

5.4 재하시험에 의한 접합 강도의 확인

태양광발전 설비의 구조물 접합부는 부재 간 마찰에 기대하는 접합을 이용하기도 한다. 예를 들어 건축 토대에 사용되는 강관(단관)을 이용한 구조물(통칭:단관 구조물)에는 부재 간 접합에

그림 24 (a)와 같은 전용 클램프를 사용한다. 이 클램프로 접합할 때는 단관 2개를 각각 끼워 넣어 고정하므로 단관과 클램프는 상호 마찰만으로 접합된다. 이때 고정용 볼트의 결속 상태, 단관의 표면 상태, 하중의 작용 방향 등에 따라 접합 강도가 크게 달라진다. 이 경우 구조 계산이나 FEM 해석으로 접합강도를 평가하기는 어려우므로 재하시험으로 확인할 필요가 있다. 그림 (b)는 단관 접합부의 접합 강도를 시험한 예이다. 이 예에서는 단관의 재축 방향으로 인장 재하를 실시하고 있지만, 실제 구조물에서는 단관이 직교해 있거나 (a)와 같이 비스듬히 접합되는 경우도 있으므로 재축 방향에 대한 미끄러짐뿐만 아니라 회전 방향에 대한 미끄러짐도 확인해 둘 필요가 있다.

이 밖에도 알루미늄 구조물에서 많이 볼 수 있는 T형 홈과 슬롯에 의한 접합이나 장공(루즈홀)을 이용한 접합(d) 등도 부재 간의 마찰을 기대한 접합 방법이므로 재하시험으로 접합 강도를 평가하고 있는지를 확인하는 것이 바람직하다.

(a) 단관 구조물의 접합부

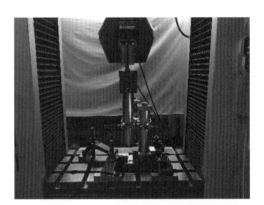

(b) 단관 접합부의 강도시험

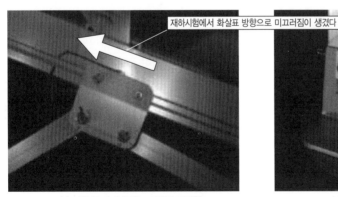

(c) T형 홈과 슬롯을 이용한 접합[8]

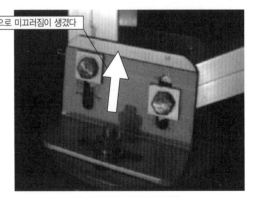

(d) 장공을 이용한 접합[9]

그림 24. 부재 간의 마찰을 기대한 접합부 예

6 기초의 저항력

태양광발전 모듈이나 구조물에 작용하는 하중에 대하여 안정된 상태를 유지하기 위해서는 충분한 기초의 저항력 확보가 필수다. 건축물의 기초 설계를 할 때에는 자중이나 적설에 의해 아래 방향으로 작용하는 힘과 지진이나 강풍에 의해 수평 방향으로 향하는 힘에 대해 검토한다. 하지만 강풍에 의해 상향하는 힘에 대해서는 건축물의 중량이 크기 때문에 검토할 필요가 없는 경우가 대부분이다. 그런데 태양광발전 설비는 경량이기 때문에 강풍에 의해 상향하는 힘에 대해서도 기초가 충분히 저항할 수 있는지를 고려해야 한다. 강풍으로 인해 태양광발전 설비가 기초째로 날아가는 피해도 적지 않기 때문이다.

태양광발전 설비의 기초는 직접기초(콘크리트재 기초)와 말뚝기초로 크게 나눌 수 있는데, 각 기초에 따라 구조 설계상 확인해야 할 내용이 다르다. 여기서는 각 기초에 대해서 설명한다.

6.1 직접기초

구조물로부터 전달되는 하중에 대한 직접기초의 저항 요소는 다음과 같다.

① 연직 하향의 하중 : 기초 바닥면의 지반 지지력

② 연직 상향(분리)의 하중 : 기초 중량

③ 전도 방향의 하중 : 기초 중량 및 기초 바닥면의 지반 지지력

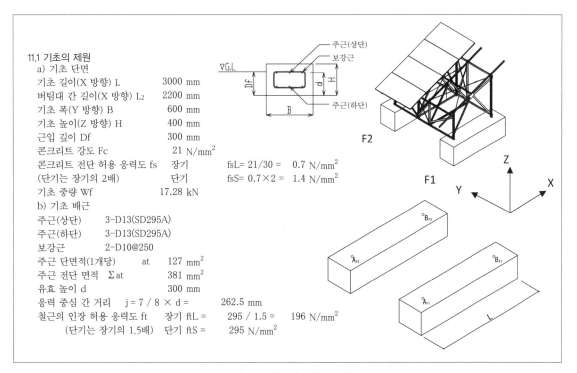

그림 25. 기초의 제원 예시[8]

④ 수평 방향의 하중:기초 바닥면과 지반과의 마찰. 기초의 근입(기초의 지반 매설 부분)이 있는 경우에는 수동토압(기초 측면과 지반이 접촉하는 면의 압력)

이러한 저항 요소가 검토되어 있는지 구조계산서에서 확인한다. 우선 여기서 대상으로 하는 직접기초는 **그림 25**와 같다. 기초 제원으로서는 기초 치수뿐만 아니라, 기초 근입 깊이나 콘크리트의 강도, 배근(철근의 배치)도 표시되어 있어야 한다.

표 10은 지점 반력(구조물과 기초의 접합부에 작용하는 힘) 일람표의 예이다. 각종 하중이 작용했을 때의 지점 반력이 정리되어 있으며, 연직(아래쪽), 분리, 수평의 각 방향 값이 표시되어 있다(구조물과 기초가 강접합인 경우에는 모멘트 값도 표시되어 있다). 이 일람표의 '상시 G'란 고정하중(장기 하중)의 반력을 의미한다. 적설 시, 폭풍 시, 지진 시는 적설하중, 풍압하중, 지진하중의 단기 하중 반력이며, 표의 오른쪽 끝에 이들 최댓값이 정리되어 있다. 기초는 이러한 장기, 단기의 반력이 있어야 한다.

그림 26은 연직 하향력을 검토한 내용이다. 여기서는 장기, 단기의 하중에 대해서 검토했다. 장기에 대해서는 구조물의 고정하중+기초의 고정하중(자중)으로 요구되는 지반력에 대하여 지반의 장기허용 지지력이 상회하는지를 검사했다. 구조물이나 기초의 중량 분포에 치우침이 없는 경우에는 그림의 (1)과 같이 등분포가 된다. 구조물이나 기초의 중심이 크게 치우쳐 있으면 중심 쪽으로 치우친 분포로 주어져 있는 것을 확인한다.

또한 지반력의 값은 구조물과 기초의 전중량으로 구할 수 있는 하중(=중량(kg)×중력 가속도 9.8(m/s):단위 N)을 모든 기초 바닥면의 합계(단위 m)로 나눈 값이다.

단기에 대해서는 그림 26의 (2)에 나와 있는 바와 같이 풍압하중(부압) 값이 채택되었다. 그 때문에 연직 하향뿐만 아니라 수평 방향의 하중도 작용하므로 지반력에 편중이 발생한다. 이와 같이 지반력에 치우침이 있을 경우에는 가장 큰 값에 대해 지반의 허용 지지력이 상회하고 있는 것을 확인한다. 이 같은 검토를 하지 않을 경우에는 강풍이 불거나 지진이 일어났을 때 기초가 기울어질 우려가 있다.

표 10. 지점 반력 일람 예[8]

표 11.1 지점 반력 일람

위치	반력의 종류		장기 상시 〈G〉	단기							반력	케이스
				적설 시 〈S〉	폭풍 시 〈WX 정〉	폭풍 시 〈WX 부〉	폭풍 시 〈WY 정〉	폭풍 시 〈WY 부〉	지진 시 〈KX 정〉	지진 시 〈KX 정〉		
A_{F1} A_{F2}	연직	(N)	1419	3805	1659		2100		446	683	5224.0	G+W
	분리	(N)				1917		3622	683	446	2203.0	G+W
	수평 X 방향	(N)	69	186	-2373	2450			-707		2519.0	G+W
	수평 Y 방향	(N)	149	399			479	1051		629	1200.0	G+W
B_{F1} B_{F2}	연직	(N)	1419	3805	6718		2261		733	733	8137.0	G+W
	분리	(N)				8735		3783	733	733	7316.0	G+W
	수평 X 방향	(N)	-69	-186	-1556	2520			-509		2451.0	G+W
	수평 Y 방향	(N)	91	243			642	989		628	1080.0	G+W

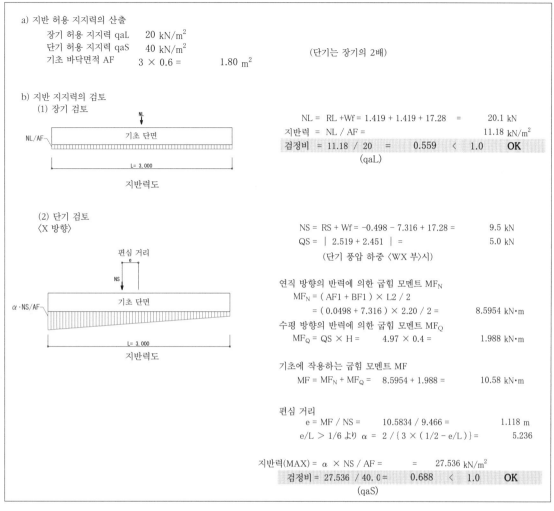

a) 지반 허용 지지력의 산출

장기 허용 지지력 qaL   20 kN/m^2
단기 허용 지지력 qaS   40 kN/m^2 (단기는 장기의 2배)
기초 바닥면적 AF   3 × 0.6 =   1.80 m^2

b) 지반 지지력의 검토
  (1) 장기 검토

NL

기초 단면

NL/AF

L= 3,000

지반력도

NL = RL +Wf = 1.419 + 1.419 + 17.28 =   20.1 kN
지반력 = NL / AF =   11.18 kN/m^2
검정비 = 11.18 / 20 =   0.559   <   1.0   OK
                 (qaL)

  (2) 단기 검토
〈X 방향〉

편심 거리
e

NS

기초 단면

α·NS/AF

L= 3,000

지반력도

NS = RS + Wf = −0.498 − 7.316 + 17.28 =   9.5 kN
QS = │ 2.519 + 2.451 │ =   5.0 kN
(단기 풍압 하중 〈WX 부〉시)

연직 방향의 반력에 의한 굽힘 모멘트 MF_N
  MF_N = (AF1 + BF1) × L2 / 2
    = (0.0498 + 7.316) × 2.20 / 2 =   8.5954 kN·m
수평 방향의 반력에 의한 굽힘 모멘트 MF_Q
  MF_Q = QS × H =   4.97 × 0.4 =   1.988 kN·m

기초에 작용하는 굽힘 모멘트 MF
  MF = MF_N + MF_Q =   8.5954 + 1.988 =   10.58 kN·m

편심 거리
  e = MF / NS =   10.5834 / 9.466 =   1.118 m
  e/L > 1/6 より α = 2 / { 3 × (1/2 − e/L) } =   5.236

지반력(MAX) = α × NS / AF =   =   27.536 kN/m^2
검정비 = 27.536 / 40.0 =   0.688   <   1.0   OK
                 (qaS)

그림 26. 연직 하향(장기)에 대한 검토 사례[8]

그림 27은 기초의 분리에 대하여 검토한 예이다. 기초에 작용하는 분리력은 부의 풍압하중 시에 발생한다. 직접기초의 태양광발전 설비의 경우, 분리 하중에 대한 저항 요소는 기초를 포함한 설비 전체의 중량이 되므로 여기서는 기초에 작용하는 부의 풍압하중과 설비 전체의 중량에 의한 저항력을 비교했다. 이때 안전율을 1.5로 설정한 것은 기초 분리가 태양광발전 설비의 손상·비산에 직결되기 때문이다.

만약 이 안전율을 1.0으로 설정해 빠듯한 기초 중량으로 설계했을 경우에는 태풍 시에 구조물가 거의 무손상 상태(구조물을 허용 응력도 설계하는 경우, 설계 풍속을 조금 넘은 정도로는 크게 손상되지 않는다)라도 설비가 기초째로 날아가 버리는 결과를 초래한다. 이렇게 되지 않기 위해서라도 직접기초 설계에서는 충분한 안전율(가능하면 1.5 이상)로 설정하는 것이 바람직하다. 참고로 안전율을 1.5로 했을 경우에는 설계 풍속의 1.2배 정도의 풍속까지는 비산하지 않는다.

11.4 분리(들뜸)에 대한 검토

분리가 기초 자중을 포함한 연직력 이하로 되어 있는지를 확인한다. 단 안전율은 1.5로 한다. 또한 분리는 풍압하중(부)만 발생시키기 때문에 단기 검토만 한다.

a) 분리 저항력 산출

$\quad$ 콘크리트 단위 부피 중량 $\gamma c = \quad 24 \ kN/m^3$

$\quad$ 장기 반력 NL = 1.419 + 1.419 = $\quad\underline{2.838 \ kN}$ ⇐ 구조물의 중량으로 인한 하향 하중

$\quad$ 기초 중량 Wf = $\quad \gamma c \cdot L \cdot B \cdot H = \quad 24 \times 3 \times 0.6 \times 0.4 = \quad 17.28 \ kN$

$\quad$ 분리 저항력 Ru = $\quad$ NL + Wf = 2.838 + 17.28 = $\quad\underline{20 \ kN}$ ⇐ 구조물+기초의 중량에 의한 하향 하중

b) 검정 $\quad$ 분리 T= $\quad$ (-3.622) + (-3.783) $\quad = \quad 7.41 \quad kN$ ⇐ 기초에 작용하는 부의 풍압하중

$\quad$ 검정: $\quad 7.41 \quad kN \quad < \quad Ru = \quad 20 \quad / \quad \boxed{1.5} \quad = \quad 13.41 \ kN \quad OK$
$\qquad\qquad\qquad\qquad\qquad\qquad\qquad\qquad$ (안전율)

그림 27. 분리에 대한 검토 예시[3]

11.6 미끄러짐에 대한 검토

$\quad$ 수평 방향으로 작용하는 외력이 기초 바닥면의 마찰과 수동토압의 합계 이하가 되어 있는지를 확인한다. 다만, 안전율은 1.5로 한다. 또한 미끄러짐은 풍압하중 및 지진하중만 발생시키기 때문에 단기 검토만 한다.

11.6.1 측면 프레임(x)

a) 미끄러짐 저항력 산출 $\qquad\qquad\qquad\qquad$ 구조물+기초의 중량에 의한 하중에서
$\qquad\qquad\qquad\qquad\qquad\qquad\qquad\qquad\qquad$ 풍압하중(부)을 차감했다

$\quad$ 기초 중량을 포함한 단기 연직력 NS =NL + Wf - T = $\underline{2.838 + 17.28 - (1.917 + 8.735)} = \quad 9.47 \ kN$

$\quad$ 기초 바닥면과 지반의 마찰계수 $\mu = \quad 0.3$

$\quad$ 중량에 의한 마찰저항력 $\quad$ Rm = $\quad$ NS $\times \mu = \quad 9.47 \times \underline{0.3} = \qquad 2.8 \ kN$
$\qquad\qquad\qquad\qquad\qquad\qquad\qquad\qquad\qquad\quad$ 마찰계수

$\quad$ 지지 지반의 점착력 $\quad$ c = $\quad$ 12.5 N / 2 = $\quad$ 12.5 × 3 / 2 = $\quad 18.8 \ kN/m^2$

$\quad$ 내부 마찰각 $\quad \phi = \quad 0\degree$

$\quad$ 지지력계수 $\quad$ Nc = $\qquad$ 5.1

$\quad$ 점착력에 의한 마찰저항력 Rc = $\quad$ c $\cdot$ Nc $\cdot$ LF $\cdot$ BF = $\quad$ 18.75 × 5.1 × 3 × 0.6 = $\qquad 172.13 \ kN$

$\quad$ 기초 바닥면의 마찰저항력 Rfs = $\quad$ min (Rm , Rc) / 1.5 = $\quad$ min(2.841 , 172.125) / 1.5 = $\qquad 1.89 \ kN$

$\quad$ 수동토압계수 $\quad$ Kp = $\quad \tan^2 (45\degree + \phi / 2) = \quad \tan^2 (45 + 0 / 2) = \qquad 1.0$

$\quad$ 흙의 단위 중량 $\quad \gamma e = \quad 16 \ kN/m^3$

$\quad$ 수동토압 $\qquad \sigma_a = \quad Kp \times \gamma e \times Df + 2 \times c \sqrt{Kp}$ $\quad$ 이것을 Df로 적분한다:

$\qquad\qquad$ Pp = $\int_0^{Df} (Kp \times \gamma e \times Df + 2 \times c \sqrt{Kp}) = \quad Kp \times \gamma e \times Df^2 / 2 + 2 \times c \sqrt{Kp} \times Df$

$\qquad\qquad$ = 1.0 × 16 × 0.3^2 / 2 + 2 × 18.75 × $\sqrt{1.0}$ × 0.3 = $\qquad\qquad 12.0 \ kN/m$

$\quad$ 근입부의 저항 $\quad$ Rk = $\quad$ Pp × B = $\quad$ 12 × 0.6 = $\qquad 7.2 \ kN$

$\quad$ 미끄러짐 저항력 Ras = $\quad$ Rm + Rk = $\quad$ 2.841 + 7.2 = $\qquad 10.0 \ kN$

b) 검정

$\quad$ 수평력 QS = $\qquad 4.97 \ kN \quad < \quad$ Ras = $\qquad 10 \quad / \quad 1.5 = \quad 6.69 \ kN \qquad OK$
$\qquad\qquad\qquad\qquad\qquad\qquad\qquad\qquad\qquad$ (안전율)

그림 28. 기초의 미끄러짐에 대한 검토 예[8]

$\quad$ 이 밖에도 기초의 전도(넘어짐)나 활동(미끄러짐)에 대해서도 확인해 둘 필요가 있다. **그림 28**은 이를 검토한 예이다. 기초의 미끄러짐을 검토할 때에 확인해야 할 항목은 다음과 같다.

① 기초 바닥면의 마찰저항을 계산할 때의 연직 하향에 대한 하중을 설정할 경우에 부의 풍하중분을 차감했는가

② 마찰계수에 과대한 값이 설정되어 있지 않은가

③ 수동토압이 적절하게 설정되어 있는가

①에 대해서는 마찰력을 과대하게 설정하게 된다. 특히 근입하지 않은(지반상에 두고 있을 뿐인) 기초에는 수동토압을 기대할 수 없으므로 부의 풍압하중이 작용했을 때 기초 바닥면의 마찰력이 부족한 경우가 많다는 것에 주의할 필요가 있다.

②에 대해서는 0.5를 넘는 마찰계수를 사용한 경우에는 주의가 필요하다. **표 11**은 택지 조성 등 규제법 시행령에 제시된 마찰계수이므로 참고하기 바란다.

③에 대해서는 기초의 수동토압을 기대할 수 있는 면적이 적절하게 설정되어 있는지를 확인한다. 수동토압이 발생하는 면적은 근입 깊이×기초의 폭이 된다(**그림 29**). 이때 기초의 폭은 상정한 하중의 작용 방향에 대해 직교하는 방향의 폭을 이용할 필요가 있다. 또한 근입이 얕은(수 cm 정도의) 경우에는 충분한 수동토압을 기대하기 어려울 수도 있으므로 주의할 필요가 있다.

그림 30은 기초의 전도에 대해 검토한 예이다. 이 예에서도 부의 풍압하중에 대해 검토했다.

구체적으로는 설비의 자중(장기 지점 반력)과 기초 자중에 의한 저항 모멘트가 풍압하중에 의한 0점 회전의 전도 모멘트보다 충분히 큰지를 확인해야 한다. 여기서도 분리나 미끄러짐과 마찬가지로 안전율을 1.5로 한다. 어레이면의 경사각이 큰 경우나 구조물 높이가 높은 경우에는 풍압하중에 의한 전도 모멘트가 커지므로 이러한 검토가 이루어졌는지를 확인해야 한다.

지금까지는 직접기초가 손상되지 않았다는 것을 전제로 기초의 안전성을 확인해 왔지만, 기초 자체가 손상되지 않았는지도 확인해 둘 필요가 있다. 콘크리트는 압축 방향의 강도에 비해 인장 방향의 강도가 극단적으로 작기 때문에 굽힘 방향이나 전단 방향의 강도도 부재 단면 내 응력 분

표 11. 토질에 따른 지반의 마찰계수

토질	마찰계수 (μ)
바위, 암설, 자갈 또는 모래	0.5
사질토	0.4
실트, 점토, 또는 이들을 다량 함유한 흙(옹벽의 기초 바닥면에서 적어도 15cm 까지의 깊이에 있는 흙을 자갈 또는 모래로 대체한 경우에 한한다)	0.3

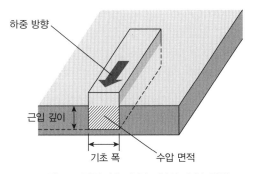

그림 29. 직접기초 수동토압의 수압 면적

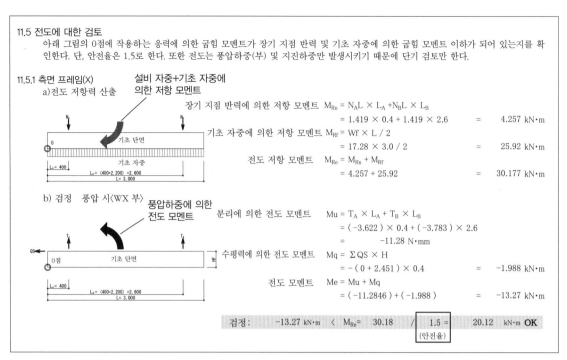

11.5 전도에 대한 검토

아래 그림의 0점에 작용하는 응력에 의한 굽힘 모멘트가 장기 지점 반력 및 기초 자중에 의한 굽힘 모멘트 이하가 되어 있는지를 확인한다. 단, 안전율은 1.5로 한다. 또한 전도는 풍압하중(부) 및 지진하중만 발생시키기 때문에 단기 검토만 한다.

11.5.1 측면 프레임(X)

a) 전도 저항력 산출

설비 자중+기초 자중에 의한 저항 모멘트

장기 지점 반력에 의한 저항 모멘트 $M_{Rn} = N_{AL} \times L_A + N_{BL} \times L_B$

$= 1.419 \times 0.4 + 1.419 \times 2.6 \qquad = \quad 4.257$ kN·m

기초 자중에 의한 저항 모멘트 $M_{Rf} = Wf \times L / 2$

$= 17.28 \times 3.0 / 2 \qquad = \quad 25.92$ kN·m

전도 저항 모멘트 $M_{Re} = M_{Rn} + M_{Rf}$

$= 4.257 + 25.92 \qquad = \quad 30.177$ kN·m

b) 검정 풍압 시〈WX 부〉

풍압하중에 의한 전도 모멘트

분리에 의한 전도 모멘트 $Mu = T_A \times L_A + T_B \times L_B$

$= (-3.622) \times 0.4 + (-3.783) \times 2.6$

$= \qquad -11.28$ N·mm

수평력에 의한 전도 모멘트 $Mq = \Sigma QS \times H$

$= -(0 + 2.451) \times 0.4 \qquad = \quad -1.988$ kN·m

전도 모멘트 $Me = Mu + Mq$

$= (-11.2846) + (-1.988) \qquad = \quad -13.27$ kN·m

검정 : -13.27 kN·m $<$ $M_{Re}=$ 30.18 / 1.5 = 20.12 kN·m **OK**

(안전율)

그림 30. 기초의 전도에 대한 검토 예[8]

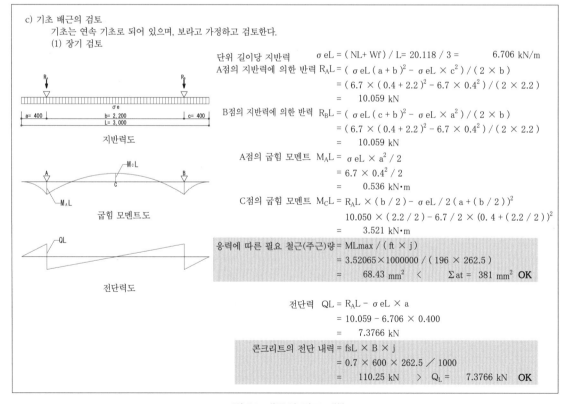

c) 기초 배근의 검토

기초는 연속 기초로 되어 있으며, 보라고 가정하고 검토한다.

(1) 장기 검토

단위 길이당 지반력 $\sigma eL = (NL + Wf) / L = 20.118 / 3 = 6.706$ kN/m

A점의 지반력에 의한 반력 $R_{AL} = (\sigma eL(a+b)^2 - \sigma eL \times c^2) / (2 \times b)$

$= (6.7 \times (0.4 + 2.2)^2 - 6.7 \times 0.4^2) / (2 \times 2.2)$

$= 10.059$ kN

B점의 지반력에 의한 반력 $R_{BL} = (\sigma eL(c+b)^2 - \sigma eL \times a^2) / (2 \times b)$

$= (6.7 \times (0.4 + 2.2)^2 - 6.7 \times 0.4^2) / (2 \times 2.2)$

$= 10.059$ kN

A점의 굽힘 모멘트 $M_{AL} = \sigma eL \times a^2 / 2$

$= 6.7 \times 0.4^2 / 2$

$= 0.536$ kN·m

C점의 굽힘 모멘트 $M_{CL} = R_{AL} \times (b/2) - \sigma eL / 2(a + (b/2))^2$

$10.050 \times (2.2/2) - 6.7 / 2 \times (0.4 + (2.2/2))^2$

$= 3.521$ kN·m

응력에 따른 필요 철근(주근)량 $= ML_{max} / (ft \times j)$

$= 3.52065 \times 1000000 / (196 \times 262.5)$

$= 68.43$ mm^2 $<$ $\Sigma at = 381$ mm^2 **OK**

전단력 $QL = R_{AL} - \sigma eL \times a$

$= 10.059 - 6.706 \times 0.400$

$= 7.3766$ kN

콘크리트의 전단 내력 $= fsL \times B \times j$

$= 0.7 \times 600 \times 262.5 / 1000$

$= 110.25$ kN $>$ $Q_L = 7.3766$ kN **OK**

그림 31. 배근의 검토 예[8]

포의 영향으로 작아진다. 그 때문에 굽힘 모멘트나 전단력이 작용하는 직접기초는 철근콘크리트 구조로 할 필요가 있으며, 구조 설계를 할 때도 콘크리트 강도와 적절한 철근 배치(배근)를 검토해야 한다.

그림 31은 기초의 단면 성능이 장기 하중(고정하중)에 대해 안전한지를 검토한 예이다. 구체적으로는 굽힘 모멘트에 대해서 철근량(주근의 단면적 합)이 충분한지, 전단력에 대해서는 콘크리트의 전단 허용 응력도 이하로 되어 있는지를 검토했다. 또한 단기 하중에 대해서도 이와 마찬가지로 검토하고 있는지를 확인한다. 이러한 검토 내용의 구체적인 수치를 확인하려면 전문적인 지식이 필요하지만 기초 자체의 강도 계산을 했는지도 확인해 두어야 한다.

6.2 말뚝기초

구조물로부터 전달되는 하중에 대한 말뚝기초의 저항 요소는 다음과 같다.

① 연직 하향의 하중：선단 지지력(말뚝 끝부분의 지반 지지력)

　　　　　　　　　및 주면 마찰력(지반과 말뚝 표면의 마찰력)

② 연직 상향(분리)의 하중：주면 마찰력

③ 전도 방향의 하중：수평저항력(말뚝 측면의 지반 저항력)

④ 수평 방향의 하중：수평저항력

태양광발전 설비에 사용되는 말뚝기초는 건축물 등에 사용되는 말뚝기초에 비해 가늘고 짧기 때문에 말뚝의 저항력 편차가 커진다. 그 때문에 건축물용 말뚝기초용 계산식을 적용하면 실제로 타설된 재료의 저항력을 과대하게 평가해 버릴 우려가 있다. **그림 32**는 말뚝의 주면 마찰력에 대해 건축용 말뚝기초의 계산값(소규모 건축물 기초 설계 지침：일본건축학회[5])과 재하시험 결과(시험값)를 비교한 결과이다.

이 그림에서 시험값과 계산값이 가까운 경우에는 1:1의 직선 부근에 분포하고, 시험값이 계산값을 밑도는 경우에는 직선보다 아래쪽에 분포한다. 계산값은 말뚝의 외주 면적, 지반의 토질이나 N

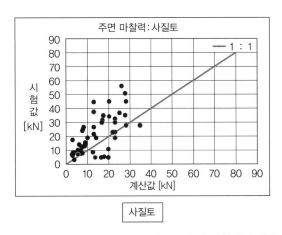

사질토

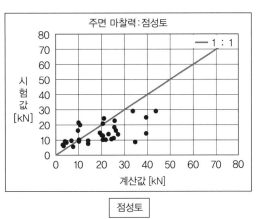

점성토

그림 32. 주면 마찰력의 계산값과 재하시험 결과의 관계[9]

값(강성도) 등에 따라 일의적으로 결정되므로 시험값이 크게 분산된다는 것을 알 수 있다. 점성토의 시험값 또한 계산값을 밑도는 경향이 있어, 건축물용 말뚝기초의 계산식을 이용해 태양광발전 설비의 말뚝을 설계했을 경우에는 과대한(위험한 쪽의) 결과가 나오는 경향이 있다는 것을 알 수 있다. 이와 같이 태양광발전 설비용 말뚝기초의 설계를 할 때는 현지에서 재하시험이 실시되었는지를 확인해야 한다. 설계 단계에서 말뚝의 재하시험이 실시되지 않은 경우에는 계산값이 과대하게 주어질 수 있음을 고려하여 충분히 여유 있게 말뚝 지름이나 길이를 설정하는 것이 바람직하며, 말뚝이 시공될 때까지 재하시험이 실시되었는지를 확인해 둘 필요가 있다. 말뚝의 시험 결과에 대해서는 다음의 각 항목을 확인한다.

① 말뚝의 재하 방향 : 압입 방향, 인발 방향, 수평 방향에 대해서 확인되어 있는가
② 측정 내용 : 재하하중과 변위가 측정되어 있는가
③ 결과의 판정 : 허용 지지력·저항력이 제대로 평가되어 있는가

① 말뚝의 재하 방향에 대해서는 3방향의 재하시험을 실시하는 것이 바람직하지만 압입 방향의 선단 지지력을 기대하지 않은 경우는 압입 지지력=인발 저항력이라고 가정할 수도 있으므로 압입 방향의 재하시험은 생략해도 된다. 수평 방향의 재하시험은 실시하지 않는 경우가 많지만 수평 방향의 변위가 큰 경우에는 구조물의 강도에 영향을 미칠 우려가 있다.
② 측정 내용에 대해서는 최대 하중(뽑히거나 넘어지는 하중)만을 확인하는 경우가 있는데, 말뚝의 변위를 바탕으로 판단하므로 변위도 측정되어 있는지를 확인한다.
③의 압입 방향·인발 방향의 단기 허용 지지력·저항력은 극한 지지력의 2/3로, 장기 허용 지지력·저항력은 극한 지지력의 1/3로 결정한다. 이때 극한 지지력을 결정하는 방법은 **그림 33**과 같이 말뚝의 직경 D의 1/10 변위가 판단 기준이 되므로 변위 측정은 필수다. 한편 수평 방향의 허용 저항력은 명확히 정할 수 없으므로 설계하중(기초의 수평 지점 반력) 작용 시의 수평 변위를 확인해야 한다. 만약 수평 변위가 큰 경우에는 구조물에 부담이 되기 때문에 말뚝의 변위가 구조

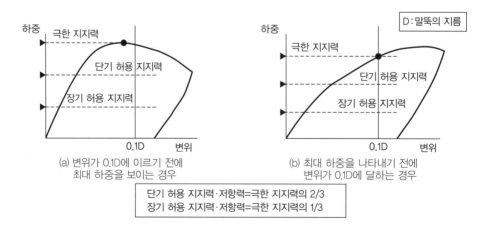

그림 33. 말뚝의 압입·인발 방향의 허용 지지력·허용 저항력 결정 방법

물에 미치는 영향에 대해 검토했는지를 확인해 둘 필요가 있다. 또한 말뚝의 수평 변위가 큰지의 여부에 대해서는 지표면 부근의 수평 변위에서 말뚝 직경 D의 1/10 정도가 기준이 된다. 다만 지면으로부터 말뚝의 돌출 높이가 높은 경우에는 말뚝기초 플랜지 위치에서 변위가 더욱 커지므로 말뚝의 수평 변위가 구조물에 미치는 영향이 고려되었는지를 설계자에게 확인해 두기 바란다.

7 구조계산서에 문제가 발견된 경우

7.1 구조계산서가 제대로 되어 있지 않은 경우

태양광발전 설비의 구조 관련 설계도서라고 해서 설계를 다 잘 정리해 놓은 것은 아니다. 구조물이나 기초의 도면조차 정리되어 있지 않은 것도 적지 않다. 도면이 없으면 당연히 구조계산서도 없을 것이며, 이러한 태양광발전 설비가 전기사업법(구체적으로는 전기 해석)의 요구 사항을 만족시키는지 증명하기도 어렵다. 과거에 피해를 입지 않았다고 하는 경험치는 의미가 없다(칼럼 1 참조).

이런 경우에는 먼저 EPC(설계(Engineering), 조달(Procurement), 시공(Construction)의 약자로 설계와 부품·소재 조달, 공사를 원스톱으로 제공하는 제작사를 말한다) 업체와 상의하는 것이 좋다. EPC 업체는 전기사업법에 적합한 태양광발전 설비를 건설해야 하므로 도면과 함께 구조계산서를 갖추고 있다.

태양광발전 사업자가 스스로 건설한 태양광발전 설비도 구조계산서를 갖춰 둘 필요가 있으므로 만약 갖춰 있지 않다면 건축물의 구조 설계 사무소와 상담해서 작성해 두는 것이 바람직하다. 다만, 건축물 구조 설계자 대부분은 태양광발전 설비의 구조 설계를 잘 알지는 못하므로 이 책의 내용을 참고하면 된다.

7.2 구조계산서에 미비점이 있는 경우

태양광발전 설비의 구조 설계에 특화된 본격적인 자료가 갖추어지기 시작한 것은 2017년 6월에 발행된 '지상설치형 태양광발전 시스템의 설계 가이드라인(2017년판)'부터다. 그러므로 미비점이 있는 태양광발전 설비의 구조계산서가 적지 않다. 설계 미비가 의심되는 경우에는 EPC 업체나 구조 설계자에게 확인해 두어야 구조 사고를 미연에 막을 수 있다. 또한 미비 사항 중에서도 다음과 같은 내용은 태양광발전 설비에 치명적 손상을 줄 개연성이 높으므로 EPC나 구조 설계 전문가에게 상담하는 것이 좋다.

① 어레이면의 각도, 구조물의 골조 형식이나 치수, 기초와 접합부의 사양이 도면과 실물에서 서로 다르다
② 설계하중 설정이 잘못되었다
③ 직접기초의 경우에 분리나 미끄러짐을 검토하지 않았다

② 말뚝기초의 경우에 재하시험을 실시하지 않았다

7.3 보강이 필요한 경우

이미 건설된 태양광발전 설비의 구조계산서에 미비점이 있어 구조 강도가 부족할 경우에는 보강공사를 실시해야 한다. 하지만 현재 상태로서는 보강 공법의 기술 개발이 진행되지 않았기 때문에 태양광발전 설비의 구조 설계에 정통한 전문가에게 상담하는 것이 좋다. 발전소 내에 설치된 태양광발전 설비는 같은 사양의 구조물과 기초가 이용되며, 그 수량이 매우 많기 때문에 보강 강도뿐만 아니라 시공 효율도 고려한 보강 방법을 검토해야 한다.

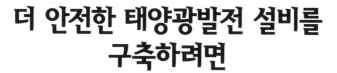

더 안전한 태양광발전 설비를 구축하려면

1 설계하중에서 고려해야 할 점

1.1 경사지의 풍압하중 증가

태양광발전 발전소를 건설하기 적합한 곳이 줄면서 경사지에 태양광발전 발전소를 건설하는 예가 늘고 있다. 경사지에 설치한 태양광발전 설비에는 평지에 설치한 태양광발전 설비와는 다른 풍압하중이 작용한다. 그런데 태양광발전 설비의 설계하중이 제시된 JIS C 8955에는 경사지의 풍속 증가 영향이나 풍압계수의 차이에 관해서는 규정되어 있지 않다. 이를 고려하지 않고 태양광발전 설비를 설계했다가 피해를 보는 사례도 있다. 여기서는 경사지의 풍속 증가와 풍력계수의 개념에 대한 예를 제시한다.

(1) 경사지의 풍속 증가

지표면 부근의 바람은 지형의 영향을 받아 풍속이 늘거나 줄어드는 경향이 있는데, 풍향에 대해 오르막 경사지의 경우에는 풍속이 증가하는 경우가 있다. 경사지의 풍속 증가에 대해서는 일본건축학회의 건축물 하중지침[10]에 나와 있는 소지형에 의한 풍속의 할증계수 E_g를 이용하면 된다.

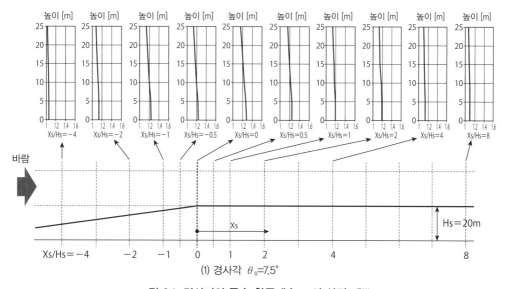

(1) 경사각 $\theta_s = 7.5°$

그림 34. 경사지의 풍속 할증계수 E_g의 산정 예[9]

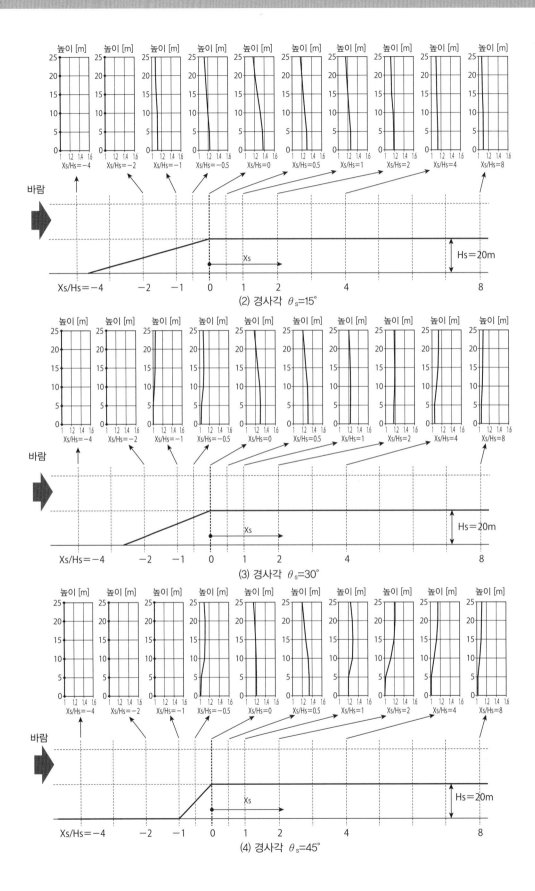

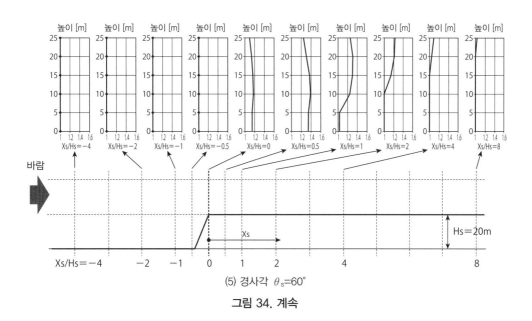

(5) 경사각 $\theta_s=60°$

그림 34. 계속

그림 34는 할증계수 E_g의 연직 분포를 나타낸 것이다. 경사지에서는 설계풍속을 평지 설계풍속에 E_g를 곱하여 할증하게 된다. 풍압하중은 풍속의 제곱에 비례해 커지므로 풍속 증가의 영향은 구조설계에 큰 영향을 준다. 예를 들어 경사지 기울기 $\theta_s=7.5°$의 비탈어깨(Xs/Hs=0) 지표면 부근에서는 평지 풍속의 약 1.3배가 되므로 풍압하중은 $1.3^2=1.7$배가 된다. 이러한 하중의 증가를 고려하지 않고 설계한 경우에는 태양광발전 설비가 파손되거나 비산할 확률이 현격히 높아지기 때문에 기본 설계 단계에서 검토해야 할 중요한 항목이다. 하지만 현재는 경사지에 설치하는 태양광발전 설비의 대부분이 이를 고려하고 있지 않다. 설비가 비산하면 발전소 내의 태양광발전 설비를 파손시킬 뿐만 아니라 부지 밖으로 비산했을 경우에는 타인에게 피해를 주는 일도 발생할 수 있으므로 강도 부족이 우려되는 기존 태양광발전 설비는 사전에 보강해 두는 것이 좋다.

(2) 풍력계수의 개념

JIS C 8955에서 어레이면 풍력계수는 어레이면의 경사각을 이용해 설정하는데, 이 경사각은 수평의 지반면에 대한 각도를 상정하고 있어, 경사지에 설치된 태양광발전 설비에서는 수평면에 대한 각도를 이용하면 적절한 풍력계수가 주어지지 않을 우려가 있다.

참고문헌(9)에서는 경사지의 풍력계수 부여 방법을 **그림 35**와 같이 제안한다. 기본적으로는 풍동실험을 통해 풍력계수를 구할 것을 권장하지만, 실험을 하는 데 드는 비용과 시간 문제 때문에 풍동실험을 하지 않은 경우에는 이 개념을 참고로 풍력계수를 설정하기 바란다. 여기서 주의해야 할 것은 북쪽 내리막 경사지(이 그림 (1)의 오른쪽)와 동서 방향의 경사지(이 그림의 (2))의 경우이다.

전자의 경우는 수평면에 대한 어레이면의 경사각보다 커지므로 일반적인 풍력계수보다 큰 값을 설정한다. 한편 후자(동서 방향의 경사지)의 경우에는 어레이면을 지반면과 평행으로 설치하면 θ_a

- 그림 A3과 같이 경사 지반면에 대한 어레이면의 상대각도 θa를 구한다.
- θa를 어레이면의 경사각을 θ로 하여 본 설계 가이드라인의 식 (6), 식 (7)에 의해 풍력계수를 구한다.

JIS C 8955의 어레이면 풍력계수 산정식

- 남북 방향 경사 지반뿐만 아니라 동서 방향 경사면에도 적용한다.

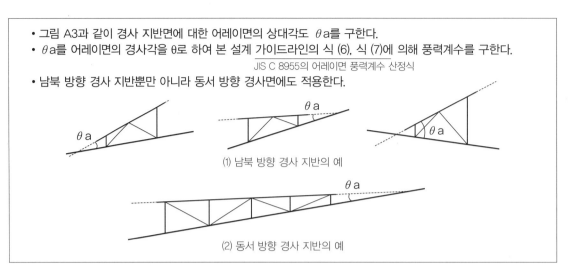

(1) 남북 방향 경사 지반의 예

(2) 동서 방향 경사 지반의 예

그림 35. 경사지에 설치된 태양광발전 설비에서 어레이면의 풍력계수 산정 방법[9]

표 12. 풍동실험 및 CFD를 실시할 때 주의할 점[9]

☐ 지형과 태양광발전 설비를 적절하게 재현한다.

☐ 전류는 태양광발전 설비를 건설할 지표면 조도 구분에 대응한 난류로 한다.

☐ 어레이 풍력계수는 풍향각에 따라 변화하기 때문에 순풍, 역풍의 2풍향뿐만 아니라, 비스듬한 방향에 대해서도 측정(계산)을 한다.[주1]

☐ 측정(계산)하는 어레이의 풍력계수는 평균 풍력계수(시간 평균값)가 아니라, 피크 풍력계수(정·부의 최대 순간값)로 한다.

☐ 측정된 피크 풍력계수를 상정한 기류의 돌풍 영향계수 G_f(본 설계 가이드라인의 표 4-2)로 나누어 등가 풍력계수를 구한다.[주2]

☐ 등가 풍력계수의 전 풍향 중 최댓값, 최솟값을 기초로 설계용 풍력계수를 설정한다.

☐ CFD에 의한 경우에는 LES(Lange Eddy Simulation)를 이용하고, 문헌 A3)에 적합한 해석을 한다.

☐ 풍동실험이나 CFD에 의해 풍력계수를 구했을 경우, 지형에 따른 풍속 할증 등의 효과도 포함되므로 전문가와 상의한 후 설계용 풍하중을 결정하는 것이 좋다.

주 1:풍동실험에서는 일반적으로 5~10° 간격으로 측정한다. CFD에서도 이와 동등한 풍향수로 하는 것이 바람직하다.

주2:JIS C 8955:2017에서 어레이면의 풍력계수는 피크 풍력계수를 거스트(돌풍) 영향계수 G_f로 나눈 등가 풍력계수를 기초로 하므로 같은 방법으로 설계용 풍력계수를 구한다.

가 0도가 되는데, 이때 풍압하중은 연직 방향으로 작용하는 것이 아니라 어레이면(경사지)에 수직인 방향으로 작용한다. 그러므로 풍압하중의 동서 방향 성분도 발생한다(구조물의 북쪽 및 남쪽 홈면이 받는 힘이 커진다)는 점에 주의할 필요가 있다.

비탈어깨나 비탈끝에 설치된 태양광발전 설비에는 이런 방법을 적용할 수 없어 풍동실험이나 수치유체해석(CFD)을 통해 확인해야 한다. 이 경우 풍동실험이나 수치유체해석을 적절하게 실시

하기 위해서는 많은 전문지식이 있어야 하므로 경험이 풍부한 전문가와 상의한 후 **표 12**의 내용에 주의하여 실시하는 것이 좋다.

1.2 적설하중에 대해 주의해야 할 것

　JIS C 8955의 적설하중에 대한 규정은 건축물의 지붕에 작용하는 적설하중을 인용하고 있다. 태양광발전 설비와 건축물에서는 처마(태양광발전 설비에서는 어레이면의 하단 높이) 높이가 다른데, 처마 높이가 낮은 태양광발전 설비에서는 **그림 36**과 같이 어레이면 위의 적설과 지상의 적설이 연결되어 어레이면의 적설이 미끄러져 떨어지지 않는 경우가 있다. 어레이면의 적설이 미끄러져 떨어지지 않는 경우, 동 JIS에서는 경사계수에 의한 적설하중의 저감을 인정하지 않는다. 또한 여기서 '미끄러져 떨어진다'는 것은 처마 끝부분의 눈이 떨어져서 지면 위의 눈과 연결되어 있지

그림 36. 어레이면의 적설이 지상의 적설과 연결되어 있는 예[(9)]

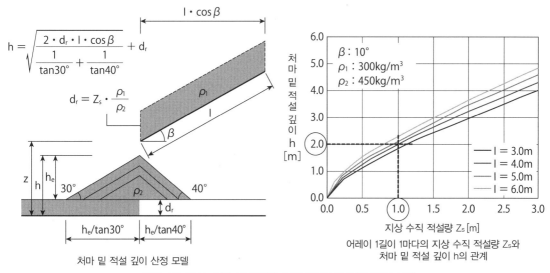

그림 37. 지상 수직 적설량과 처마 밑 적설 깊이 검토 예[(9)]

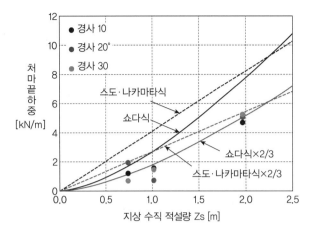

쇼다식 $F_{smax} = 9.8 \times 1.7(S_{max}/9.8)^{1.5}$
스도·나카마타식 $F_{smax} = 1.4S_{max}$

여기에 F_{smax} : 최대 침강력 [kN/m]
S_{max} : 최대 적설하중 [kN/m²]

그림 38. 지상 수직 적설량과 처마 끝 하중과의 관계[9]

않음을 의미한다.

그림 37은 어레이면의 적설이 확실히 미끄러져 떨어지는 처마 높이를 검토한 예이다. 이 결과를 보면 지상의 적설량이 1m인 경우, 처마 높이를 2m 이상으로 하지 않으면 처마 밑의 적설과 어레이면의 적설이 연결된다. 즉, 이 경우에는 '미끄러져 떨어지지 않는다'고 판단되므로 경사계수에 의한 적설하중을 저감할 수 없는 것으로 판단한다.

적설을 확실하게 미끄러져 떨어지게 하기 위해서는 지상 수직 적설량의 약 2배의 처마 높이를 확보해 둘 필요가 있다. 처마 높이가 그 이하인 태양광발전 설비에서 경사계수에 의해 적설하중을 저감하는 경우에는 저감 없는 하중에 대해 현재의 부재로 견딜 수 있는지 재차 확인해야 (설계자에게 확인을 요구한다) 한다. 특히 다설지역에서는 어레이면의 경사각이 커 경사계수의 저감이 커지는 경우가 많으므로 주의해야 한다.

또한 어레이면에 쌓인 눈이 땅 위에 쌓인 눈과 연결되면, 어레이면의 처마 끝에는 처마 끝 하중이 작용해 처마 끝부분이 파손되기도 한다. **그림 38**은 어레이면의 경사각이 $10°$, $20°$, $30°$일 때의 처마 끝 하중을 실측 조사한 결과다. 이들 결과와 최대 침강력의 과거 계산식을 이용한 계산 결과를 비교했다. 이 결과에 따르면 쇼다식이나 스도·나카마타식의 계산 결과에 2/3을 곱한 값에 대체로 근사한다는 것을 알 수 있다. 어레이면의 처마 높이를 충분히 확보할 수 없는 경우에는 보통의 적설하중에 앞서 언급한 처마 끝 하중을 더한 하중을 이용하여 구조물나 기초의 구조 계산을 하는 것이 바람직하다.

2 재하시험에서 강도 확인의 중요성

구조 계산을 할 때는 가정 값을 다양하게 입력해 보고 해석한다. 이때 일부 가정에 오류가 있으면 의도하지 않게 구조물 강도를 낮게 설계해 버릴 수가 있다. 특히 부재 간 접합부의 구조는 계

산하기 어려운 경우가 많으므로 재하시험으로 강도 확인을 해야 한다. 그런데 접합부의 재하시험을 비롯해 구조물의 일부를 추출해 재하시험(부분 시험)을 해서는 부재의 추출 범위나 가력 방법 등 실물의 상태를 재현하기가 어려워 강도를 과대(위험한 쪽)하게 평가해 버릴 수가 있다. 그 때문에 태양광발전 어레이 전체를 재현한 시험(어셈블리 시험)을 해야 가장 실물에 가까운 강도를 평가할 수 있다.

그림 39는 태양광발전 설비의 어셈블리 시험 예로, 적설하중을 상정한 모래자루를 어레이면에 싣는 상황이다. 이러한 어셈블리 시험에서는 모든 부재가 실물 그대로 재현되므로 각 부재에 작용하는 응력이나 변형 상태를 재현할 수 있다. 요컨대 여기서 얻은 결과를 바탕으로 구조설계의 타당성을 판단할 수 있다.

그림 40은 부의 풍압하중을 상정한 모래자루 재하로 어셈블리 시험을 하는 모습이다. 여기서는 부의 풍압하중을 재현하기 위해 어레이의 시험체를 거꾸로 하여 설치했다. 또한 어레이면에 작용하는 부의 풍압하중은 상향으로 작용하고, 동시에 어레이면에 수직으로 작용하므로 어레이면이 수평이 되도록 설치하고 뒤쪽에서 실었음을 알 수 있다.

그림 41은 압력 챔버 방식의 내풍압 시험장치로 어레이면에 풍압하중에 상당하는 압력을 재하할 수 있는 장치이다. 이 장치를 이용한 어셈블리 시험에서는 챔버 내의 압력을 용이하게 조정할

그림 39. 모래자루를 싣는 어셈블리 시험의 예시 (적설하중 상정)[(10)]

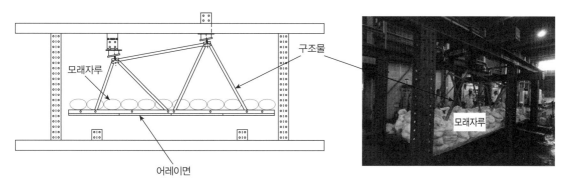

그림 40. 모래자루를 싣는 어셈블리 시험의 예시 (부의 풍압하중 가정)[(10)]

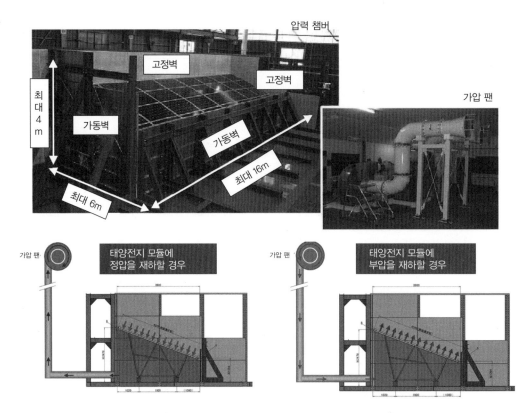

그림 41. 압력 챔버 방식의 내풍압 시험장치

수 있으므로 임의의 가력 단계를 설정할 수 있다. 그러므로 압력 재하한 후에 압력을 0으로 해서 무부하 시 시험체 각부의 잔류 변형을 확인할 수 있다. 이 잔류 변형 측정은 구조물의 허용 내력 (각 부재가 단기 허용 응력도 이하가 되는 범위)을 판단하는 데 중요하며, 각 재하 단계에서 잔류 변위가 거의 0이 되는 범위를 확인하면 구조물 전체의 허용 내력을 확인할 수 있다.

　어셈블리 시험이나 부분 시험 등 재하시험에서는 시험체의 파괴까지 재하하는 것도 중요하다. 설계하중에 대한 파괴하중까지의 허용 한계, 최초로 파괴되는 부재와 파괴 형태 등을 확인할 수 있기 때문이다. 또한 각부의 변위량이나 변형량 측정 결과로부터는 구조 계산(응력 해석) 결과의 타당성을 판단할 수도 있다. 필자의 경험에 비추어 말하자면 어셈블리 시험의 결과, 구조 계산 결과로부터 상정한 파괴하중의 절반 정도 재하 단계에서 시험체가 파괴되기도 한다. 상정보다 낮은 하중으로 파괴되는 요인의 대부분은 설계상의 가정 오류이다. 예를 들면 **그림 42**와 같이 부재 간 접합부가 편심하여 접합하는 경우에는 구조 해석에서 상정하지 않은 부재의 굽힘이나 비틀림이 생겨 구조물의 강도가 크게 떨어지기도 한다. 구조설계의 타당성을 확인하는 의미에서도 재하시험으로 검증하는 것은 매우 효과적이다.

3 장수명을 위한 부식대책

강도를 가지고 있는 구조물이나 기초라 하더라도 부재의 부식이 진행되면 강도 저하를 초래한다. 강재의 부식에 대해서는 아연도금이나 도장 등 표면처리를 하면 부식 방지 효과를 기대할 수 있다. 하지만 사용 환경에 따라서는 그것으로 충분하지 않을 수가 있다. 그러므로 정기적으로 점검·보수하여 녹이 슨 부분을 조기에 발견해서 해당 부분에 대한 도장이나 부식 방지 테이프 등으로 대비하는 것이 중요하다.

구조물에서 부식이 발생하기 쉬운 곳

태양광발전 설비의 구조물은 건축물의 뼈대처럼 지붕과 벽으로 둘러싸여 있지 않고 바깥 공기에 직접 노출되기 때문에 부식에 불리한 조건이라고 할 수 있다. 또한 상부에 어레이면이 있어 구조물에 부착된 소금 입자나 질소산화물 등이 비에 씻겨 내려가기 어려운 환경에 있기 때문에 한층 더 부식으로 이어지기 쉽다.

그림 43은 해안선에서 비교적 가까운 발전소에 설치한 구조물의 부식 사례이다. 이 그림 (a)의 결과를 보면 비가 잘 들이치는 부재보다 비가 잘 들이치지 않는 부재가 더 잘 부식된다는 것을 알 수 있다. 이것은 바다에서 바람과 함께 운반된 소금 입자가 구조물에 부착하는데, 비가 잘 들이치지 않는 부재의 경우는 비에 씻겨 내려가지 않아 부식이 더 진행된 것으로 추측된다. 이런 경우 녹을 제거하고 도장을 하거나, 부식이 많이 진행된 경우에는 부재를 교체한다. (b), (c), (d)는 강관 내부의 볼트가 부식된 사례다. (a)와 마찬가지로 비가 들이치지 않는 환경이기 때문에 부식이 진행되었다. 보수 점검 시의 외관검사로는 발견하기 어려운 곳이므로 주의 깊게 관찰해야 한다. 강관의 단부에 뚜껑을 닫아 바깥 공기가 들어오지 않게 하면 부식을 막을 수는 있으나, 점검 시에는 뚜껑을 열어 내부를 확인해야만 한다.

그림 44는 물이 흐르는 구조물 부분이 부식된 예이다. 어레이면에서 받은 빗물은 대부분 어레이면의 하단으로 흘러내려 가지만 일부 빗물은 구조물을 따라 흘러내린다. 이때 빗물은 일정한 장소를 흐르는 경향이 있으므로 그 부분(유수부)에서는 도금이나 도장 등의 표면처리가 침식되어 표

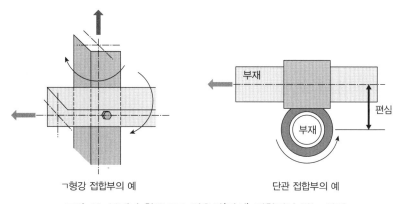

ㄱ형강 접합부의 예   단관 접합부의 예

그림 42. 부재가 한쪽으로 치우쳐(편심) 접합되어 있는 사례

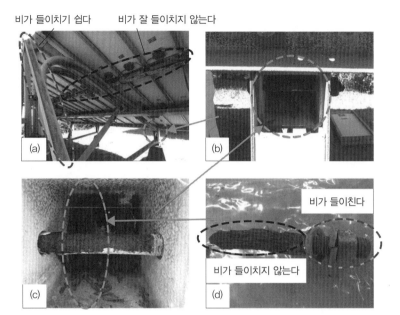

비가 들이치기 쉽다　비가 잘 들이치지 않는다

비가 들이친다

비가 들이치지 않는다

그림 43. 비가 들이치지 않는 부재의 부식 사례[7]

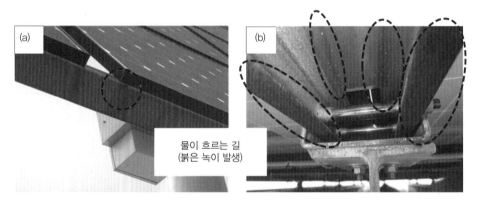

물이 흐르는 길
(붉은 녹이 발생)

그림 44. 물이 흐르는 부분이 부식된 사례[7]

면처리가 없어지면 부식으로 이어진다. 이 경우는 점검 시에 비교적 발견하기 쉬우므로 부식 징후가 보이는 경우에는 도장이나 부식 방지 테이프 등으로 방식 조치를 취하면 된다.

　그림 45는 말뚝기초가 부식된 사례이다. 말뚝에는 구조물과 같은 용융 아연도금 강관이 사용되는데, 대기 중의 구조물에 비해 토양 중의 말뚝 쪽에 부식이 진행되었음을 알 수 있다. 대부분의 강제 말뚝은 도금으로 표면처리를 했으나 토양 속의 도금 효과는 대기 중에 비해 매우 작다.[12], [13] 토양 속 말뚝의 부식 상태를 확인하기도 어려우므로 강제 말뚝기초에는 부식해도 문제가 없을 정도의 부재 두께(강도로서 필요한 살두께+부식 여유)를 확보하는 것이 바람직하다. 지상설치형 태양광발전 시스템의 설계 가이드라인[7]에서는 말뚝기초의 부식 여유는 한쪽 1mm(직경 2mm) 정도를 확보할 것을 권장하고 있다.

　말뚝기초에서 가장 부식이 발생하기 쉬운 곳은 토양과 대기의 경계 부근이다. 특히 콘크리트 내

그림 45. 말뚝기초의 부식 사례[7]

를 관통하여 토양 속으로 들어가는 강관(예를 들어 강관 말뚝을 콘크리트로 싸는 경우)의 경우는 그 콘크리트와 토양 경계면 부근에서 국부적인 부식이 발생하여 몇 년 만에 관통 구멍이 발생하는 경우도 있으므로 점검 시에 말뚝의 기울어짐이나 흔들림이 없는지를 확인해 두어야 한다.

[참고문헌]

(1) 일본건축학회, 강 구조 허용 응력도 설계 규준, 2019

(2) 일본건축학회, 경강 구조설계 시공 지침·동 해설, 2002

(3) 알루미늄건축구조협의회, 알루미늄 건축 구조설계 규준·동 해설, 2016

(4) 일본건축학회, 건축 기초 구조설계 지침, 2019

(5) 일본건축학회, 소규모 건축물 기초 설계 지침, 2008

(6) 국토교통성 국토기술정책종합연구소, 건축연구소, 2019년 태풍 제15호에 동반한 강풍에 의한 건축물 등 피해 현지조사 보고(속보), 2019. 10. 24

https://www.kenken.go.jp/japanese/contents/topics/2019/typhoone15.pdf

(7) 신에너지 산업기술종합개발기구, 오쿠지건산주식회사, 태양광발전협회, 지상설치형 태양광발전 시스템의 설계 가이드라인 (2019년판), 2019

https://www.nedo.go.jp/content/100895022.pdf

(8) 문헌(7)의 부록 A 지상설치형 태양광발전 시스템의 구조설계 예(구성 구조물)

https://www.nedo.go.jp/content/100895024. pdf

(9) 문헌(7)의 기술 자료 https://www.nedo.go.jp/content/100895023.pdf

(10) 일본건축학회, 일본건축학회의 건축물 하중 지침·동 해설, 2015

(11) 태양광발전시스템 풍하중평가연구회 편, 태양광발전 시스템 내풍 설계 매뉴얼, 2017

(12) 아연도금강구조물연구회, 용융 아연도금의 내식성, p.14, 1993

(13) F.C.Porter : Corrosion Resistance of Zinc and Zinc Alloys, Marcel Dekker, pp.342-343, 1994

제6장

지반과 기초에 대한
검토 방법과 유의점

현장에서 발생할 수 있는 지반·기초에 관련된 여러 문제

1 태양광발전 설비 기초 설계의 현황과 과제

일본의 태양광발전 설비는 2012년의 신재생에너지 고정가격 매입제도(FIT 제도) 개시 후에 도입량이 급속히 증가했다. 전 세계적으로 지구 온난화 대책을 추진해가는 데도 신재생에너지의 주력 에너지화는 매우 중요한 과제라서 앞으로도 태양광발전 설비의 도입량이 증가할 것으로 보인다. 지금까지는 평지뿐만 아니라 경사면, 건축물 옥상, 농지, 수면 등 다양한 곳에 태양광발전을 설치했다. 태양광발전 설비는 비교적 소규모 또는 경량의 부재로 구성되어 있어, 태풍의 내습 등 자연조건이 나쁜 일본에서는 적정한 설계가 이루어지지 않으면 손상 등의 피해가 발생하기 쉬운 특징이 있다. 주택이나 도로·교량 등의 공공 인프라와는 달리 사람의 거주나 이용이 상정되지 않기 때문에 설계나 설계에 필요한 기초 정보를 얻기 위한 현지조사가 경시되기 쉽다.

태양광발전 설비를 설치할 때 준수해야 할 법령이나 기술적인 기준, 가이드라인 등에 대해서는 경제산업성을 중심으로 정비에 힘을 쏟고 있지만, 현시점에서는 충분하다고는 말하기 어렵다.

이러한 상황에서 2018년에 발생한 서일본 호우로 인해 같은 해 7월 5일 밤, 효고현 고베시 스마구의 산요 신칸센 터널 출구 부근에서 경사지에 설치된 태양광발전 설비가 붕괴되어 산요 신칸센이 일시 운행을 중지해 큰 문제가 된 것은 기억에 새롭다. 이미 알려진 바와 같이 태양광발전 설비는 풍하중에 의한 외력이 지배적이며, 그 풍향(하중의 작용 방향)에 의해 구조물를 통해 기초에 작용하는 하중은 연직력뿐만 아니라 인발력이나 모멘트가 작용한다는 점에 유의해야 한다. 이때 태양광 어레이 구조물가 아무리 안전성이 높은 것이라도 기초나 그 지지 지반의 안전성이 부족하면 태양광발전 설비 전체의 안전성을 확보할 수 없다.

태양광발전 사업과 관련된 모든 관계자는 설계 시에 상정한 조건과 다르거나 혹은 초과했을 경우에 손상 등의 자기손해 사고적인 피해뿐만이 아니라, 태양광발전 설비의 비산이나 지반의 붕괴 등에 의해 주변에 2차 피해를 발생시킬 수도 있는 위험성을 충분히 인식해 두어야 한다.

이런 점에서 이 장에서는 태양광발전 설비의 기초와 지반의 검토에 관련된 기초적인 사항을 정리한다.

2 지반·기초에 관련된 여러 문제

2.1 태양광 발전 설비의 재해 사례

태양광발전 설비에서 지반과 기초에 관련된 피해 사례를 몇 가지 제시한다(일부 **제1장**에서 소개한 사례도 포함).

그림 1은 지지 말뚝의 침하가 발생하여 어레이 구조물의 부등 침하·변형이 발생한 사례이다. 기초 지반 표층 부근에 연약층이 퇴적하여 압밀 침하나 부등 침하가 발생했거나, 지지 말뚝의 길이 부족 등에 의한 지지력 부족에 이르렀을 가능성이 있다.

그림 2는 강설·융설 후에 지지 말뚝의 침하가 확인되어 어레이 구조물의 부등 침하·변형이 발생한 사례이다. 적설하중의 설정 또는 기초 지반의 지지력 평가가 적정하지 않아 말뚝의 지지력 부족에 이르렀을 가능성이 있다.

그림 3은 2018년 7월 호우(2018년 서일본 호우) 시에 사면 붕괴로 경사지 발전 설비가 유출된 사례이다. 강우에 의한 지하 수위 상승과 땅속에 물이 고임으로써 지반이 풀려서 사면이 파괴에

그림 1. 지지 말뚝의 침하 사례 출처:구조내력평가기구

그림 2. 강설 하중에 의한 지지 말뚝의 침하 사례 출처:구조내력평가기구

그림 3. 사면의 붕괴에 의한 태양광발전 설비의 유출 사례 출처:구조내력평가기구

그림 4. 강우 시의 지표면 침식으로 인한 토사 유출 사례 출처:구조내력평가기구

이르렀을 가능성을 생각할 수 있다.

그림 4는 2020년 7월 호우(2020년 규슈 호우) 시에 빗물에 의해 지표면이 침식을 받아 지지 말뚝이 노출되어 지지력 부족에 빠지는 동시에 흙탕물과 토사가 도로까지 유출된 사례이다. 발전설비 주변 지반의 빗물 침투 능력과 도랑 등의 빗물 수집·배수시설의 처리 능력을 초과하는 강우량으로 인해 대량의 빗물이 넘쳐서 지표면의 침식·토사 유출에 이르렀을 가능성이 있다.

이러한 변형이나 손상은 하나의 요인만으로 발생하는 것이 아니라 복합적인 요인에 의한 변형 연쇄가 발생해 진행·확대 및 시설의 유출에 이른다는 점에 주의해야 한다.

그러므로 우선은 초기에 변형의 기인이 되는 요소를 제거하는 것이 가장 중요한 과제이다.

2.2 재해의 형태와 여러 문제

앞에서 열거한 피해 사례에 비추어 볼 때 태양광발전 설비(태양전지 모듈의 지지 구조물)의 피해 형태는 다음과 같이 4가지 케이스로 크게 나눌 수 있다.

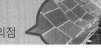

① 풍하중, 적설하중, 지진력 등 자연 외력에 의한 작용으로 태양광 어레이 구조물이나 기초가 변형·손상되는 경우

② 기초 지반의 압밀 침하나 액상화 등에 의한 변형으로 기초 또는 태양광 어레이 구조물에 변형·손상을 초래하는 경우

③ 강우에 의한 토사 재해나 수해로 기초 지반의 유출이나 사면 붕괴가 발생해 태양광발전 설비 전체가 유출되는 경우

④ 사전 조사, 설계 등의 검토 부족·오류 등으로 인해 요구 성능을 충족하지 못하는 구조물을 설치하여 변형·손상을 초래하는 경우

위의 ①의 경우는 태양광발전 설비 계획·설계 시점에서 고려해야 할 외력의 재현 기간이나 크기는 비용에 크게 영향을 주기 때문에 신중하게 설정해야 하며, 당연히 상정한 조건을 초과했을 경우에는 변형·손상이 발생한다.

한편 ②~④의 경우는 사전에 시간과 비용을 들여 신중하게 검토해야 손상·변형 등의 리스크를 어느 정도 저감 혹은 방지할 수 있다.

하지만 지반 내의 상황을 지표면에서 확인하기는 당연히 불가능하다. 토성이나 토질 강도 등도 불균질하고 심도 방향이나 평면적으로 변화가 풍부한 경우가 많기 때문에 취급하는 데는 전문적 지식이 필요하다.

그러므로 태양광발전 설비를 계획하고 설계할 때는 건축사 외에도 토목 기술자나 지질 조사 기사 등 전문 기술자의 협력을 얻는 것이 반드시 필요하다.

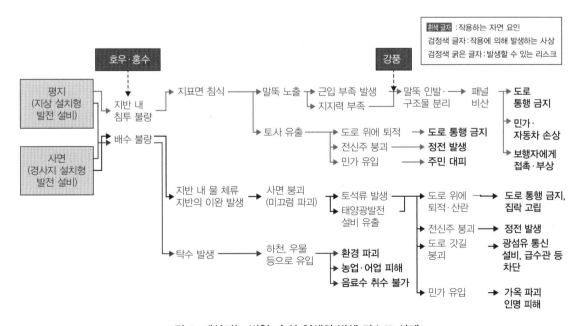

그림 5. 예상되는 변형·손상 연쇄와 발생 리스크 사례

피해 사례에 나타난 바와 같이 평지의 토사·탁수 유출뿐만 아니라 경사지에 설치한 발전 설비가 사면 붕괴와 함께 유출되는 일도 발생할 수 있다. 이 경우 탁수에 의한 환경 파괴와 더불어 경사면 아래에 도로, 철도 등의 교통 인프라가 입지해 있을 때는 사용할 수 없는 상황을 초래하게 된다. 공공도로에는 전신주·전선, 광섬유 통신 설비나 급수관 등이 병설되어 있는 경우가 많아 지역사회 생활에 필요한 인프라마저 차단해 버릴 우려가 있다(**그림** 5).

　따라서 2차 피해 방지도 고려해서 발전 설비를 계획하고 설계할 필요가 있다.

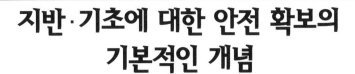

지반·기초에 대한 안전 확보의 기본적인 개념

1 관계 법령 및 참고 가이드라인 등

1.1 관계 법령

태양광발전 설비는 전기사업법(1964년 법률 제170호)의 적용을 받는다.

그러므로 태양광발전 설비의 구조물 및 기초(태양전지 모듈의 지지물) 설계를 할 때는 다음의 관련 법령에 대응할 필요가 있다. ③, ④의 경우는 법적인 구속력이 없지만, ②를 구체적으로 해설한 것으로, 그 취지에 입각해 설계할 필요가 있다.

① 전기사업법(1964년 법률 제170호)

② 전기설비에 관한 기술 기준을 정하는 부령(1997년 통상산업부령 제52호)

③ 전기설비 기술 기준 해석(20130215 상국 제4호, 최종 개정: 20200806 보국 제3호 2020년 8월 12일자)

④ 전기설비 기술 기준 해석의 해설(2020년 8월 12일 개정, 산업보안그룹 전력안전과)

상기 이외에 국토이용계획법이나 도시계획법 등 토지 이용 관련 법령, 자연공원법, 경관법, 대기오염방지법 등 환경 관련 법령, 건축기준법 및 소방법 등 태양광발전 설비의 입지와 규모·구조에 따라 많은 법령에 대응할 필요가 있다는 점에 유의해야 한다.

1.2 참고가 되는 가이드라인

태양광발전 설비의 구조물 및 기초 설계를 할 때 최근까지는 참고가 되는 구체적인 가이드라인 등이 적었기 때문에 건축기준법 및 동법에 근거한 설계의 개념을 참고해 왔다.

현재는 다음과 같은 가이드라인이 마련되어 있어 효과적으로 활용할 수 있다.

이 책에서는 주로 이 가이드라인의 개념을 토대로 하여 지반이나 기초의 검토 방법을 다루기로 한다.

① 지상설치형 태양광발전 시스템의 설계 지침 2019년판, (국립연구소)신에너지·산업기술 종합개발기구/태양광발전협회, 오쿠지건산(주)

② 동 기술 자료

③ 동 부록:지상설치형 태양광발전 시스템의 구조설계 예

상기는 신에너지·산업기술 종합개발기구(NEDO)의 위탁업무 '태양광발전 시스템 효율 향상, 유지관리 기술 개발 프로젝트/태양광발전 시스템의 안전 확보를 위한 실증' 사업의 결과로 정리된 것으로, 다음의 URL에서 입수할 수 있다.

다운로드 https://www.nedo.go.jp/activities/ZZJP2_100060.html?from=key

1.3 지방지자체의 조례·규제

태양광발전 설비는 2012년 고정가격 매입제도(FIT)가 시작된 후 도입량이 급속히 증가했으며, 자연재해로 인한 손상·유출뿐만 아니라 불충분한 설계·시공 사례, 설치 인근 주민과의 문제점, 자연 파괴, 사업 종료 후의 패널 방치와 같은 다양한 문제가 전국에서 발생하고 있다.

이를 감안하여 지방지자체는 독자적으로 조례 등을 제정하여 규제를 하는 경우가 많으므로 태양광발전 설비를 계획하고 있는 장소가 위치하는 지방지자체의 조례 및 시행 규칙 등을 조사하고 준수할 필요가 있다.

선진적인 사례로 고베시의 조례 및 시행 규칙이 있다.

① 고베시 태양광발전 시설의 적정한 설치 및 유지관리에 관한 조례(최종 개정 : 2020년 7월 1일, 고베시 조례 제15호)
② 고베시 태양광발전 시설의 적정한 설치 및 유지관리에 관한 조례 시행 규칙(최종 개정 : 2019년 7월 1일, 고베시 규칙 제19호)

고베시에서는 재해 방지, 자연환경 보전 등의 관점에서 발전출력 10kW 이상의 지상에 설치하는 태양광발전 시설의 경우, 적정한 설치 및 유지관리를 담보할 수 있는 시설만 인정함으로써 태양광발전 시설의 안전성·신뢰성을 높이는 동시에 자연환경의 보전을 도모하고 있다. 규제뿐만이 아니라 적정한 유지관리 및 철거 비용의 확보와 실시 상황의 정기 보고를 의무화하고 있는 점 등이 선진적이어서 크게 참고가 될 것이다.

2 태양광발전 설비의 기본적인 설계 흐름

태양광발전 설비를 설계하는 기본적인 흐름은 **그림 6**과 같다. 그림 6은 설비 설계에 특화해서 제시한 것으로 이해 관계자의 동의, 인허가 절차에 필요한 내용은 생략했다.

3 태양광발전 설비의 지반·기초의 요구 성능

태양광발전 설비를 설계할 때 지반·기초의 안전성은 전기설비 기술 기준 해석(최종 개정 : 20200806 보국 제3호 2019년 8월 12일자)의 제46조 제2항~제4항을 만족시켜야 한다.

전기 해석 제46조 제2항에서는 태양광발전 설비의 구조물, 기초 및 지반(전기 해석 내에서는

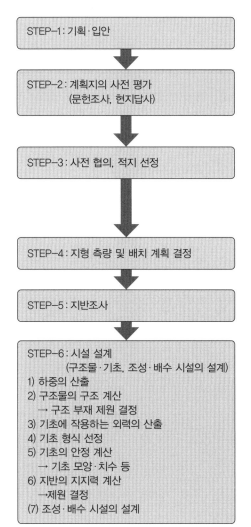

| STEP-1 : 기획·입안 | • 사업 계획(계획지 추출, 발전 용량, 정비·유지관리 비용, 비용 회수 등의 산출, 사업 가능성 판단)을 검토한다. |

| STEP-2 : 계획지의 사전 평가 (문헌조사, 현지답사) | • 문헌조사를 해서 계획지에 관한 법령·규제를 파악한다. 지형도나 과거의 지세·지질, 시추 조사 결과 등에 관련된 자료를 수집한다. 기타 과거의 자연재해 발생 상황을 조사, 정리·파악한다.
 • 현지답사를 통해 계획지의 일사 조건, 주변 환경, 계획지 내 및 주변의 지장 물건, 접근로 등 시공상의 제약 조건 등을 확인한다. |

• 위의 조사 결과를 바탕으로 기본적인 플랜(태양광발전 패널 배치, 조성·배수 기본 계획 등)을 입안한 후 계획지가 입지하는 지방행정기관에 사전협의를 한다. 법령·조례에 관련된 규제 상황을 듣고 태양광발전 설비의 설치 여부나 환경보전·재해방지 대책 시설의 유무 등을 확인한다. 이것들을 토대로 적지를 선정한다.

STEP-3 : 사전 협의, 적지 선정

STEP-4 : 지형 측량 및 배치 계획 결정

• 지형 측량 등을 통해 지반 모양을 파악한 후 태양광발전 설비의 배치 계획을 결정한다.

• STEP-2에서 간이적으로 지반조사를 하는 것이 바람직하다.

STEP-5 : 지반조사

• 태양광발전 설비(어레이 구조물, 기초) 및 조성·배수 시설의 상세 설계에 필요한 지반조사를 실시하여 기초 데이터를 얻는다.

• 태양광발전 설비(어레이 구조물, 기초)와 조성·배수 시설, 환경보전·재해방지 대책 시설 등의 상세 설계를 한다.

STEP-6 : 시설 설계
　　　　(구조물·기초, 조성·배수 시설의 설계)
1) 하중의 산출
2) 구조물의 구조 계산
　→ 구조 부재 제원 결정
3) 기초에 작용하는 외력의 산출
4) 기초 형식 선정
5) 기초의 안정 계산
　→ 기초 모양·치수 등
6) 지반의 지지력 계산
　→제원 결정
(7) 조성·배수 시설의 설계

그림 6. 태양광발전 설비를 설계하는 기본적인 흐름

'태양전지 모듈의 지지물'로 표기)에 대해 다음과 같은 성능을 요구한다.

[요구 성능]

① JIS C 8955(2017) '태양전지 어레이용 지지물의 설계용 하중 산출 방법'에 의해 산출된 자중(구조물 자체에 의한 하중), 지진하중, 풍압하중 및 적설하중 등에 대해 안정적일 것.

② 위 ①에서 산정한 하중을 받았을 때에 발생하는 각 부재의 응력도는 허용 응력도 이하여야 한다.

③ 위 ②에 규정하는 허용 응력도를 만족시키는 설계에 견딜 수 있는 안정된 품질의 재료를 사용할 것.

④ 구조물을 구성하는 부재 간 및 부재로부터 기초에 응력을 확실히 전하는 구조로 할 것.

⑤ 토지에 설치하는 지지물의 기초 등 상부의 구조물로부터 전해지는 하중에 대하여 침하, 분리 및 수평 방향으로 이동되지 않을 것. 토지에 자립해서 설치하는 기초는 말뚝기초나 철근 콘크리트조의 직접기초, 또는 이와 동등 이상의 지지력을 가질 것.

⑥ 사용하는 부재는 부식, 노후 및 기타 쉽게 열화되지 않는 재료 또는 방식 등의 열화 방지 조치를 강구한 재료로 할 것.

표 1. '전기설비의 기술 기준 해석'에 기재된 구조물 및 기초의 표준사양 목록[*1]

항목		일반 사양	강풍 사양	다설 사양
시설 조건				
	지표면 조도 구분	Ⅲ	Ⅱ[*2]	Ⅲ
	설계용 기준 풍속	34m/s 이하	40m/s 이하	30m/s 이하
	적설 구분	일반	왼쪽과 같다	다설
	수직 적설량	50cm 이하	30cm 이하	180cm 이하
	태양전지 모듈 크기	2,000×1,000mm 이하	왼쪽과 같다	왼쪽과 같다
	태양전지 모듈 중량	28kg/장 이하	왼쪽과 같다	왼쪽과 같다
설계 조건				
구조체	태양전지모듈 배치 및 규모	4단 2열(총 8장)	왼쪽과 같다	왼쪽과 같다
	어레이면의 경사 각도	수평면과 이루는 각 20도	10도	30도
	알레이 면의 최저 높이	G.L.+1,100mm	왼쪽과 같다	G.L.+1,900mm
	눈의 평균 단위 중량	20N/m²/cm	왼쪽과 같다	30N/m²/cm
	어레이면의 평균 지상 높이	G.L.+1.8m	G.L.+1.5m	G.L.+2.9m
	지진하중	수평 진도 0.3	왼쪽과 같다	왼쪽과 같다
	용도계수	1.0	왼쪽과 같다	왼쪽과 같다
기초 및 지반의 조건				
	기초	철근 콘크리트 기초	왼쪽과 같다	왼쪽과 같다
	콘크리트 강도 Fc	21N/mm² 이상	왼쪽과 같다	왼쪽과 같다
	토질	점성토와 동등 이상	왼쪽과 같다	왼쪽과 같다
	N값	3 이상	왼쪽과 같다	왼쪽과 같다
	장기 허용 지지력	20kN/m² 이상	왼쪽과 같다	왼쪽과 같다
	지반과의 마찰계수	0.3 이상	왼쪽과 같다	왼쪽과 같다
기초 모양·치수, 배근 사양				
	모양·치수	3,000×600×400mm	4,000×600×700mm	5,000×800×450mm
	배근 사양 상단통/하단통 늑근(스터럽) 철근 재질	3-D13/3-D13 2-D10@250 SD295A	4-D13/4-D13 2-D10@250 SD295A	6-D16/6-D16 2-D10@250 SD295A
구조물 및 기초 구조도		그림 7 참조	그림 8 참조	그림 9 참조

※1 참고문헌 (2)의 제46조 제3항을 바탕으로 작성

※2 지표면 조도 구분 Ⅱ의 취급에 대해서는 제46조 제3항을 확인하기 바란다

전기 해석 제46조 제3항에는 직접기초를 채택할 경우의 일반 사양, 강풍 사양, 다설 사양의 대표적인 조건 및 구조가 제시되어 있다. **표 1**에 그 내용을 제시했다. 시설 조건, 설계 조건, 기초 및 지반의 조건이 여기에 포함될 경우에는 상기 전기 해석 제46조 제2항의 규정에 관계없이 이 표에 제시된 기초 모양·치수·배근 사양(**그림 7~9**)을 채택할 수 있다.

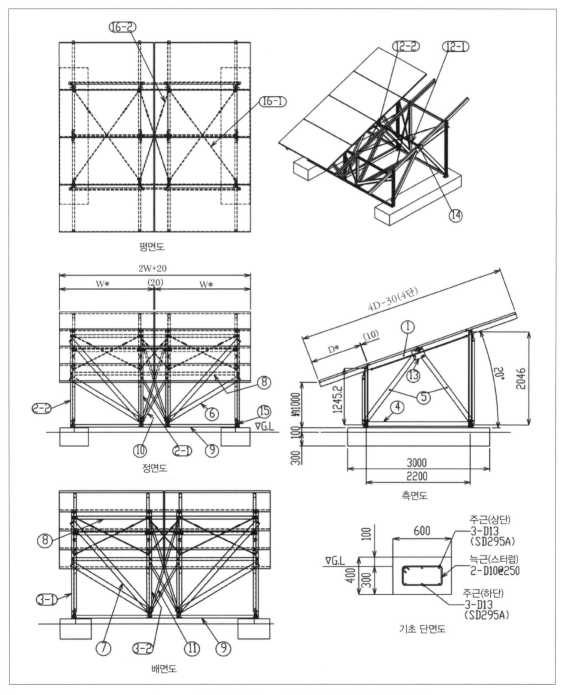

그림 7. 구조물 및 기초 구조도(일반 사양의 경우) 참고문헌(2)에서 발췌

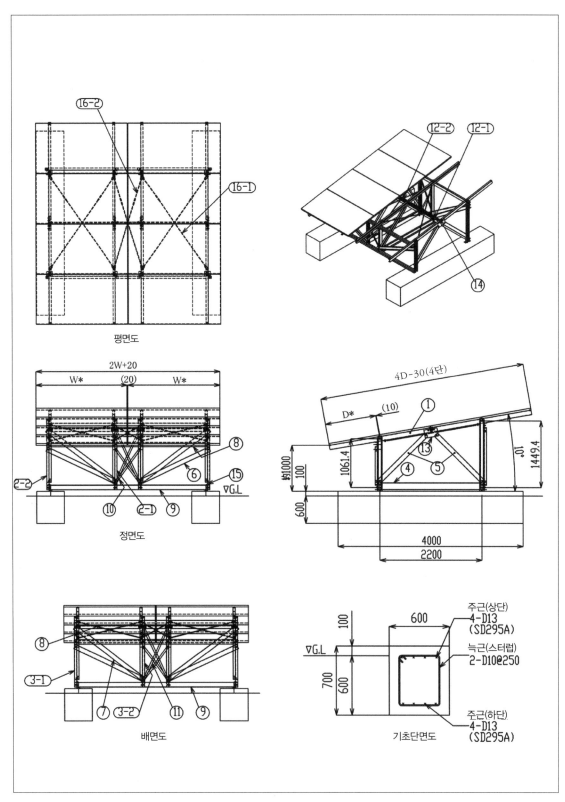

평면도

정면도

배면도

기초단면도

그림 8. 구조물 및 기초 구조도(강풍 사양의 경우) 참고문헌(2)에서 발췌

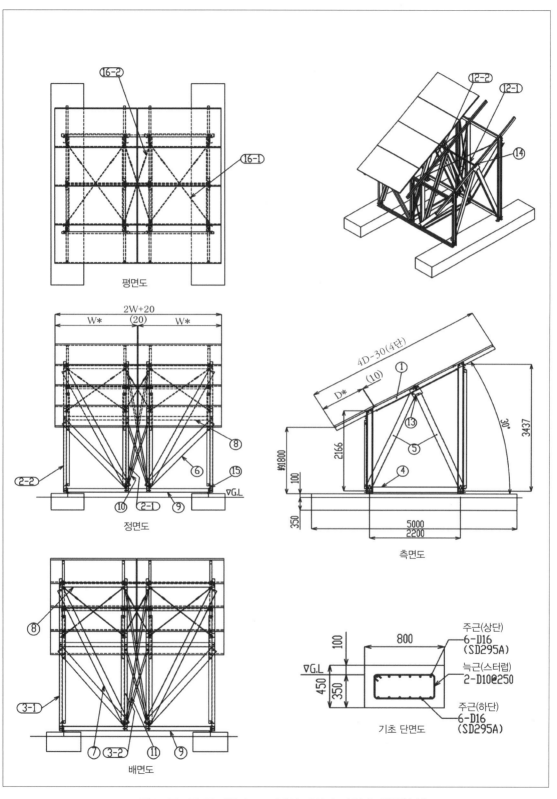

그림 9. 구조물 및 기초 구조도(다설 사양의 경우) 참고문헌(2)에서 발췌

이 조건에 부합하지 않는 경우는 개별적으로 적정하게 설계할 필요가 있다. 또한 이 기초의 계산과정은 '지상설치형 태양광발전 시스템의 설계 가이드라인 2019년판,[1] 부록 A 강제 구조물 설계 예'에 제시되어 있으므로 참조하면 된다.

전기 해석 제46조 제4항에는 태양광발전 설비를 토지에 자립하여 설치할 경우에 설치에 따른 토사 유출이나 붕괴 방지 조치를 강구할 것을 요구하고 있다.

즉, 전기 해석 제46조 제2항~제4항에서는 태양광발전 설비를 토지에 설치하는 경우, 작용하는 하중에 대해서 구조물 구조와 기초, 지반의 안전성을 확보하는 동시에 설치에 따른 토지 유출이나 붕괴의 방지 조치를 강구할 것을 요구하고 있으므로 사업자는 적정하게 설계해, 그 근거를 명확하게 제시할 필요가 있다.

상기 요구 성능을 만족시키기 위한 구체적인 조사 방법은 이후에 기술한다.

계획지의 사전 평가

1 계획지 사전 평가의 목적과 방법

태양광발전 설비를 설치하는 경우, 외력이나 자연재해에 대해서 설비의 장기적인 안전성을 확보하는 동시에 정비 비용을 줄이기 위해서는 우선 적지를 선정해야 한다. 특히 태양광발전 설비는 비교적 소규모인데다 경량 부재로 구성되어 있어 하중이 작아도 구조물의 기초를 지지하는 지반이 어떠한 이유로 변형되면 구조물나 태양광 모듈까지 변형되거나 붕괴될 우려가 있으므로 장기적으로 안정된 양질의 지반 위에 구축해야 한다.

이 때문에 기본 계획 단계에서 우선은 문헌조사와 현지답사를 통해 계획한 곳의 지반에 대해 사전 평가를 실시할 필요가 있다. 이때 체크해야 할 점을 제시한다.

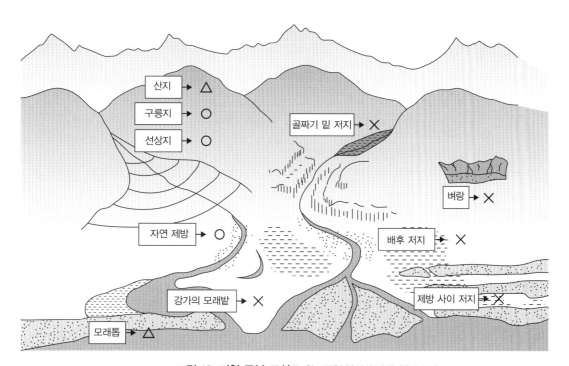

그림 10. 지형 구분 모식도 참고문헌 (3)에서 발췌, 일부 수정

273

〈사전 평가 시 체크해야 할 포인트 ※문헌 (1)에서 발췌, 일부 추가**〉**

① 지형과 지반의 특징을 파악한다.

② 표층 지질을 판단(충적층 및 홍적층의 구별 등)하고 지층 구성을 상정한다.

③ 지반의 특징이나 과거 자료로부터 특수토층(취급에 주의해야 할 토양층)의 유무를 조사한다.

④ 인근 과거 자료를 통해 지반 상황(토질·지층·강도·지하 수위)을 조사한다.

⑤ 과거에 인근에서 진행된 지반 보강 공사의 유무와 시공 사례 등을 알아본다.

⑥ 지명·식생 등 지역의 특성을 알아본다.

⑦ 집중호우, 화산 활동, 지진 등에 의한 토사 재해의 위험성에 대하여 알아본다.

⑧ 토지의 높이에 대하여 홍수·해일·쓰나미 등에 의한 침수 위험성을 알아본다.

⑨ 인근 주민들로부터 의견을 청취하는 등 부지의 이력을 조사한다.

⑩ 주변 가옥과 도로 등의 이상(부동침하나 변형 등) 상황으로부터 지반 침하 위험성을 알아본다.

⑪ 절토(땅깎기)·성토(흙을 쌓아 올림) 등 조성 형태로부터 부동 침하의 위험성을 조사한다.

⑫ 조성 시기와 향후 새로운 성토 예정을 조사한다.

표 2. 지형 구분 모식도 참고문헌 (1)을 참고로 작성

	지형적 특징	토지 이용	예상되는 지반 상황	지반으로서의 적부
골짜기 밑 저지	주변이 산으로 둘러싸여 있다. 개울이나 수로가 많다	습지대, 논	상당히 깊은 곳까지 극히 연약하다	×
선상지	산지에서 평야로 통하는 사이의 경사면을 가진 부채꼴의 지형	밭, 과수원	• 양질토, 모래와 자갈 등으로 이루어진 양질의 지반이다 • 단, 복류수에 주의가 필요	○
자연 제방	• 현·옛 하천 유역의 작은 고지(0.5~3m 높이) • 옛날부터 취락이 있다	밭	양질토, 모래와 자갈 등으로 이루어진 양질의 지반	○
배후 습지	자연 제방이나 사구의 배후지	논	극히 약하다	×
습지	저지대, 배수 불량지, 용수 부근, 구 하천	성토한 택지, 황무지	극히 약하다	×
강가의 모래밭	현 물골의 유로변	밭, 논, 황무지	부식토와 모래와 자갈 흙의 샌드 위치 구조이다	×
삼각주	하천의 하구부, 기복이 없다	논	극히 약하고 액상화 우려가 있다	×
모래톱	해안, 호숫가	임야, 밭, 황무지, 집락	모래 지반으로 액상화에 주의	△
구릉지	지표면이 평탄한 대지	택지	양질토, 경점토, 자갈 지반	○
산지	산, 절토(땅깎기) 지형	조성지	연질 바위, 산사태에 주의	△
벼랑	급경사면	조성지	• 이차 퇴적토(무너진 흙)로 구성된다 • 흙 붕괴, 산사태에 주의	× 경우에 따라서는 부적합

⑬ 계획지의 지형이나 주변의 배수 상황을 바탕으로 배수 계획을 세운다.

⑭ 토사의 유입·유출 가능성을 조사한다.

또한 지형 구분과 태양광발전 설비 정비 시 지반의 적부를 **그림 10**, **표 2**에 제시한다.

2 문헌조사 방법과 주목할 점

문헌조사는 주로 국토지리원 등의 국가 또는 지방행정기관이 공표한 자료를 수집해 분석한다. 유익한 자료의 한 예를 소개한다(**표 3**). 이 표에는 입수 방법과 자료의 내용 및 용도를 모두 정리해 제시했다.

이들 자료로부터 기초 정보를 파악하기 위해서는 전문 지식·기술을 필요로 하는 경우가 있기 때문에 건축과 토목 등에 정통한 전문 기술자의 협력·조언을 얻는 것이 바람직하다.

3 현지답사 방법과 주목할 점

현지답사는 계획지 및 그 주변지에 대해서 주로 육안으로 관찰하고, 문헌조사로 얻은 기초 정보와 대조하면서 기반 상황을 파악한다.

지형 및 성토·절토와 같은 토지 조성으로부터 지반의 안전성과 부동 침하, 액상화의 위험성을 평가한다. 현지답사 때 체크할 항목은 '지상설치형 태양광발전 시스템의 설계 가이드라인 2019년

표 3. 문헌조사의 자료 일례[*1]

자료		입수 방법	내용 및 용도
자료명	발행기관		
국토기본도	국토지리원	• 국토지리원 홈페이지에서 열람 가능[*2] • 일본지도센터에서 구입 가능	모든 계획, 조사의 기본 지도가 되는 지형도
지세도			
지형도			
산림기본도	임야청(국유림)	임야청 홈페이지에서 열람 가능[*3]	지형과 산림의 경계를 담은 지형도
	지방지자체(사유림)	각 지방지자체인 도도부현에 문의	
도시계획도	지방지자체(도도부현, 시정촌)	각 지방지자체인 도도부현, 시정촌에 문의	각 지방지자체인 시도부현, 시정촌이 도시 계획 내용을 기록한 지형도
수치지도	국토지리원	일본지도센터에서 구입 가능	• 지표를 격자로 구분, 그 중심점의 표고 데이터를 수치화한 것 • 조감도 작성 및 경사 등 지형을 대국적, 정량적으로 파악할 수 있다

표의 왼쪽 첫 번째 열에는 "지도"가 세로로 표기되어 있음

지질관련 자료	지질도	산업기술종합연구소 지질조사종합센터	산업기술종합연구소 지질조사종합센터 홈페이지에서 열람 가능※4	• 지형도 위에 지반을 구성하는 지층의 분포, 주향·경사, 단층, 습곡 등을 무늬, 색채, 기호로 표시한 것 • 계획지 지질의 개요를 알 수 있기 때문에 다른 조사 방법에 대한 유효한 자료가 되고, 설계·시공 상 주의해야 할 점의 개략을 예상할 수 있다
	현별 지질도	자방지자체(도도부현)	각 지방지자체인 도도부현에 문의	
	토지분류도	구 국토청	일본지도센터에서 구입 가능	
	토지분류기본조사도	자방자치단체(도도부현)	국토교통성 'GIS 홈페이지'에서 열람 가능※5	
	지방토목지질도	국토기술연구센터	국토기술연구센터에서 대출 가능	
	과거 지질·토질조사 성과	국토교통성 외	국토지반정보 검색 사이트 'Kunijiban'에서 열람 가능※6	• 국토교통성의 인프라 정비사업 등의 지질·토질 조사 성과(시추 주상도, 토질시험 결과 등)의 지반 정보 • 계획지 인근의 과거 조사 결과를 바탕으로 계획지의 지질·토양 성상을 예상할 수 있다
지형관련 자료	토지조건도	국토지리원	• 국토지리원 홈페이지에서 열람 가능※7 • 일본지도센터에서 구입 가능	• 지형도에 지형 분류와 지반 높이(특히 저지대반)를 적은 것. 산지, 대지, 저지의 3가지로 크게 분류하고, 산지부는 사면 모양 및 사면 경사각에 따라 9종류로 분류되어 있다. 특히 변형지(벼랑, 붕괴지, 즐형산릉, 민둥지, 산사태지 등)은 기호로 기재되어 있다 • 붕괴와 낙석 등의 문제가 있는 곳을 판단하는 데 유효하다
	토지이용도	국토지리원 외 성청, 지자체		• 지형도에 도시, 촌락, 경지, 임지, 산지 시설, 교통 등의 세분류를 기재한 것 • 국립공원, 자연공원, 특별사적, 명승, 천연기념물, 임지의 종류, 벌목지 등을 색깔·기호 등으로 쉽게 판별할 수 있다
공중사진	흑백, 컬러	국토지리원	• 국토지리원 홈페이지에서 열람 가능※2 • 일본지도 센터에서 구입 가능	• 공중 사진을 실체화(입체화)함으로써 지형, 지질, 식생 등을 판단하고, 그 결과로부터 낙석, 붕괴, 산사태, 토석류 등 문제가 있는 곳을 추출할 수 있다
	흑백(산지부)	임야청·광역자치단체 산림부		
자연재해 관련 자료	재해 기록	계획지의 토지관리자, 지방지자체, 기상청, 일본기상협회(지부)	왼쪽 발행기관에 문의 필요	• 산사태, 붕괴, 낙석, 토석류 등의 재해 기록 • 토지 재해는 지형, 지질, 기후와 관련이 있다. 지형 및 지질이 유사한 지역에서는 거의 같은 형태의 재해가 일어나기 쉽다. 계획지 외의 인근 지역도 포함해 재해 발생 기록을 조사하면 계획지에서 발생하는 재해의 특징을 파악할 수 있다
	산사태 지형 분포도	방재과학기술연구소	• 방재과학기술연구소 홈페이지에서 열람 가능※8	산사태 지형의 추출에 유효하다
	산사태 방지구역도	지방지자체(도도부현)	각 지방지자체인 도도부현에 문의	
	긴급 대피 경로도	각 관련 기관(국가기관, 지방지자체(도도부현, 시정촌)	• 국토교통성 '긴급 대피 경로도 포털 사이트'에서 열람 가능※9 • 각 관련 기관 홈페이지 외에서 열람 가능	• 자연 재해에 의한 피해를 예측하면서 피해 범위를 지도화한 것 • 토사 재해나 액상화가 생기기 쉬운 곳이 기록되어 있기 때문에 확인할 수 있다

※1 참고문헌 (4)를 참고로 작성
※2 국토지리원 홈페이지 https://mapps.gsi.go.jp/maplibSearch.do#1
※3 임야청 홈페이지 https://www.rinya.maff.go.jp/j/kokuyu_rinya/kokuyu_rin_map.html
※4 산업기술종합연구소, 지질조사종합센터 홈페이지 https://www.gsj.jp/Map/index.html
※5 국토교통성 'GIS 홈페이지' https://nlftp.mlit.go.jp/kokjo/inspect/inspect.html
※6 국토지반정보 검색 사이트 'Kunijiban' http://www.kunijiban.pwri.go.jp/jp/index.html
※7 국토지리원 홈페이지 https://maps.gsi.go.jp/#5/36.104611/140.084556/&base=std&ls=std&disp=1&vs=cljOhOkt2000m
※8 방재과학기술연구소 홈페이지 https://dil-opac.bosai.go.jp/publication/nied_technote/landslidenlAp pdf.html
※9 국토교통성 '해저드 포털 사이트' https://disaportal.gsi.go.jp/

표 4. 현지답사를 할 때 확인하는 것이 바람직한 사항 (지반 관련 외)

지반 관련 이외의 착안점	확인 목적
① 공공 인프라의 정비 상황	도로·철도, 전기·통신 설비, 상하수도 시설 등의 정비 상황을 확인하고, 태양광발전 설비나 기초 지반(토사)이 유출된 경우의 리스크를 검토한다.
② 자연환경 및 주변 주거 환경	삼림 벌채를 동반하는 설치 등에 의한 환경 파괴, 경관 악화와 주변 주민의 생활 환경 악화에 대한 리스크를 검토한다.
③ 계획지까지의 접속로	건설 공사 및 보수 점검 시의 차량, 재해·사고 발생 시의 긴급 차량 통행이 원활한지 확인한다.
④ 기타 장애물건	그 밖에 태양광발전 설비를 건설하는데 지장이 되는 물건이나 사상이 없는지 확인한다.

판'[1]을 참고하면 좋다.

현지답사는 매우 중요한 의미를 갖는 조사이다. 자료나 관찰 사항의 해석 및 판단에 고도의 전문 기술을 필요로 하기 때문에 충분한 경험이 있는 기술자가 실시해야 한다.

또 현지답사를 할 때는 지반에 관련된 내용 외에 **표 4**와 같은 것도 주목해 확인하는 것이 바람직하다.

현지조사에 의한 지반 조건의 파악

1 기초 설계에 필요한 지반조사

기초 설계 및 지반 지지력 평가, 대책 등의 검토를 위해 실시하는 원 위치의 지반조사 및 조사에서 얻을 수 있는 정보와 설계 용도를 **표 5**에 제시한다.

조사를 실시할 때 유의할 사항은 다음과 같다.

① 각 지반조사 실시 필요성 여부를 **표 6**에 제시한다.

사전조사를 통해 지지층의 불균형이 예상되는 경우나 대규모 조성지 등에서 개조 시 시공관리 상황이 불분명하여 배치 계획 위치의 성토 또는 절토의 상세한 분포 상황이 파악되지 않는 경우가 있으므로 개략적으로 설계할 때(초기 검토 시)에는 시추 및 표준 관입시험을 실시하여 지반 구성을 개략적으로 파악해둘 필요가 있다. 조사 결과에 따라서는 추가 조사를 실시할 가능성을

표 5. 각 지반조사로 얻을 수 있는 정보 및 설계 용도

지반조사	얻을 수 있는 정보	설계의 용도
보링 및 표준 관입시험 (JIS A1219)	• N값 • 토질	• 전단 저항각(내부 마찰각)의 설정 (사질토 지반의 경우) • 토층 구성의 설정 • 지지층 확인 • 연약 지반층 확인 • 지반의 액상화 판정
스웨덴식 사운딩 시험 (SWS 시험) (JIS A1221)	• 정적 관입 저항값 W_{sw} (관입 개시 후 1,000N 이하에서 관입에 필요한 최저 하중) N_{sw} (=1,000N의 하중으로 관입이 멈춘 뒤, 회전에 의해 소정의 눈금까지 관입시켰을 때의 반회전수로 환산한 관입량 1m당 반회전수로 나타낸 정적 관입 저항값)	• 허용 지지력의 설정 (N_{sw}로 허용 지지력을 설정한다) • 지반의 액상화 판정(단독 주택 정도를 대상)
평판재하시험 (JGS 1521)	재하 압력과 변위(침하량)의 관계	• 허용 지지력의 설정 (재하 압력과 침하량의 관계도에서 극한 지지력 또는 항복 지지력을 산정 하고 허용 지지력을 설정한다)
말뚝의 지지력시험 (압입력, 인발력)	재하 압력과 변위량의 관계	허용 지지력의 설정

표 6. 각 지반조사의 실시 필요 여부

	개략 설계 시 (초기 검토 시)	상세 설계 시	
		직접기초 형식	말뚝기초 형식
보링 및 표준 관입시험	○	△	△
스웨덴식 사운딩 시험(SWS 시험)	○		
평판재하시험		○	
말뚝의 지지력시험			○

○ : 반드시 실시할 것　　△ : 실시하는 것이 바람직하다

미리 상정해서 계획을 세울 필요도 있다.

② 조사 지점 수는 **그림 11**을 참고해도 되지만 소규모 부지라도 한결같지 않다는 점을 고려해서 3지점 이상으로 배치 계획을 고려해 결정하는 것이 바람직하다. 또한 지층이 변화하고 있다고 상정되는 경우와 지반 구성을 추정할 수 없는 경우에는 더 늘린다. 지반 구성에 변화가 없는 경우에는 적절히 줄여도 된다.

2 지반의 액상화 판정에 필요한 지반조사 및 토질 데이터

지반의 액상화 판정에 필요한 토질 데이터 등을 **표 7**에 제시한다.

3 보링 및 표준 관입시험

보링 및 표준 관입시험은 SPT 샘플러를 동적 매입함으로써 지반의 경연, 조임 정도를 판정하고 토층 구성을 파악하기 위해 시료를 채취하는 것이다. JIS A 1219 「표준 관입시험 방법」에 따라 실시한다. 채취한 시료를 바탕으로 실내시험(역학시험, 물리시험)을 실시함으로써 토질 상태 파악과 토질 상수를 얻을 수 있다.

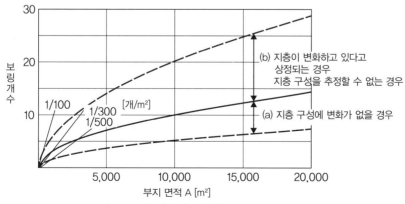

그림 11. 조사 지점 수의 기준 참고문헌⑤에서 발췌

표 7. 지반의 액상화 판정에 필요한 토질 데이터

필요한 토질 데이터	토질시험의 종류	빈도
보링	이하의 자료 채취와 지하 수위 측정에 사용한다	
N값	표준 관입시험 (JIS A 1219)	@1.0m, 깊이 20m(조성 지반이 깊이 20m를 넘으면 조성 지반 하단까지)
세립분(입자 지름 0.075mm 미만) 함유율	흙의 미세 입자분 함유율시험 (간이 입도 시험) (JIS A 1223)	상동
점토분(입자 지름 0.005mm 미만) 함유율	흙의 입도시험(침강 분석) (JIS A 1204)	토층별(점성토만)
50% 입자 지름	흙의 입도시험(사분, 체가름) (JIS A 1204)	토층별(역질토만)
소성지수	흙의 액성한계·소성한계시험 (JIS A 1205)	토층별(점성만)

표준 관입시험의 개요도, 시험 상황의 사례 사진, 시험 데이터시트 사례를 **그림 12~14**에 제시한다.

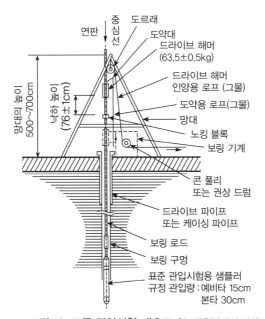

그림 12. 표준 관입시험 개요도 참고문헌(6)에서 발췌

그림. 13 표준 관입시험 상황의 사례 사진

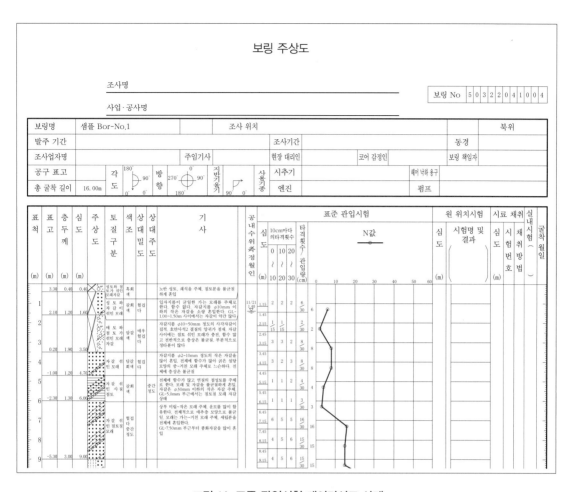

그림 14. 표준 관입시험 데이터시트 사례

4 스웨덴식 사운딩 시험 (SWS 시험)

스웨덴식 사운딩 시험(SWS 시험)은 원 위치 토지의 경연, 조임 정도 또는 토층의 구성을 판정하기 위해 정적 관입저항을 구하는 시험이다. JIS A1221 '스웨덴식 사운딩 시험 방법'에 따라 실시한다.

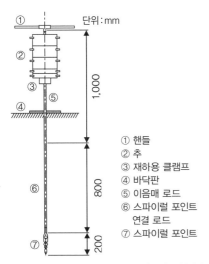

단위：mm

① 핸들
② 추
③ 재하용 클램프
④ 바닥판
⑤ 이음매 로드
⑥ 스파이럴 포인트
　 연결 로드
⑦ 스파이럴 포인트

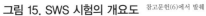

그림 15. SWS 시험의 개요도 　참고문헌(6)에서 발췌

그림 16. SWS 시험 상황의 사례 사진

JIS A 1221		스웨덴식 사운딩 시험						
조사건명						시험 연월일		
지점 번호(지반 높이) 샘플 No. S-1						시험자		
재하장치의 종류		추에 의한 재하		회전장치의 종류		인력에 의한다		날씨
하중 Ws kN	반회전수 Na	관입 깊이 D m	관입량 L cm	1m당 반회전수 Nsw	기사	깊이 m	하중 Wsw kN	관입량 1m당 반회전수 Nsw
1.00	3.0	0.25	25	12				
1.00	9.0	0.50	25	36				
1.00	6.0	0.75	25	24				
1.00	3.0	1.00	25	12				
1.00	5.0	1.25	25	20				
1.00	3.0	1.50	25	12				
1.00	7.0	1.75	25	28				
1.00	6.0	2.00	25	24				
1.00	4.0	2.25	25	16				
1.00	7.0	2.50	25	28				
1.00	6.0	2.75	25	24				
1.00	3.0	3.00	25	12				
1.00	1.0	3.25	25	4				
1.00	1.0	3.50	25	4				
1.00	70.0	3.75	25	280				

그림 17. 스웨덴식 사운딩 시험 데이터시트의 사례

SWS 시험의 개요도, 시험 상황의 사례 사진, 시험 데이터시트의 사례를 **표 15~17**에 제시한다. 또한 2020년판 건축물의 구조 관계 기술 기준 설명서[7]에 따르면 스웨덴식 사운딩 시험은 기초의

바닥부에서 아래쪽 5m까지 조사가 필요하다. 사례의 시험 데이터시트의 경우, 깊이 3.75m에서 경질 지반이 출현하고 있으며, 이 아래에는 자침층이 존재하지 않음이 판명되었기 때문에 이 깊이에서 시험을 완료했다.

5 평판재하시험

평판재하시험은 재하판에 더하는 하중과 변위(침하량)의 관계에서 지반의 지지 특성이나 변형 특성을 구하는 것이다. 지반공학회 기준 JGS 1521-2012 '지반의 평판재하시험'에 근거해 실시한다.

시험 결과를 토대로 재하 압력과 변위량(침하량)의 관계를 그려서 극한 지지력 및 항복 지지력을 구한다. 극한 지지력을 구하는 방법은 다음과 같다.

① '재하 압력-침하량 곡선'에서 침하량이 급격히 증대하는데, 침하축(Y축)으로 거의 평행이 되는 점의 재하 압력을 구한다(**그림 18**의 곡선 A).

② ①을 명료하게 확인할 수 없는 경우에는 침하량이 재하판 지름의 10%(ϕ300mm인 경우에

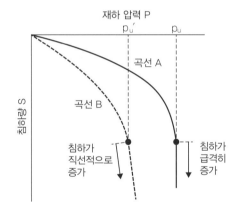

그림 18. 재하 압력-침하량 곡선 형태와 극한 지지력 <small>참고문헌(8)을 참고로 작성</small>

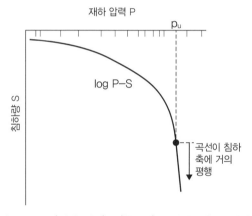

그림 19. logP(재하 압력)-S(침하량) 곡선과 극한 지지력 <small>참고문헌(8)을 참고로 작성</small>

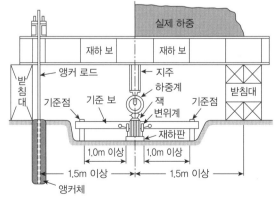

그림 20. 평판재하시험의 개요도 <small>참고문헌(6)에서 발췌</small>

그림 21. 평판재하시험 상황의 사례 사진

는 30mm)를 넘지 않는 범위에서 다음 중 어느 쪽이든 작은 재하 압력을 구한다.

②-1 '재하 압력-침하량 곡선'에서 침하량의 증가가 직선적으로 증가하기 시작하는 점의 재하 압력(그림 18의 곡선 B)

②-2 재하 압력(X축)을 로그 눈금으로 한 'log P(재하 압력)-S(침하량) 곡선'을 그려서, 곡선이 침하축(Y축)에 거의 평행이 되는 점의 재하 압력(**그림 19**)

③ ①~② 모두 확인하기 어려운 경우로, 재하판 지름의 10%를 넘는 침하량이 확인된 경우에는 침하량이 재하판 지름의 10%인 점의 재하 압력을 구한다.

④ 재하판이나 그 주변 지반의 상황이 급격하게 변하고 하중의 유지 또는 새로운 단계 하중의 재하가 어려워지기 시작한 시점의 재하 압력을 구한다.

항복 지지력은 재하 압력과 침하량의 관계를 양 대수 그래프로 표시해서, 이 곡선(log P-log S 곡선)의 절곡점에 해당하는 하중으로 한다(**그림 22**).

평판재하시험의 개요도, 시험 상황의 사례 사진, 시험 데이터시트의 사례를 **그림 20~23**에 제시한다. 시험 데이터시트의 사례에서는 위의 ①, ② 모두 확인하기 어려우므로 ③으로 극한 지지력을 구한다.

6 말뚝의 지지력시험

태양광발전 설비의 지지 말뚝은 직경이 작고 지반 내 근입 깊이가 깊지 않기 때문에 말뚝 둘레

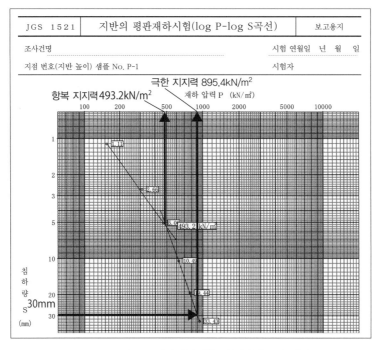

그림 22. 평판재하시험 데이터시트의 사례

면의 구속압도 작고, 기존의 지식으로 산정되는 지지력에 대해서 작아지는 경향이 있다. 그러므로 현지에서 말뚝의 재하시험을 실시하여 지지력을 파악할 필요가 있다. 지표면에 대해서는 발전설비 설치 후 20~30년 정도 장기간 운용하면 빗물에 의한 침식, 풍화 등으로 말뚝의 돌출 길이가 길어진다. 즉, 근입 깊이가 짧아진다는 것을 생각할 수 있다. 침식 등에 의한 지반면의 저하분에 상당하는 근입 길이를 짧게 하여 시험을 실시하는 등의 연구·배려도 필요하다고 생각된다.

말뚝의 재하시험은 연직재하시험 및 수평재하시험을 실시한다. 이들 시험은 '지상설치형 태양광 발전' 시스템의 설계 가이드라인 2019년판[1]에 근거해 실시하는 것이 좋다. 이 가이드라인의 '기술 자료 G1~G4'에는 실증시험을 통해 얻은 지식이 나타나 있으므로 참조하면 좋다.

상기 가이드라인에 제시된 말뚝 재하시험 방법은 **그림 24**과 같다.

연직재하시험으로 압입 지지력, 인발 지지력의 현지 시험 결과로부터 허용 지지력을 구할 때는 연직 변위가 0.1D(D : 말뚝의 지름) 이상일 때까지 지지력을 측정한다. 그때의 극한 지지력은 최대 값을 채택하는 것으로 한다.

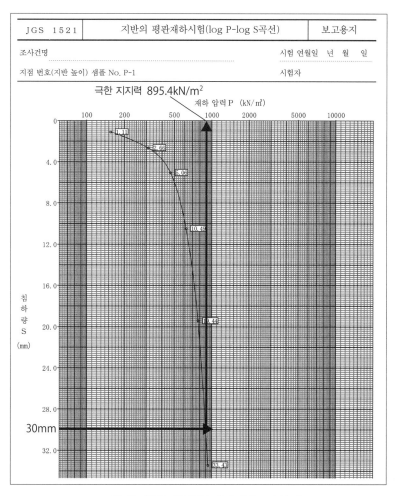

그림 23. 평판재하시험 데이터시트의 사례

285

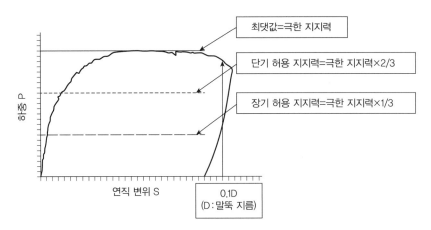

그림 24. 재하시험에 의한 연직 변위와 지지력의 관계(모식도) 참고문헌(1)을 참고로 작성

극한 지지력의 1/3을 장기 허용 지지력으로 하고, 2/3를 단기 허용 지지력으로 한다. 다만 지반이 단단해서 0.1D까지 변위시킬 수 없는 경우에는 설계 지지력에 대한 안전율을 고려한 지지력이 충분히(장기 하중에 대해서는 3배 이상, 단기 하중에 대해서는 1.5배 이상) 확보되어 있다는 것이 확인되면 0.1D까지 변위시키지 않아도 된다.

수평재하시험은 지표면에서 0.1D까지 변위시켜 수평하중과 수평 변위의 관계를 측정한다. 수평 지반 반력계수를 산출할 때는 말뚝체가 탄성 범위에 있는 것이 전제이기 때문에 지름이 10cm 정도의 작은 말뚝체라면 0.1D가 타당하다. 다만 말뚝 지름이 10cm보다 대폭적으로 커지는 경우에는 지표면 변위를 1cm로 하는 것이 바람직하다.

지반 조건에 따른 구조물 기초 형식의 선정

1 구조물의 기초 형식에 대한 개설

태양전지 어레이 구조물의 기초는 철근 콘크리트 구조에 의한 직접기초 또는 말뚝기초로 하는 것을 기본으로 한다.

기초 형식은 **그림 25**와 같이 직접기초와 말뚝기초로 크게 구분되며, 또한 그 모양, 공법, 사용하

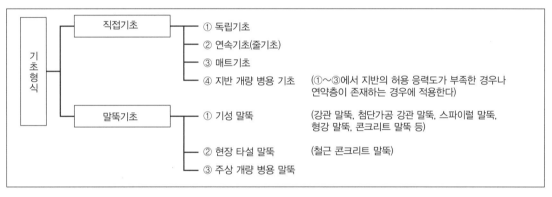

그림 25. 기초 형식의 분류

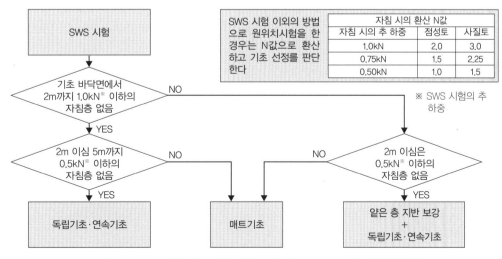

그림 26. SWS 시험 결과에 근거한 직접기초 선정의 기준 ^{참고문헌(1)에서 발췌}

는 재료에 따라 세분화된다.

기초는 태양전지 어레이 구조물에 작용하는 하중·외력을 안전하게 지반에 전달하기 위해서 설치하는 것이다.

직접기초는 태양전지 어레이 구조물에 작용하는 하중·외력을 기초부터 직접 지반에 전달하는

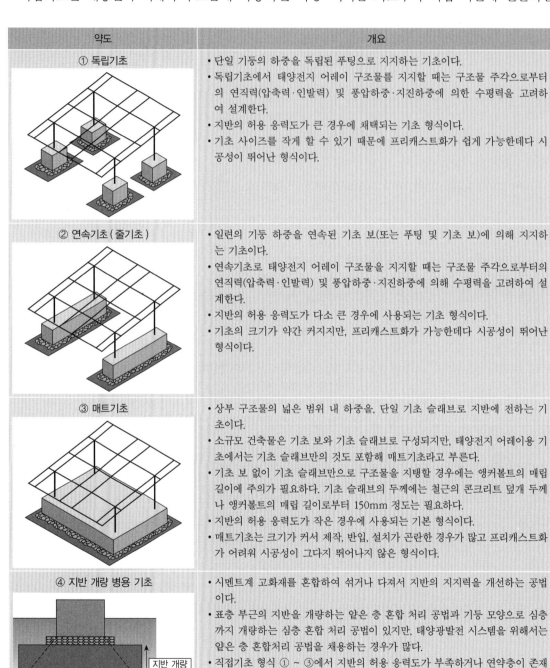

약도	개요
① 독립기초	• 단일 기둥의 하중을 독립된 푸팅으로 지지하는 기초이다. • 독립기초에서 태양전지 어레이 구조물를 지지할 때는 구조물 주각으로부터의 연직력(압축력·인발력) 및 풍압하중·지진하중에 의한 수평력을 고려하여 설계한다. • 지반의 허용 응력도가 큰 경우에 채택되는 기초 형식이다. • 기초 사이즈를 작게 할 수 있기 때문에 프리캐스트화가 쉽게 가능한데다 시공성이 뛰어난 형식이다.
② 연속기초 (줄기초)	• 일련의 기둥 하중을 연속된 기초 보(또는 푸팅 및 기초 보)에 의해 지지하는 기초이다. • 연속기초로 태양전지 어레이 구조물을 지지할 때는 구조물 주각으로부터의 연직력(압축력·인발력) 및 풍압하중·지진하중에 의해 수평력을 고려하여 설계한다. • 지반의 허용 응력도가 다소 큰 경우에 사용되는 기초 형식이다. • 기초의 크기가 약간 커지지만, 프리캐스트화가 가능한데다 시공성이 뛰어난 형식이다.
③ 매트기초	• 상부 구조물의 넓은 범위 내 하중을, 단일 기초 슬래브로 지반에 전하는 기초이다. • 소규모 건축물은 기초 보와 기초 슬래브로 구성되지만, 태양전지 어레이용 기초에서는 기초 슬래브만의 것도 포함해 매트기초라고 부른다. • 기초 보 없이 기초 슬래브만으로 구조물을 지탱할 경우에는 앵커볼트의 매립 길이에 주의가 필요하다. 기초 슬래브의 두께에는 철근의 콘크리트 덮개 두께나 앵커볼트의 매립 길이로부터 150mm 정도는 필요하다. • 지반의 허용 응력도가 작은 경우에 사용되는 기본 형식이다. • 매트기초는 크기가 커서 제작, 반입, 설치가 곤란한 경우가 많고 프리캐스트화가 어려워 시공성이 그다지 뛰어나지 않은 형식이다.
④ 지반 개량 병용 기초 지반 개량	• 시멘트계 고화재를 혼합하여 섞거나 다져서 지반의 지지력을 개선하는 공법이다. • 표층 부근의 지반을 개량하는 얕은 층 혼합 처리 공법과 기둥 모양으로 심층까지 개량하는 심층 혼합 처리 공법이 있지만, 태양광발전 시스템을 위해서는 얕은 층 혼합처리 공법을 채용하는 경우가 많다. • 직접기초 형식 ① ~ ③에서 지반의 허용 응력도가 부족하거나 연약층이 존재하는 경우에 적용한다.

그림 27. 직접기초 형식의 개요

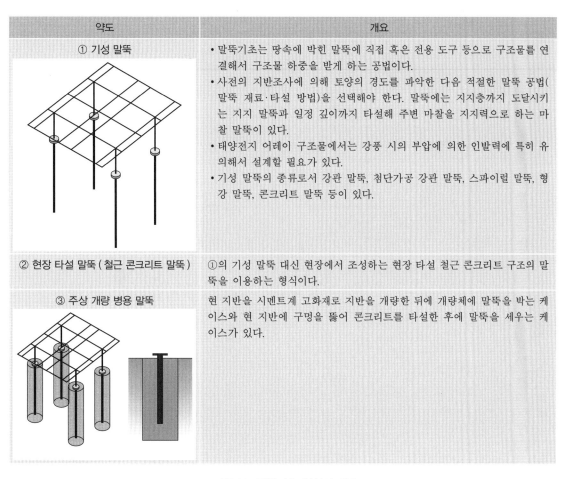

약도	개요
① 기성 말뚝	• 말뚝기초는 땅속에 박힌 말뚝에 직접 혹은 전용 도구 등으로 구조물를 연결해서 구조물 하중을 받게 하는 공법이다. • 사전의 지반조사에 의해 토양의 경도를 파악한 다음 적절한 말뚝 공법(말뚝 재료·타설 방법)을 선택해야 한다. 말뚝에는 지지층까지 도달시키는 지지 말뚝과 일정 깊이까지 타설해 주변 마찰을 지지력으로 하는 마찰 말뚝이 있다. • 태양전지 어레이 구조물에서는 강풍 시의 부압에 의한 인발력에 특히 유의해서 설계할 필요가 있다. • 기성 말뚝의 종류로서 강관 말뚝, 첨단가공 강관 말뚝, 스파이럴 말뚝, 형강 말뚝, 콘크리트 말뚝 등이 있다.
② 현장 타설 말뚝 (철근 콘크리트 말뚝)	①의 기성 말뚝 대신 현장에서 조성하는 현장 타설 철근 콘크리트 구조의 말뚝을 이용하는 형식이다.
③ 주상 개량 병용 말뚝	현 지반을 시멘트계 고화재로 지반을 개량한 뒤에 개량체에 말뚝을 박는 케이스와 현 지반에 구멍을 뚫어 콘크리트를 타설한 후에 말뚝을 세우는 케이스가 있다.

그림 28. 말뚝기초 형식의 개요

방식이다.

그림 25와 같이 직접기초는 모양으로부터 독립기초, 연속기초(줄기초), 매트기초의 형식으로 구분된다. 직접기초 형식의 선정 기준은 **그림 26**과 같다.

말뚝기초는 태양전지 어레이 구조물에 작용하는 하중·외력을 기초 아래에 타설 또는 매설한 말뚝을 경유해서 지반에 전달하는 방식이다. 그 형식을 **그림 27, 28**에 제시한다.

2 기초에 작용하는 하중·외력

태양전지 어레이 구조물에 작용하는 하중·외력은 각 부재의 응력으로서 기초까지 전달하고 기초부터 지반에 전달한다. 기초에 작용하는 응력은 연직력, 인발력, 모멘트 및 수평력이 있으며, 이들 응력 값은 태양전지 어레이 구조물 본체의 구조 계산 결과로 얻을 수 있다.

기초에 작용하는 응력과 반력의 개요를 **그림 29**에 제시한다.

또한 설계할 때 고려하는 하중의 종류와 그 조합에 대해서는 **제4, 5장**을 참조하기 바란다.

외력	기초의 종류	직접기초의 경우	말뚝기초의 경우
축력	압축력	(반력) 푸팅에 의한 지반 반력	말뚝의 끝단 지지력 + 둘레면 마찰력
	인발력	기초 자중	말뚝의 둘레면 마찰력
모멘트		(반력) 푸팅에 의한 지반 반력 (주각에 모멘트가 작용하거나, 하중의 편심이 있는 경우는 편심 축력으로 산정)	말뚝의 허용 굽힘응력
수평력		바닥면의 마찰저항 근입부의 저항(수동토압) ※안전하게 수동토압은 고려하지 않고 마찰저항만을 고려하는 것이 좋다	말뚝의 수평저항력

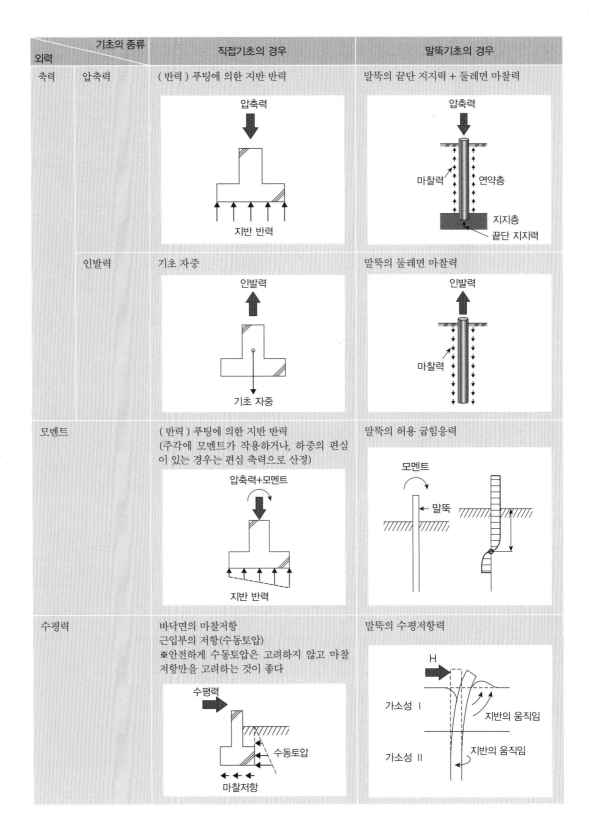

그림 29. 기초에 작용하는 응력과 반력 참고문헌⑴에서 발췌, 일부 추가

290

3 기초 및 지반의 조사 방법

구조물 기초의 요구 성능은 '하중·외력을 안전하게 지지하고 지반에 전달시키기 위한 구조 부분으로 상부 구조에 유해한 장애를 일으키지 않는 것이어야 한다. 유해한 장애란 지반의 강도 부족으로 파괴가 생기거나 지반이 과대한 변형을 일으키거나 구조물에 큰 침하·경사 등이 생기는 것'이다. 직접적으로 이 요구 성능을 확인하기 위해서는 지반의 강도와 변형을 조사하여 다음과 같은 사항을 체크해야 한다.

① 기초에 생기는 응력이 말뚝기초의 허용 지지력, 지반의 허용 응력도를 넘지 않을 것.

② 기초의 변형량이 허용 변형량을 넘지 않을 것.

기초 형식은 상부 구조에서 작용하는 하중·외력에 구조상 지장이 되는 침하·분리·전도·가로이동(미끄러짐)이 생기지 않도록 지반의 조건에 따라 적절하게 선정할 필요가 있다.

각종 상태의 안전율은 '지상설치형 태양광발전 시스템의 설계 가이드라인 2019년판'[1]에 따라 다음과 같은 값 이상으로 한다.

① 인발저항력에 대한 안전율 : 1.5

② 수평저항력(미끄러짐)에 대한 안전율 : 1.5

③ 전도에 대한 안전율 : 1.5

안전율은 다음과 같은 방법으로 계산한다.

① 인발저항력

인발저항력의 안전율=(기초의 자중)÷(태양전지 어레이 구조물의 주각에 작용하는 인발력의 합계)

② 수평저항력(미끄러짐)

수평저항력(미끄러짐)의 안전율=(기초의 수평저항력)÷(태양전지 어레이 구조물 주각에 작용하는 수평력의 합계)

여기서 기초의 수평저항력은 기초와 지반의 마찰저항력과 수동토압을 합한 값으로 한다. 마찰저항력은 기초 바닥판 아랫면의 연직력에 지반의 마찰계수(μ)를 곱해서 구한다. 지반의 마찰계수(μ)는 지반 조건이나 기초 바닥면의 모양·시공 조건을 적절히 고려해서 결정하고, 토질시험 등을 하지 않을 경우는 **표 8**을 참고로 결정한다.

수동토압은 '건축 기초 구조설계 지침'[9]의 3.4절을 참고할 수 있지만, 기초의 지반에 대한 근입 깊이가 작은 경우에는 안전하게 수동토압을 고려하지 않는 것이 좋다.

③ 전도

전도의 안전율=(기초나 태양전지 어레이 구조물의 자중 등에 의한 안정 모멘트)÷(모듈이나 태양전지 어레이 구조물에 작용하는 하중에 의한 전도 모멘트의 합계)

표 8. 토질에 의한 지반의 마찰계수(μ)

토질	마찰계수(μ)
바위, 암석의 부스러기, 자갈 또는 모래	0.5
사질토	0.4
실트, 점토, 또는 그들을 다량 함유한 흙 (기초 바닥면에서 적어도 15cm 깊이까지 흙을 자갈 또는 모래 로 바꾼 경우에 한한다)	0.3

출처 : 택지 조성 등 규제법 시행령, 별표 3

4. 보조 공법의 지반 개량

원지반이 요구 성능을 만족시키지 못하는 경우에는 지반 개량으로 지반의 강도 등 특성을 개선하면 된다.

지반 개량의 허용 응력도는 '2001년 국토교통성 고시 제1113호의 제3 및 제4'에 규정되어 있다.

이 고시 제3에서는 '시멘트계 고화재를 이용하여 개량된 지반의 개량체'를 규정하고 있는데, 개량체 코어 샘플의 강도시험으로 허용 응력도를 결정한다. 이 고시 제4에서는 그 이외의 지반 개량에 대해 규정하고 있는데, 이 경우는 평판재하시험을 해서 허용 응력도를 결정해야 한다.

표 9에 이 고시 제3 및 제4를 제시한다.

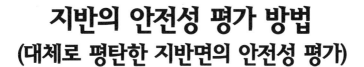

지반의 안전성 평가 방법
(대체로 평탄한 지반면의 안전성 평가)

1 구조물 기초 지지 지반의 적정 평가

1.1 좋은 지반 조건

태양광발전 설비를 설치하는 위치의 지반은 오랜 기간 동안 안정될 필요가 있다. 연약 지반이나 액상화될 우려가 있는 지반의 경우는 대책이 필요하며, 그 정도에 따라서는 대책에 많은 비용이

표 9. 2001년 국토교통성 고시 제1113호의 제3 및 제4
(최종 개정 2007년 국토교통성 고시 제1232호)
참고문헌(7) p.571, 572에서 발췌

고시 2001년 국토교통성 고시 제1113호 제 3

제3 시멘트계 고화재를 이용하여 개량한 지반 개량체(시멘트계 고화재를 개량 이전의 지반과 혼합해 뭉친 것을 말한다. 이하 동일)의 허용 응력도는 다음 표에 제시하는 개량체의 허용 응력도와 같이 정한다. 이 경우, 개량체의 설계 기준 강도(설계할 때 채택하는 압축강도를 말한다. 이하 제3에서 동일)는 개량체에서 잘라낸 코어 공시체 혹은 이와 비슷한 강도 특성이 있는 공시체의 강도 시험으로 얻은 재령이 28일인 공시체의 압축강도 수치로 정한다. 또는 구조 내력상 지장이 없다고 인정할 수 있는 압축강도 수치 이하로 정한다.

장기에 생기는 힘에 대한 개량체의 허용 응력도 (단위 1제곱미터당 킬로뉴턴)	단기에 생기는 힘에 대한 개량체의 허용 응력도 (단위 1제곱미터당 킬로뉴턴)
$\frac{1}{3}F$	$\frac{2}{3}F$

이 표에서 F는 개량체의 설계 기준 강도(단위 1제곱미터당 킬로뉴턴)를 나타낸다.

고시 2001년 국토교통성 고시 제1113호 제 4

제4 제2 및 제3에 규정이 있는데도 지반의 허용 응력도를 결정하는 방법은 적용하는 개량 방법, 개량 범위 및 지반의 종류에 따라 기초의 구조 형식, 부지, 지반 기타 기초에 영향을 준다. 하지만 실황에 따라 평판재하시험 또는 재하시험 결과를 토대로 다음과 같은 식으로 해도 된다.

장기간에 생기는 힘에 대한 개량된 지반의 허용 응력도를 정하는 경우	단기간에 생기는 힘에 대한 개량된 지반의 허용 응력도를 정하는 경우
$q_a = \frac{1}{3}q_b$	$q_a = \frac{2}{3}q_b$

이 표에서 q_a 및 q_b는 각각 다음과 같은 수치를 나타낸다.
q_a 개량된 지반의 허용 응력도(단위 1제곱미터당 킬로뉴턴)
q_b 평판재하시험 또는 재하시험에 의한 극한 응력도 (단위 1제곱미터당 킬로뉴턴)

소요될 가능성이 있다. 이러한 경우에는 종합적으로 비용 대 효과를 검토해 계획지 선정에서부터 수정하는 것도 필요하다. 이 대책에는 전문적인 지식이 필요하기 때문에 전문가에게 상담해야 하며, 또한 적지를 변경하는 경우도 고려해야 한다.

1.2 연약 지반에 대한 평가

해당지의 지반이 연약 지반인 경우는 기초 형식의 변경이나 지반 개량으로 지반의 허용 응력도 증가나 침하의 저감을 도모할 필요가 있다.

'소규모 건축물 기초 설계 지침'[3]에는 '직접기초 형식을 선정할 때 지반의 장기 허용 응력도(qa)가 연속기초(줄기초)에서 $30kN/m^2$ 이상, 매트기초에서 $20kN/m^2$ 이상인 경우에 선정한다'고 되어 있다. 이들 지반의 장기 허용 응력도를 만족시키지 못하는 경우는 지반 개량 등의 대책 마련이 필요하다.

1.3 액상화에 대한 평가

'2020년판 건축물의 구조 관련 기술 기준 설명서'[7]에 따르면 지진 시에 액상화할 우려가 있는 지반은 대체로 다음의 ①에서 ④에 해당하는 사질 지반이다.

① 지표면에서 20m 이내의 깊이에 있는 것

② 사질토로 입자의 크기가 비교적 균일한 중간 입자 모래

③ 지하수로 가득 차 있는 것

④ N값이 대체로 15 이하인 것

이러한 지반 조건에 해당할 경우에는 액상화를 판정할 필요가 있다.

1.4 액상화 판정 방법

판정 방법-1 : 표준 관입시험 결과를 이용하는 방법

지반의 액상화는 보링에 의해 원위치에서 채취한 시료토로 실내 토질시험을 해서 얻은 토질 데이터를 사용하여 상세하게 판정한다. 판정 방법은 일반적으로 '건축 기초 구조설계 지침'[9]에 제시되어 있는 'F_L 값에 근거한 방법'을 따른다.

그 판정 방법은 표준 관입시험 등의 지반조사 결과에 근거해 각 층마다 액상화에 대한 안전율(F_L)을 구해서 F_L 값이 1을 넘으면 액상화 발생 가능성이 없다고 판단한다.

판정 방법-2 : 스웨덴식 사운딩 시험(SWS 시험) 결과를 이용하는 방법

최근 단독주택 등을 대상으로 스웨덴식 사운딩 시험(SWS 시험) 결과 등을 이용해 지반의 액상화를 판정하는 방법이 제안되고 있다.

이 방법은 기존의 F_L값 산정에 사용하는 N값을 Nsw에서 추정하는 것으로, 조사 대상인 심도를 10m 정도로 한다. SWS 시험에 의한 조사 구멍을 이용해 채취한 흙 시료를 사용하여 세립분

표 10. 2001년 국토교통성 고시 제1113호의 제2
(최종 개정 2007년 국토교통성 고시 제1232호) 참고문헌(7) p.566~568에서 발췌

| 고시 2001년 국토교통성 고시 제1113호 제2 |

제2 지반 허용 응력도는 다음 표의 (1)항, (2)항 또는 (3)항에 정하는 식으로 구한다. 다만, 지진이 일어났을 때 액상화할 우려가 있는 지반의 경우 또는 (3)항에 든 식을 이용하는 경우, 기초 바닥부에서 하방 2미터 이내의 거리에 있는 지반에 스웨덴식 사운딩 하중이 1킬로뉴턴 이하에서 자침하는 층이 존재하는 경우 혹은 기초의 바닥부로부터 하방 2미터를 초과하고, 5미터 이내의 거리에 있는 지반에 스웨덴식 사운딩 하중이 500뉴턴 이하에서 자침하는 층이 존재할 경우는 건축물의 자중으로 인한 침하 기타 지반의 변형 등을 고려해서 건축물 또는 건축물 부분에 유해한 손상, 변형 및 침하가 발생하지 않는 것을 확인해야 한다.

	장기간에 생기는 힘에 대한 지반의 허용 응력도를 정하는 경우	단기간에 생기는 힘에 대한 지반의 허용 응력도를 정하는 경우
(1)	$q_a = \dfrac{1}{3} \times (i_c \alpha C N_c + i_\gamma \beta \gamma_1\ B N_\gamma + i_q \gamma_2 D_f N_q)$	$q_a = \dfrac{2}{3} \times (i_c \alpha C N_c + i_\gamma \beta \gamma_1\ B N_\gamma + i_q \gamma_2 D_f N_q)$
(2)	$q_a = q_t + \dfrac{1}{3} \times N'\ \gamma_2 D_f$	$q_a = 2q_t + \dfrac{1}{3} \times N'\ \gamma_2 D_f$
(3)	$q_a = 30 + 0.6\overline{Nsw}$	$q_a = 60 + 1.2\overline{Nsw}$

이 표에서 q_a、i_c、i_γ、i_q、α、β、C、B、N_c、N_γ、N_q、γ_1、γ_2、D_f、q_t、N' 및 $\overline{Nsw}$는 각각 다음과 같은 수치를 나타내는 것으로 한다.

q_a 지반의 허용 응력도(단위 1제곱미터당 킬로뉴턴)

i_c、i_γ、및 $_q$ 기초에 작용하는 하중의 연직 방향에 대한 경사각에 따라 다음의 식에 의해 계산한 수치

$$i_c = i_q = (1 - \theta / 90)^n$$
$$i_\gamma = (1 - \theta / \varphi)^2$$

이들 식에서 θ와 ϕ은 각각 다음과 같은 수치를 나타내는 것으로 한다.

θ 기초에 작용하는 하중의 연직 방향에 대한 경사각(θ가 ϕ를 넘을 경우에는 ϕ로 한다.) (단위 도)

ϕ 지반의 특성에 의해 구한 내부 마찰각(단위 도)

α 및 β 기초 하중면의 모양에 따라 다음 표에 나타낸 계수

계수 \ 기초 하중면의 모양	원형	원형 이외의 모양
α	1.2	$1.0 + 0.2\dfrac{B}{L}$
β	0.3	$0.5 - 0.2\dfrac{B}{L}$

이 표에서 B 및 L은 각각 기초 하중면의 짧은 변 또는 짧은 지름 및 긴 변 또는 긴 지름의 길이(단위 미터)를 나타낸다.

C 기초 하중면 아래에 있는 지반의 점착력(단위 1제곱미터당 킬로뉴턴)

B 기초 하중면의 짧은 변 또는 짧은 지름(단위 미터)

N_c、N_γ 및 N_q 지반 내부의 마찰각에 따라 다음 표에 나타내는 지지력계수

지지력계수 \ 내부 마찰각	0°	5°	10°	15°	20°	25°	28°	32°	36°	40° 이상
N_c	5.1	6.5	8.3	11.0	14.8	20.7	25.8	35.5	50.6	75.3
N_γ	0	0.1	0.4	1.1	2.9	6.8	11.2	22.0	44.4	93.7
N_q	1.0	1.6	2.5	3.9	6.4	10.7	14.7	23.2	37.8	64.2

이 표에 나타내는 내부 마찰각 이외의 내부 마찰각에 따른 Nc Ny 및 Nq는 표에 나타낸 수치를 각각 직선적으로 보간한 수치로 한다.

γ_1 기초 하중면에 있는 지반의 단위 체적 중량 또는 수중 단위 체적 중량(단위 1제곱미터당 킬로뉴턴)

γ_2 기초 하중면보다 상방에 있는 지반의 평균 단위 체적 중량 또는 수중 단위 체적중량(단위 1제곱미터당 킬로뉴턴)

D_f 기초에 근접한 최저 지반면에서 기초 하중면까지의 깊이(단위 미터)

q_t 평판재하시험에 의한 항복 하중도의 2분의 1의 수치 또는 극한 응력도의 3분의 1의 수치 중 어느 한 작은 수치(단위 1제곱미터당 킬로뉴턴)

N' 기초하중면 아래의 지반 종류에 따라 다음 표에 제시한 계수

계수 \ 지반의 종류	조밀한 사질 지반	사질 지반(조밀한 것을 제외한다)	점토질 지반
N'	12	6	3

$\overline{Nsw}$ 기초 바닥부에서 아래쪽 2미터 이내의 거리에 있는 지반의 스웨덴식 사운딩에서 1미터당 반회전수(150을 넘을 경우에는 150으로 한다.)의 평균값(단위 회)

함유율(F_C)를 추정하는 방법도 제시되어 있다. 액상화 판정에는 이들 추정 N값과 추정 F_C를 이용하고, '건축 기초 설계 지침'에 제시되어 있는 'F_L값에 기반한 방법'을 사용한다.[3]

이 방법의 적용 범위는 '건축기준법 제6조 제1항 제4호에 해당하는 건축물(4호 건축물)'을 대상으로 하며, 그 규모는 다음과 같다. 태양전지 어레이 구조물에 적용할 수 있다.

① 특수 건축물로 그 용도에 제공하는 부분의 바닥면적이 100m² 이하인 것

② 목조 건축물에서 2 이하의 층수를 가지고 있거나 연면적 500m² 이하, 높이 13m 이하 혹은 처마의 높이가 9m 이하인 것

③ 목조 이외의 건축물로 1 이하의 층수를 가지고 있거나 연면적 200m² 이하의 것

이 방법에 따른 액상화 판정은 SWS 시험의 제한으로부터 조사·판정은 심도 10m까지가 된다. 깊이 10m 이하에 액상화 층이 존재하지 않거나, 액상화 층이 존재한다고 해도 구조물 기초에 대한 영향이 없는 것을 별도 보링 조사 등으로 확인할 필요가 있다.[10]

2 직접기초 지반의 안전성 평가 방법

2.1 지반 허용 응력도의 평가 방법

지반의 허용 응력도(지지력)는 국토교통성 고시에서 다음 3가지 평가 방법이 제시되고 있다.

① 하중의 경사를 고려한 지지력계수로 산정하는 식

표 11. 건축기준법 시행령 제93조의 단서에 제시되어 있는 지반의 종류별 허용 응력도

건축기준법 시행령(1950년 정령 제338호)
시행일 : 2020년 4월 1일
최종 갱신 : 2019년 12월 11일 공포(2019년 정령 제181호) 개정
제93조(단서에 제시된 지반의 종류별 허용 응력도)

지반	장기간에 생기는 힘에 대한 허용 응력도 (단위 : 1제곱미터당 킬로뉴턴)	단기간에 생기는 힘에 대한 허용 응력도 (단위 : 1제곱미터당 킬로뉴턴)
암반	1,000	
뭉쳐진 모래	500	
토단반	300	
조밀한 사력층	300	
조밀한 사질 지반	200	
사질 지반 (지진 때에 액상화 우려가 없는 것에 한한다)	50	장기간에 생기는 힘에 대한 허용 응력도 각 수치의 2 배로 한다.
굳은 점토질 지반	100	
점토질 지반	20	
단단한 롬층	100	
롬층	50	

② 평판재하시험으로 산정하는 식

③ 스웨덴식 사운딩 시험으로 산정하는 식

이들 산정식을 **표 10**에 제시했다.

표 11에는 건축기준법 시행령 제93조 단서에 제시되어 있는 지반의 종류별 허용 응력도가 나와 있다.

다만 이 표의 허용 응력도에는 지반 종류별 판정에 불확실성이 포함되어 있다. 기초의 모양이나 지하 수위의 높이, 하층 지반의 특성은 고려되어 있지 않고, 건설 지점 지반 특성의 특수성도 고려되어 있지 않다. 따라서 이 표의 허용 응력도는 지반조사를 하기 전의 예비적인 설계 판단 자료로 사용하는 것이 바람직하고, 설계를 할 때는 지반조사를 해서 그 결과를 토대로 표 10의 방법으로 평가하는 것이 좋다.[7]

2.2 지반 지지력의 계산 사례

(1) 구조물 기초의 모양과 구조물 반력

구조물의 기초 모양과 구조물 반력 등의 작용 위치를 **그림 30**과 같이 가정한다.

그림 30의 굵은 화살표 방향을 +(플러스) 방향으로 하고, 반력에 대해서는 기초에 하중으로 작용하는 방향으로 나타낸다.

구조물의 반력은 구조 계산에 기반하지만, 여기서는 **표 12**와 같이 가정해 보기로 한다.

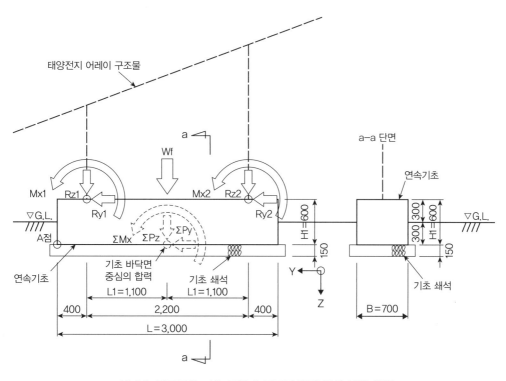

그림 30. 구조물의 기초 모양과 구조물 반력 등의 작용 위치

표 12. 구조물의 반력

하중 케이스	Ry1 (kN)	Rz1 (kN)	Mx1 (kN·m)	Ry2 (kN)	Rz2 (kN)	Mx2 (kN·m)
1 장기 상시 (G)	0.32	1.28	0.20	0.22	1.66	0.14
2 단기 폭풍 시 (G+W) Y 방향 (정압)	2.35	6.57	1.48	1.56	8.71	0.98
3 단기 폭풍 시 (G+W) Y 방향 (부압)	2.50	−6.01	1.58	1.67	−8.09	1.05
특기 사항	G : 고정하중　W : 풍하중					

표 13. 기초 바닥면 중심의 합력

하중 케이스	ΣPy(kN)	ΣPz(kN)	ΣMx(kN·m)
1 장기 상시 (G)	0.54	33.18	0.25
2 단기 폭풍 시 (G+W) Y 방향(정압)	3.91	45.52	2.45
3 단기 폭풍 시 (G+W) Y 방향 (부압)	4.17	16.14	7.42
특기 사항	G : 고정하중　W : 풍하중		

(2) 기초 바닥면 중심의 합력 계산

$$WF(기초 자중)=24kN/m^3 \times 0.6m \times 0.7m \times 3.0m=30.24kN$$

기초 바닥면 중심의 합력은 다음과 같은 식으로 계산한다.

$$\Sigma Py=Ry1+Ry2$$

$$\Sigma Pz=Rz1+Rz2+Wf$$

$$\Sigma Mx=Mx1+Mx2+\Sigma Py \times H1+Rz1 \times L1-Rz2 \times L1$$

기초 바닥면 중심의 합력은 **표 13**와 같다.

(3) 기초의 안정 계산

1) 인발에 대한 검토

Rz1 및 Rz2에 인발력이 작용하는 하중 케이스 3으로 검토한다.

$$안전율 F=Wf \div ABS(Rz1+Rz2)=30.24 \div (6.01+8.09)=2.142 \geqq 1.5 \quad O.K.$$

2) 미끄러짐에 대한 검토

사질토로 하고 지반과 기초의 마찰계수(μ)을 '지상설치형 태양광발전 시스템의 설계 가이드라인 2019년판'의 p.85, 표 7-2를 참고해 0.4로 한다.

여기서는 기초의 지반에 대한 근입이 작으므로 안전하게 생각해서 수동토압은 고려하지 않는다.

ΣPy가 최대, ΣPz가 최소가 되는 하중 케이스 3으로 검토한다.

안전율 $F=\Sigma Pz\times\mu\div\Sigma Py=16.14\times04\div4.17=1.55\geqq1.5$ O.K.

3) 전도에 대한 검토

A점의 전도에 대해서 검토한다.

ΣMx이 최대, ΣPz가 최소가 되는 하중 케이스 3으로 검토한다.

안전율 $F=\Sigma Pz\times L/2\div\Sigma Mx=16.14\times3.0/2\div7.42=3.26\geqq1.5$ O.K.

(4) 기초의 접지압 계산

기초의 접지압이 지반의 허용 응력도 이하인지를 확인한다.

1) 지반의 접지압 계산

기초의 접지압은 다음 식으로 계산한다.

$e<L/6$의 경우 접지압은 사다리꼴 분포이며, 접지압은 다음과 같은 식으로 계산한다.

$qmax, qmin=\Sigma Pz\div(L\times B)\times(1\pm6\times e/L), e=\Sigma Mx\div\Sigma Pz$

$e\geqq L/6$의 경우 접지압은 삼각형 분포이며, 접지압은 다음과 같은 식으로 계산한다.

$qmax=2\times\Sigma Pz\div(L\times x), x=3\times(L/2-e), e=\Sigma Mx\div\Sigma Pz$

• 하중 케이스 1 장기 상시(G)

$e=\Sigma Mx\div\Sigma Pz=0.25\div33.18=0.008m<L/6=3.0/6=0.5m$ 접지압은 사다리꼴 분포

$qmax, qmin=\Sigma Pz\div(L\times B)\times(1\pm6\times e/L)$

$=33.18\div(3.0\times0.7)\times(1\pm6\times0.008/3.0)$

$=16.1, 15.5kN/m^2$

• 하중 케이스 2 단기 폭풍 시(G+W, 정압)

$e=\Sigma Mx\div\Sigma Pz=2.45\div45.52=0.054m<L/6=3.0/6=0.5m$ 접지압은 사다리꼴 분포

$qmax, qmin=\Sigma Pz\div(L\times B)\times(1\pm6\times e/L)$

$=45.52\div(3.0\times0.7)\times(1\pm6\times0.054/3.0)$

$=24.0, 19.3kN/m^2$

• 하중 케이스 3 단기 폭풍 시(G+W, 부압)

$e=\Sigma Mx\div\Sigma Pz=7.42\div16.14=0.460m<L/6=3.0/6=0.5m$ 접지압은 사다리꼴 분포

$qmax, qmin=\Sigma Pz\div(L\times B)\times(1\pm6\times e/L)$

$=16.14\div(3.0\times0.7)\times(1\pm6\times0.460/3.0)$

$=14.76, 0.61kN/m^2$

2) 최대 접지압

상기 각 케이스의 계산 결과로부터 장기 및 단기 최대 접지압은 다음과 같다.

(장기) 최대 접지압$=16.1kN/m^2$(하중 케이스 1)

(단기) 최대 접지압$=24.0kN/m^2$(하중 케이스 2)

(5) 기초의 접지압 조사(평판재하시험 결과에 의한 조사)

여기서는 평판재하시험 결과(**그림 31**)를 바탕으로 기초의 접지압 조사를 실시한다.

지반의 허용 응력도는 국토교통성 고시(2001년 국토교통성 고시 제1113호 제2)의 (2) 식에 제시되어 있는 평판재하시험에 의한 산정식을 사용한다.

1) 지반의 허용 응력도 계산 조건

      qt=min(493.2÷2, 895.4÷3)=246.6kN/m²

      Df=0m

여기서 qt:평판재하시험에 의한 항복 하중도의 2분의 1의 수치 또는 극한 응력도의 3분의 1의 수치 중 어느 작은 수치(단위 kN/m²)로 한다.

    Df:기초에 근접한 최저 지반면에서 기초 하중면까지의 깊이(단위:m)

      여기서는 안전하게 기초 하중면이 지표면에 있다고 생각하고 Df=0m으로 한다.

2) 지반의 허용 응력도(qa)

    (장기) $qa=qt+1/3 \times N' \cdot \gamma2 \cdot Df=246.6+1/3 \times N' \cdot \gamma2 \times 0=246.6kN/m^2$

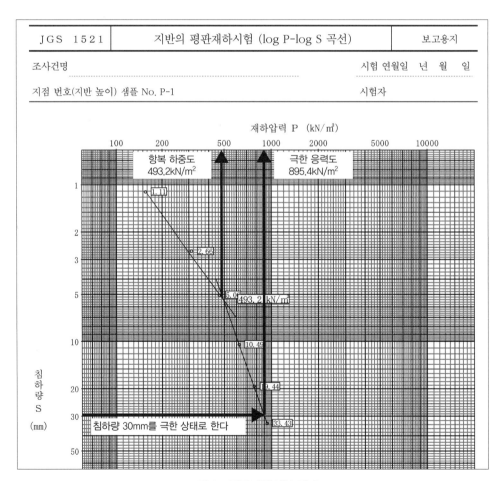

그림 31. 평판재하시험 결과

(단기) qa=2×qt+2/3×N′·γ2·Df=2×246.6+2/3×N′·γ2×0

3) 최대 접지압 조사

(장기) 최대 접지압 =16.1kN/m²≦246.6kN/m² O.K.

(단기) 최대 접지압 =24.0kN/m²≦493.2kN/m² O.K.

(6) 기초의 접지압 조사(SWS 시험 결과에 의한 조사)

여기서는 스웨덴식 사운딩 시험(SWS 시험) 결과(**그림 32**)를 바탕으로 기초의 접지압을 조사한다. 지반의 허용 응력도는 국토교통성 고시(2001년 국토교통성 고시 제1113호 제2)의 식 (3)에 제시되어 있는 SWS 시험에 의한 산정식을 사용한다.

1) 지반의 허용 응력도 계산 조건

$$\overline{Nsw}=평균(12, 36, 24, 12, 20, 12, 28, 24)=21.0회$$

여기서 $\overline{Nsw}$:기초의 바닥부에서 아래쪽 2m 이내의 거리에 있는 지반의 스웨덴식 사운딩 1m당 반회전수(150을 넘는 경우는 150으로 한다)의 평균값(단위:회)

또한 기초의 바닥부에서 아래쪽 2m 이내의 거리에 있는 지반에 스웨덴식 사운

JIS A 1221		스웨덴식 사운딩 시험				

조사건명 _____   시험 연월일 _____

지점 번호(지반 높이) 샘플 No. P-1   시험자

재하장치의 종류	추에 의한 재하		회전장치의 종류	입력에 의한다		날씨
하중 Wsw kN	반회전수 Na	관입 깊이 D m	관입량 L cm	1m당 반회전수 Nsw	기사	
1.00	3.0	0.25	25	12		
1.00	9.0	0.50	25	36		
1.00	6.0	0.75	25	24		
1.00	3.0	1.00	25	12		
1.00	5.0	1.25	25	20		
1.00	3.0	1.50	25	12		
1.00	7.0	1.75	25	28		
1.00	6.0	2.00	25	24		
1.00	4.0	2.25	25	16		
1.00	7.0	2.50	25	28		
1.00	6.0	2.75	25	24		
1.00	3.0	3.00	25	12		
1.00	1.0	3.25	25	4		
1.00	1.0	3.50	25	4		
1.00	70.0	3.75	25	280		

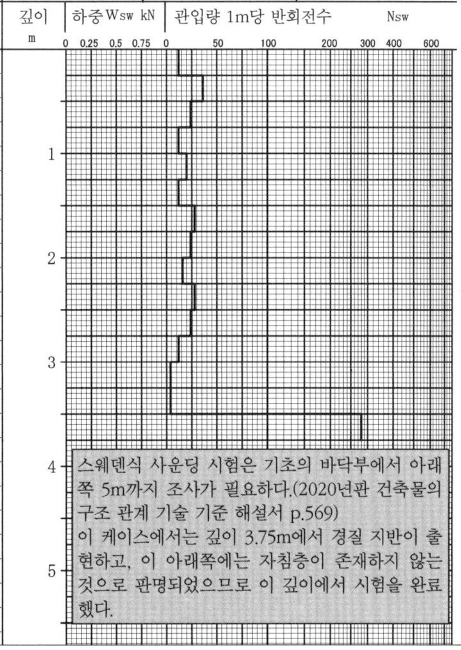

깊이 m / 하중 Wsw kN / 관입량 1m당 반회전수 / Nsw
0 0.25 0.5 0.75   0   50   100   200 300 400 600

스웨덴식 사운딩 시험은 기초의 바닥부에서 아래쪽 5m까지 조사가 필요하다.(2020년판 건축물의 구조 관계 기술 기준 해설서 p.569)
이 케이스에서는 깊이 3.75m에서 경질 지반이 출현하고, 이 아래쪽에는 자침층이 존재하지 않는 것으로 판명되었으므로 이 깊이에서 시험을 완료했다.

그림 32. 스웨덴식 사운딩 시험(SWS 시험)

딩의 하중이 1.0kN 이하에서 자침하는 층이 존재하지 않고, 기초의 바닥부에서 아래쪽 2m를 넘고 5mm 이내의 거리에 있는 지반에 스웨덴식 사운딩의 하중이 5.0N 이하에서 자침하는 층도 존재하지 않는다는 것을 확인했다.

2) 지반의 허용 응력도(qa)

(장기) $qa=30+0.6\times\overline{Nsw}=30+0.6\times21.0=42.6kN/m^2$

(단기) $qa=60+1.2\times\overline{Nsw}=60+1.2\times21.0=85.2kN/m^2$

3) 최대 접지압 조사

(장기) 최대 접지압 $=16.1kN/m^2\leq42.6kN/m^2$ O.K.

(단기) 최대 접지압 $=24.0kN/m^2\leq85.2kN/m^2$ O.K.

2.3 지지력이 부족한 경우의 대처 방법

지반의 상황에 따라서는 지반의 허용 응력도가 작고 지지력이 부족한 경우가 있다.

이 경우의 대처 방법은 ①기초의 푸팅을 크게 한다. ②지반 개량 또는 치환 공법 등으로 기초 직하의 지반 허용 응력도를 크게 한다. ③기초 형식을 말뚝기초 형식으로 변경하는 등의 대처도 필요하다. 또한 ②의 경우에는 지반 개량 및 원지반의 허용 응력도 조사가 필요하다는 점에 유의해야 한다.

3 말뚝기초 지반의 안전성 평가 방법

말뚝기초에 작용하는 외력에 대한 지반 지지력은 연직력(압입력, 인발력) 및 수평력에 대해 평가한다. 장기 하중에 대해서는 지반 지지력만 평가하고, 단기 하중에 대해서는 말뚝기초 플랜지 변위에 대해서도 평가한다.

구체적인 조사 방법에 대해서는 **제3장** '기초 설계', **제4장** '기초 설계'를 참조하기 바란다.

조성·배수 계획

1 유의사항 및 기본적인 개념

지상설치형 태양광발전 시스템은 태양전지 어레이와 설치 구조물이 비교적 소규모라서 자연의 사면 지형을 활용하기도 하고, 성토 또는 절토로 조성한 경사면에 설치하기도 한다.

폭우나 지진 등의 재해로 인한 사면 산사태나 폭풍 등에 의한 태양광발전 시설 붕괴 등으로 주변의 사회 기반이나 가옥 등에 영향을 준 사례가 있다. 앞으로 점점 자연재해가 다발하고 피해 규모 또한 커질 것으로 예상되므로 태양광발전 시설의 안전성을 충분히 확보할 필요가 있다.

태양광발전 시설은 직접기초 또는 말뚝기초로 지탱하지만 비교적 규모가 작아서 표층 부근의 지반 상황에 영향을 받는다. 표층 부근 지반이 큰(이하 활동 붕괴) 변동을 일으킨 경우, 태양광발전 시설뿐 아니라 토사 유출도 발생하기 때문에 2차 재해로 이어질 우려가 있다. 그러므로 경사면에 조성하는 경우에는 이와 같은 재해를 방지하기 위해서 경사면의 기울기와 모양 등의 설정 방법, 배수처리 방법 등에 대한 기본적인 개념을 알아두어야 한다.

여기서는 국토교통성에서 발표한 '택지 방재 매뉴얼'[11]을 참고로 해서 기본적인 개념을 정리했다. 구체적으로는 '택지 방재 매뉴얼의 해설'[12] 및 도로 토공 요강 등[4], [13], [14]을 참조해서 검토하면 좋다. 불분명한 사항도 있으므로 필요 시에는 전문가의 협조를 받아야 한다.

표 14. 절토 경사면의 기울기(옹벽 설치를 필요로 하지 않는 경우) 참고문헌(11)을 참고로 작성

경사면의 토질 \ 경사면 높이	벽랑의 상단에서 수직하는 거리	
	①H ≦ 5m	②H > 5m
연질 바위(풍화가 현저한 것은 제외)	80도 이하 (약 1 : 0.2)	60도 이하 (약 1 : 0.6)
풍화가 현저한 바위	50도 이하 (약 1:0.9)	40도 이하 (약 1:1.2)
자갈, 화강암 토양, 간토 롬(간토 지방의 대지를 덮고 있는 적갈색·점토질의 화산 퇴적층), 경질 점토, 그 밖에 이들과 비슷한 것	45도 이하 (약 1 : 1.0)	35도 이하 (약 1 : 1.5)

2 절토·성토

절토란 구릉지의 토사와 암석을 제거하고 조성한 지반을 말한다.

절토를 조성한 경우, 그 경사면 기울기는 **표 14**에 제시하는 값을 기준으로 할 수 있다. 경사면 높이(경사진 부분의 높이를, 경사면의 길이로 잰 것)가 5m보다 큰 경우에는 경사면 높이 5m 정도마다 폭 1~2m의 소단(턱)을 마련한다.

자연 그대로의 지반은 복잡한 지층 구성을 이룬 것이 많고 경사면 높이(인공적으로 조성된 경사면의 높이)가 커질수록 불안정 요소가 늘어난다. 자연 그대로의 지반에서 다음과 같은 상황이 확인되는 경우는 신중히 검토하여 여유 있는 경사면 기울기로 하는 등 경사면의 안정화를 배려해야 한다.

- 경사면(인공적으로 조성된 경사면)이 특히 큰 경우
- 경사면이 갈라진 곳이 많은 바위 또는 경사 사면인 경우
- 경사면이 풍화가 빠른 바위인 경우
- 경사면이 침식에 약한 토질인 경우
- 경사면이 붕적토 등인 경우
- 경사면에 용수 등이 많은 경우
- 경사면 또는 절벽의 상단면에 빗물이 침투하기 쉬운 경우

성토란 자연 지반 위에 흙을 쌓아올려 조성한 지반을 말한다.

성토로 조성할 경우 경사면 기울기는 성토 재료의 종류, 재질 등에 따라 적절하게 설정해야 하는데, 원칙적으로 30도 이하로 한다. 경사면 높이가 5m보다 큰 경우는 경사면 높이 5m 정도마다 폭 1~2m의 소단(턱)을 마련해야 한다.

다음과 같은 경우는 성토 경사면의 안정성을 충분히 검토한 후, 안정화를 도모할 수 있는 기울기를 결정할 필요가 있다.

- 경사면이 특히 큰 경우
- 성토가 자연 그대로의 지반으로부터 용수의 영향을 받기 쉬운 경우
- 성토가 있는 곳의 원지반이 불안정한 경우
- 성토가 붕괴되면 인접물에 중대한 영향을 미칠 우려가 있는 경우
- 성토를 둑 옆에 붙여 쌓아야 할 경우

3 배수

절토, 성토 등에 의한 조성 지반에서 빗물이나 용수 등은 경사면의 침식이나 지하 수위 상승 등에 의한 활동 붕괴로 이어져, 경사면의 안정성 저하에 직접 영향을 미친다.

〈대상 지반〉
절토, 성토 등의 조성 지반 및 조성을 하지 않는 자연 지반 등 모든 태양광 패널이 설치되는 지반

〈설치 기준〉

(1) 태양광 패널 설치 지반의 상단·하단 배수 홈 설치 (2) 약 20m 정도의 간격으로 세로 배수 홈을 설치		
(3) 소단 배수 홈의 설치 기준	① 태양광 패널 설치 지반 기울기	10°<θ≦30° → 수직 높이 5m마다 소단 배수구 설치
		10°<θ≦10° → 종단 방향 경사 거리 약 30m마다 배수구 설치
	② 소단 배수 홈의 폭은 1.5m 이상을 표준으로 한다	
	③ 수직 경사 높이 15m를 넘는 경사면에서는 경사 높이 15m 이내마다 통상 점검 및 보수용으로 일반적으로 폭 3m 이상의 넓은 소단을 설치한다	

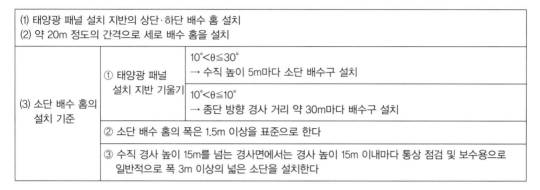

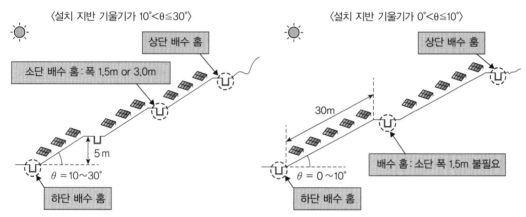

그림 33. '고베시 태양광발전 시설의 적정한 설치 및 유지관리에 관한 조례'의 배수 대책
참고문헌(17)을 참고로 작성

이러한 점에서 경사면의 배수 계획을 세울 때는 다음 사항에 유의할 필요가 있다.

• 사전에 충분히 조사해서 지하수와 용수의 상황을 파악한다.
• 경사면을 흘러내려가는 지표수는 비탈어깨 및 소단에 배수 홈을 두어 제거한다.
• 침투수는 지하의 배수 시설을 통해 신속히 지표의 배수 홈으로 보내서 제거한다.
• 경사면 배수공사 끝부분은 충분한 배수 능력이 있는 배수시설에 접속한다.

산간지역 등에서는 집수한 빗물 등의 배수처를 확보할 수 없다. 이런 조건의 경우는 침투통이나 침투 도랑 등을 통해 땅속으로 침투를 촉진하는 방법도 효과적이다. 단 지하 수위의 상승으로 인해 경사면의 안정성 저하 등 역효과가 발생할 수도 있고, 침투 시설은 토사의 막힘 등으로 인해 기능 저하가 발생할 수 있으므로, 적정한 유지관리를 할 필요가 있다는 점도 계획 시에 충분히 주의해야 한다. 침투 시설을 계획할 때는 '빗물 침투 시설 기술 지침(안) 조사·계획편',(15) '빗물 침투 시설 기술 지침(안) 구조·시공·유지관리편'(16)을 참고하면 된다. 배수처리 단독으로 대책을 세우는 것이 아니라 경사면 보호 등의 대책도 병용하는 등 보다 안전하게 배려할 필요가 있다.

참고로 고베시의 '태양광발전 시설의 적정한 설치 및 유지관리에 관한 조례'의 배수 대책을 **그림 33**에 제시한다.

4 활동 붕괴 방지 대책

비교적 규모를 크게 조성할 경우는 활동 붕괴로 인한 재해 발생 영향을 고려하여 사전에 경사면의 안정성에 대해 공학적 검토를 해 안전성을 확인해 두는 것이 바람직하다. 또한 필요에 따라 활동 붕괴 방지 대책을 계획하는 것이 좋다.

대책의 이미지는 **그림 34**와 같다. 지표수 배제공사, 지하수 배제공사 등에 의해 대규모 성토 조성지의 지형, 지하수 상태 등의 자연 조건을 변화시킴으로써 활동 붕괴를 방지하는 억제공사와 미끄럼 방지 말뚝, 그라운드 앵커 등의 구조물을 마련함으로써 그 저항력으로 활동 붕괴를 방지하는 억지공사가 있다. 이러한 공법을 적절히 조합하여 대책을 세우는 것이 바람직하다.

5 경사면 보호공사

절토, 성토에 의한 것 외에 자연 지형에 의한 사면 지형의 경사면을 이용할 경우 침식과 우열로 인한 토사 유출 우려가 있으므로 경사면 보호공사를 실시하는 등 안전성을 확보해야 한다.

경사면 보호공사는 식물 또는 구조물로 경사면을 피복해 경사면의 안정을 확보하고 자연환경을 보전·수경하는 것이다. 경사면 보호공사는 경사면 녹화공사와 구조물공사로 크게 나뉘며, 경사면 녹화공사는 다시 식생공사를 식생공사의 시공을 보조하기 위해 구조물을 설치하는 녹화기초공사로 나뉜다.

경사면 보호공사를 선정할 때는 경사면의 장기적인 안전 확보를 우선으로 생각하고 현지의 여러 조건이나 주변 환경을 파악해 각 공사 종류의 특징을 충분히 이해해야 한다. 그런 다음 경제성이나 시공성, 시공 후의 유지관리를 고려하여 선정할 필요가 있다.

구체적인 경사면 보호공사 선정의 기본적인 개념이나 유의사항 등에 대해서는 '도로토공 절토공

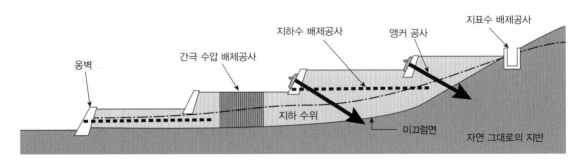

그림 34. 활동 붕괴 대책 이미지도 참고문헌(18)에서 발췌

<설치 지반 기울기에 의한 공사 종류 구분>

기울기	공사 종류 구분
$10° < \theta \leqq 30°$	모르타르 취부공사, 식생 기재 취부공사, 객토 취부공사, 식생 매트공사, 식생 시트공사, 방초 시트공사 이들 동등품 이상(고베시가 인정하는 공법)
$0° < \theta \leqq 10°$	위의 공법에 추가해 종자 산포공사, 왼쪽 동등품 이상 (고베시가 인정한 공법)

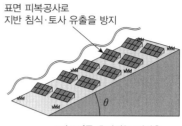

표면 피복공사로
지반 침식·토사 유출을 방지

θ가 30°를 초과하는 지반은
태양광 패널 설치 불가

그림 35. '태양광발전 시설의 적정한 설치 및 유지관리에 관한 조례'의 비탈면 보호 대책 문헌(17)을 참고로 작성

·사면 안정공 지침(2009년도판)'[4]을 참고하면 된다. 참고로 고베시의 '태양광발전 시설의 적정한 설치 및 유지관리에 관한 조례'의 경사면 보호 대책을 **그림 35**에 제시한다.

6 유출 등 방지 대책

태양광발전 설비나 토지의 유출 방지 조치를 취할 필요가 있다.

상세하게 검토할 때는 '도로토공 절토공·사면 안전공 지침(2009년판)',[4] '낙석 대책 편람'[19] '도로 방설 편람'[20]을 참고하면 된다.

7 기타 유의사항

7.1 보수력 저하에 대한 유의사항

논밭이나 삼림 등 자연 지형에 강우가 발생했을 경우, 어느 정도 빗물이 지반 내로 침투하지만 태양광 패널을 설치한 경우는 지반 내로 침투하지 않고 즉시 빗물이 모이거나 흘러내린다.

일반적으로 강우에 의한 유하량은 각 지자체의 빗물 배수 시설에 관한 조례나 지침 외에 '하수도 시설 계획·설계 지침과 해설 −2019년판-'[21], '도로토공 요강(2009년도판)'[13]에 따라 산출하면 된다. 유하량을 산출할 때는 위의 지반 내에 침투하는 효과를 유출계수라는 지표로 고려할 수 있다. 논밭이나 삼림 등 자연 지형의 경우, 유출계수는 일반적으로 0.1~0.3이다. 한편 태양광 패널을 설치하면 침투하는 비율은 현격히 떨어지기 때문에 포장 등을 한 노면과 동일한 정도로 하면 0.7~0.95나 된다.

※ 삼림 등의 개발을 수반하는 경우에는 그 토지의 보수력 저하에 대응하기 위해 치수 대책으로서 조정지 정비 등에 대해서도 유의할 필요가 있다.

7.2 한랭지의 유의사항

한랭지의 경사면에서는 흙의 동토 현상이 가져오는 영향이 매우 크다. 때문에 한랭지에서는 동토로 인한 피해가 발생하지 않도록 적절한 대책을 강구할 필요가 있다.

동토는 기온이 떨어지면서 땅속의 수분이 얼어붙고 지반 중에 얼음층이 형성되어 지반이 융기하는 현상이다. 동토로 인한 피해는 주로 이 융기 현상에 의해 발생하는 것과 기온의 상승으로 인해 땅속의 얼음이 융해되는 현상이 복합되어 발생하는 것이 있다. 융해기의 절토 경사면이 붕괴되는 형태에는 2가지가 있다. 표층 부분이 유동하여 비교적 얕은 위치(동결 깊이 이내)의 경사면이 변형되거나 붕괴되는 것도 있고, 지하수와 함께 경사면이 도려진 상태가 되어 비교적 깊은 위치에서 붕괴되는 것도 있다.

이에 대한 대책으로는 지하 배수 홈이나 특수 돌망태 공사와 같은 용수처리를 하는 것이 효과적이다.

구체적인 동토 대책 등에 대해서는 '도로토공 요강(2009년도판)',[13] '도로토공 절토공·사면 안정공 지침(2009년도판)[4]'을 참고하면 된다.

적정한 유지관리 계획

1 유지관리의 목적과 방침

신재생에너지의 주력 전원화를 위해서는 지속적으로 신재생에너지 도입을 촉진해 환경에 대한 부하 저감을 실현하면서 장기간에 걸쳐 안정적이고 효율적인 발전을 계속해 나갈 필요가 있다. 신재생에너지 발전사업자 중에는 전문적인 지식이 부족한 사람이 많고 안전성 확보와 발전 능력 유지를 위한 충분한 대책도 마련되어 있지 않다. 이 때문에 방재·환경상의 우려 등을 둘러싸고 지역 주민과의 관계가 악화되는 등 여러 가지 문제가 표면화되어 왔다. 이러한 상황을 감안하여 경제산업성은 2016년 6월에 전기사업자에 의한 신재생에너지 전기의 조달에 관한 특별조치법(2011년 법률 제108호, 최종 개정 : 2016년 법률 제59호)을 개정하여 신재생에너지 발전사업계획을 인정하는 새로운 인정제도를 마련했다.

동 법 및 동 시행 규칙(2012년 경제산업부령 제46호)의 제5조 제1항 제3호에 기초하여 태양광발전 설비를 적절히 보수 점검 및 유지관리하기 위해 필요한 체제를 정비하고, 실시할 것을 요구하고 있다.

그러므로 발전사업자뿐만 아니라 기기 제조업체, 설계자, 시공자, 보수 점검 및 유지관리를 실시하는 사업자 및 컨설턴트 업무 등 신재생에너지 발전사업 관련 업무에 종사하는 모든 관계자는 사업 계획 단계에서 적정한 유지관리 계획을 수립해야 한다. 현행 법 체계에서는 매전(발전 설비에서 생긴 잉여 전력을 전력회사에 파는 일)을 하지 않는 자가소비 발전 설비에 대해서는 상기 대상에서 제외된다고 할 수 있지만, 이러한 취지를 충분히 고려한 후 적정한 상태를 유지하기 위해 노력하는 것이 바람직하다.

지금까지 적정한 유지관리가 이루어지지 않았던 이유는 태양광발전 사업자에게 보수 점검 및 유지관리의 필요성에 관한 지식이나 실제 보수 점검 및 유지관리의 노하우가 부족했기 때문이다.

그러므로 태양광발전 설비의 적정한 유지관리 계획의 입안 및 실시에 있어서는 다음의 가이드라인을 참고하는 것이 좋다.

① 사업 계획 책정 가이드라인(태양광발전), 2020년 4월 개정, 경제산업성 자원에너지청

② 태양광발전 시스템 보수 점검 가이드라인, 2019년 12월 27일 개정, 일본전기공업회, 태양광발전협회

이들을 참고로 다음의 Plan→ Do→ Check→ Act의 사이클을 반복함으로써 계속적으로 건전

한 상태를 유지 혹은 개선해 나가는 것이 중요하다.

    STEP-1 : 유지관리(보수 점검) 계획을 입안한다

    STEP-2 : 유지관리 계획에 따라 점검한다

    STEP-3 : 점검 결과를 기록하고 평가하며 필요에 따라 보고한다

    STEP-4 : 점검·평가 결과에 근거해 메인티넌스 등 대책을 강구한다

2 유지관리 계획의 입안과 유의점

우선은 유지관리 계획을 입안할 필요가 있다. 구체적으로는 사업 계획 책정 가이드라인(태양광 발전)[22]의 제2장 제3절 '운용·관리'를 참고하는 것이 좋다. 이 가이드라인에는 보수 점검 및 유지관리에 대해서 계획의 책정 및 체제 구축과 함께 보통 운전 시의 대처, 비상시에 요구되는 처리, 주변 환경에 대한 배려, 설비의 갱신에 대해 각각의 준수 사항 등이 표시되어 있으므로 그 내용을 파악한 후 유지관리 계획서로 정리해 둔다.

또한 유지관리 계획서에 정리해 둘 사항은 다음과 같다.

⟨유지관리 계획서에 정리해 둘 사항⟩

• 보수 점검 및 유지관리 일정

• 보수 점검 및 유지관리 인원 배치·체제 계획

• 보수 점검 및 유지관리 범위

• 보수 점검 및 유지관리 방법

• 보수 점검 및 유지관리 시의 안전 대책

• 보수 점검 및 유지관리 결과 기록 방법

유지관리 계획서에는 해당 발전 시스템의 설계·시공 시에 얻은 다음의 기초 자료를 반영하는 동시에 보존해 두는 것이 바람직하다.

    ① 법에 준하여 개발됐다는 것을 증명하는 도서

        • 구조계산서

        • 말뚝 인발시험(복수)

        • 앵커 강도시험, 자료

        • 콘크리트 강도시험

    ② 허가서, 허가 조건, 완료 검사 필증 등

    ③ 개발 신청에 이용한 도서(허가를 요하지 않은 경우에는 시공에 이용한 도서)

        • 계획 평면도, 동 입면도

        • 배수 계획도(도면 작성자의 자격을 포함)

        • 각 토목 구조물의 구조 및 시공에 관한 도서

④ 토질 조사 보고서

⑤ 토목 구조물의 관리 기준

⑥ 준공 도서

- 준공 도면
- 사용 재료
- 시공 기록 사진(시공 전·후, 시공 상황 등, 특히 보이지 않는 범위)

3 점검 종류와 실시 시기 등의 개념

유지관리 계획서에 정리한 보수 점검 및 유지관리 일정에 기반해서 점검을 하게 되는데, 점검의 종류와 실시 시기, 점검의 목적·방침 등은 **표 15**와 같다.

발전소가 입지하는 지자체의 조례·시행 규칙 등에 따라 점검 실시 시기와 빈도, 또 그 결과 보고를 의무화하는 경우가 있으므로 유의할 필요가 있다.

4 점검 시 유의사항

점검을 실시할 때 주목해야 할 점은 '태양광발전 시스템 보수 점검 가이드라인'[23]을 참고하면 된다. 이 가이드라인에 제시된 지반·기초에 관한 점검 시의 주목점은 **표 16**과 같다.

표 15. 점검의 종류와 실시 시기, 목적·방침 참고문헌(23)을 참고로 작성

<table>
<tr><th colspan="2">점검의 종류와 실시 시기</th><th>점검 실시자</th><th>주로 지반과 기초에 관련된 점검의 목적·방침</th></tr>
<tr><td rowspan="2">일상점검</td><td>정기 점검
(매월 1회 정도)</td><td rowspan="2">시스템 소유자 또는 전문 기술자</td><td>육안 관찰로 변형이나 이상이 없는지 확인한다.
변형이나 이상이 있을 경우에는 정기 점검을 하는 식으로 전문 기술자에게 의뢰해서 전문적인 지식과 기술을 가지고 점검 및 대책의 필요성(보수 작업 또는 경과 관찰)을 판단한다.</td></tr>
<tr><td>임시 점검
(지진, 태풍, 악천후 및 화재, 낙뢰 등이 발생한 후)</td><td>위와 동일</td></tr>
<tr><td rowspan="2">정기점검</td><td>설치 1년째 점검</td><td>전문 기술자</td><td>• 기기, 부재 및 시스템 등의 점검에 맞추어 지반·기초에 대해서도 점검하고 초기적인 문제가 발견되었을 때는 필요한 보수 작업을 실시한다. 특히 이 시기에 시공상의 오류나 초기 불량을 찾아야 장기간 적절하게 유지하는 데 도움이 된다.
• 육안으로 관찰해서 변형이나 이상이 확인된 경우는 간이 기기 등으로 계측하고 사진과 점검 결과표 등으로 기록을 남긴다. 전문적인 지식과 기술을 가지고 상세 조사 및 대책의 필요성(보수 작업 또는 경과 관찰)을 판단한다.</td></tr>
<tr><td>설치 5년째 이후의 점검</td><td>전문 기술자</td><td>• 발전 개시 후 5년 이후에도 기기, 부재 및 시스템 등의 점검에 맞추어 지반·기초에 대해서도 점검한다.
• 점검 방침은 위와 동일</td></tr>
</table>

표 16. 주로 지반·기초에 관련된 점검 시의 주목점 ^{참고문헌(23)을 참고로 작성}

점검 대상	주로 지반·기초에 관련된 점검 시의 주목점
지상설치형 발전소 내 및 주변 지반	• 지반의 붕괴, 옹벽 붕괴, 토석류, 흙사태, 산사태, 외부로 토사 유출, 담장 손괴 등이 발생하지 않았는지를 확인한다. • 지상 설치 시스템의 기초 부근에 토양 침식, 지반 침하, 팽창토, 동결 심도의 영향, 적설로 인한 침강, 부등 침강, 밑등 부식 및 구조물 다중 연결로 인한 팽창 변형, 배수 설계 미비로 인한 기초의 침식 및 적설·빗물로 인한 성토 지반 붕괴 등이 없는지를 확인한다. • 시스템 외주에 적절한 펜스(울짱, 담장 등), 표식이 있으며, 이것이 기울거나 파손된 곳이 없는지 상태를 확인한다.
기초·토대	• 기초·토대에 과도하게 금이 가거나, 빗물로 인해 기초·토대 주변 토양이 침식되거나 유실되지 않았는지를 검사한다. • 기초에 설치된 구조물 등은 볼트 등으로 잘 고정되어 있는지 또는 볼트가 손상되거나 풀리지 않았는지를 확인한다.
(참고) 어레이 구조물	• 녹을 포함한 손상, 부식, 함몰, 모양의 변형 및 클립이나 볼트의 손상 또는 파손이 없는지, 빗물로 인해 기초 주변 토양이 패이거나 유실이 없는지 구조물 구조를 검사한다. 특히 구조물에 움직임이 의심되는 경우, 볼트가 잘 잠겼는지 상태를 확인하기 위해서 토크를 확인하는 것이 바람직하다. • 지상 설치 시스템의 경우는 금속의 부식, 목재 기타 부재의 피로 또는 열화 징후가 없는지 조사한다. 특히 접지 부분 및 수분, 눈, 얼음이 역류하거나 또는 그 흐름을 방해할 우려가 있는 부분을 확인한다. 설치 도구 상태를 확인한다. 추적 시스템에서는 배열 조정 및 제조원이 권장하는 항목을 확인한다. • 지면이 동결하는 장소에 설치된 시스템의 경우는 동결에 따라 지지 구조가 움직이지 않는지 확인한다. • 태양전지 설치 전에 토양 조사를 실시하는 경우는 설계 단계의 데이터와 비교한다. 특히 처음 얼고 녹은 사이클 후에는 토양의 움직임을 원인으로 하는 부하가 지지 구조에 가해진 징조가 있는지 지반을 조사할 것을 권장한다. • 역시 불균일한 토양 조건 또는 팽창토로 인해서 지지 구조가 침하했는지, 구조물의 기울기 및 변형을 조사하기를 권장한다. 태양전지 어레이의 경사 각도의 변화를 확인하는 것도 필요하다. 이는 보증 청구 및 시스템에 가해지는 데이지를 피하기 위해서 특히 중요하다.

[참고문헌]

(1) 신에너지·산업기술종합개발기구 외 : 지상설치형 태양광발전 시스템의 설계 가이드라인 2019년판, 2019

(2) 경제산업성 대신관방 기술총괄·보안 심의관 : 전기설비 기술 기준의 해석(개정 20200527 보국 제2호 2020년 6월 1일부), 2020

(3) 일본건축학회 : 소규모 건축물 기초 설계 지침, 2008

(4) 일본도로협회 : 도로 토공 절토공·사면안전공 지침(2009년도판), 2009

(5) 일본건축학회 : 건축 기초 설계를 위한 지반조사 계획 지침, 2009

(6) 지반공학회 : 지반조사 방법과 해설, 2013

(7) 전국관보판매협동조합 : 2020년판 건축물의 구조 관계 기술 기준 해설서, 2020

(8) 지반공학회 : 지반공학회 기준 JGS 1521-2012 지반의 평판재하시험 방법, 2012

(9) 일본건축학회 : 건축 기초구조 설계 지침, 2019

(10) 일본건축센터, 베타 리빙 : 2018년판 건축물을 위한 개량 지반의 설계 및 품질 관리 지침

　　－시멘트계 고화재를 이용한 심층·천층 혼합처리 공법－2018

(11) 국토교통성 홈페이지, 택지 방재 매뉴얼

　　http://www.mlit.go.jp/crd/web/topic/pdf/takuchibousai_manual070409.pdf

(12) 택지방재연구회 : [제2차 개정판] 택지 방재 매뉴얼의 해설, 2007

(13) 일본도로협회 : 도로 토공 요강(2009년도판), 2009

(14) 일본도로협회 : 도로 토공 성토공 지침(2010년판), 2010

(15) 우수저류침투기술협회 : 우수침투시설 기술 지침(안) 조사·계획편, 2006

(16) 우수저류침투기술협회 : 우수침투시설 기술 지침(안) 구조·시공·유지관리편, 1997

(17) 고베시 : '태양광발전 시설의 적정한 설치 및 유지관리에 관한 조례'의 안내, 2020

(18) 국토교통성 홈페이지, 대규모 성토 조성지 활동 붕괴 방지사업

　　http://www.mlit.go.jp/crd/web/jigyo/jigyo.htm

(19) 일본도로협회 : 낙석 대책 편람, 2017

(20) 일본도로협회 : 도로 방설 편람, 1990

(21) 일본하수도협회 : 하수도 시설 계획·설계 지침과 해설－2019년판－, 2019

(22) 경제산업성 자원에너지청 : 사업 계획 책정 가이드라인(태양광발전), 2020년 개정

(23) 일본전기공업, 태양광발전협회 : 태양광발전 시스템 보수 점검 가이드라인, 2019년 개정

무너지지 않고 부서지지 않는

태양광발전 설비의
구조물과 기초

2023. 4. 19. 초 판 1쇄 인쇄
2023. 4. 26. 초 판 1쇄 발행

지은이 | 오쿠지 마코토, 이이지마 토시히코, 타무라 료스케, 타카모리 코지, 와타나베 켄지
감 역 | 이석제
옮긴이 | 김선숙
펴낸이 | 이종춘
펴낸곳 | **BM** ㈜도서출판 **성안당**
주소 | 04032 서울시 마포구 양화로 127 첨단빌딩 3층(출판기획 R&D 센터)
     | 10881 경기도 파주시 문발로 112 파주 출판 문화도시(제작 및 물류)
전화 | 02) 3142-0036
     | 031) 950-6300
팩스 | 031) 955-0510
등록 | 1973. 2. 1. 제406-2005-000046호
출판사 홈페이지 | www.cyber.co.kr
ISBN | 978-89-315-5977-4 (13560)
정가 | **30,000원**

이 책을 만든 사람들
기획 | 최옥현
진행 | 김혜숙
본문 디자인 | 김인환
표지 디자인 | 박원석
홍보 | 김계향, 유미나, 이준영, 정단비
국제부 | 이선민, 조혜란
마케팅 | 구본철, 차정욱, 오영일, 나진호, 강호묵
마케팅 지원 | 장상범
제작 | 김유석

■ **도서 A/S 안내**

성안당에서 발행하는 모든 도서는 저자와 출판사, 그리고 독자가 함께 만들어 나갑니다.
좋은 책을 펴내기 위해 많은 노력을 기울이고 있습니다. 혹시라도 내용상의 오류나 오탈자 등이 발견되면 **"좋은 책은 나라의 보배"**로서 우리 모두가 함께 만들어 간다는 마음으로 연락주시기 바랍니다. 수정 보완하여 더 나은 책이 되도록 최선을 다하겠습니다.
성안당은 늘 독자 여러분들의 소중한 의견을 기다리고 있습니다. 좋은 의견을 보내주시는 분께는 성안당 쇼핑몰의 포인트(3,000포인트)를 적립해 드립니다.
잘못 만들어진 책이나 부록 등이 파손된 경우에는 교환해 드립니다.

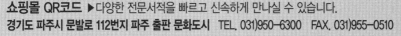
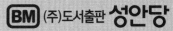